PLC 与变频器丛书

欧姆龙 PLC 编程指令 与梯形图快速入门

（第 4 版）

刘艳伟　严　雨　编著

电子工业出版社

Publishing House of Electronics Industry

北京·BEIJING

内 容 简 介

本书开篇简要地介绍了欧姆龙 PLC 的编程软件与仿真软件，包括 CX-One、CX-Programmer、CX-Simulator 及 CX-Designer 等，然后讲解了欧姆龙 PLC 的指令系统和识读梯形图的方法。本书重点介绍时序指令、定时器/计数器指令、数据指令、运算指令、子程序及中断控制指令、I/O 单元用指令和高速计数/脉冲输出指令、通信指令、块指令、字符串处理指令及特殊指令、其他指令等，同时配以大量的梯形图编程实例，以帮助读者熟练掌握相关指令和梯形图的应用。

本书内容精练、通俗易懂，既可作为欧姆龙 PLC 编程人员的参考用书，也可作为高等院校相关专业的教学用书。

图书在版编目（CIP）数据

欧姆龙 PLC 编程指令与梯形图快速入门 / 刘艳伟，严雨编著. -- 4 版. -- 北京 ：电子工业出版社，2025. 1.

（PLC 与变频器丛书）. -- ISBN 978-7-121-49160-3

Ⅰ. TM571.61

中国国家版本馆 CIP 数据核字第 2024L44N51 号

责任编辑：张　剑（zhang@phei.com.cn）

印　　刷：三河市兴达印务有限公司

装　　订：三河市兴达印务有限公司

出版发行：电子工业出版社

　　　　　北京市海淀区万寿路 173 信箱　邮编：100036

开　　本：787×1 092　1/16　印张：13.5　字数：471 千字

版　　次：2011 年 7 月第 1 版

　　　　　2025 年 1 月第 4 版

印　　次：2025 年 1 月第 1 次印刷

定　　价：58.00 元

前　言

可编程控制器（Programmable Logic Controller，PLC）是专门应用于工业环境的以计算机技术为核心的自动控制装置。经过数十年的发展，PLC 已经集数据处理、程序控制、参数调节和数据通信等功能于一体，可以满足工业控制中绝大多数应用场合的需要。

欧姆龙 PLC 具有体积小、能耗低、可靠性高、抗干扰能力强、维护方便、便于改造等突出优点，因此在工业控制系统、数据采集系统、智能化仪器/仪表等领域得到极为广泛的应用。

本书自第 1 版面市以来，因其具有简单的基础知识介绍、翔实的指令系统讲解、丰富的应用实例示范、有针对性的实践指导等特点，得到了广大读者的认可和喜爱。在本书第 4 版编写过程中，作者根据读者的建议和意见进行了完善和充实，修正了前三版的错误。

本书的第 4 版保留了前三版的整体内容架构，强化了欧姆龙 PLC 梯形图的基础知识介绍，并补充和完善了部分指令的经典应用范例内容。本书延续了前三版的内容特点，即从初学者的学习特点出发，前面两章分别介绍欧姆龙 PLC 的编程软件与仿真软件，包括 CX-One、CX-Programmer、CX-Simulator 及 CX-Designer 等，PLC 的指令系统和识读梯形图的方法，然后详细介绍欧姆龙 PLC 的指令系统和编程指令，绝大多数指令都配以精心选择的编程实例作为参考，由浅入深地介绍了欧姆龙 PLC 指令应用的全过程。本书特别注重读者对欧姆龙 PLC 指令实际应用方面的意见，在多个章节中增加了欧姆龙 PLC 指令的具体实际应用范例，实现了欧姆龙 PLC 指令基础含义解释与典型应用实例讲解的完美结合。

本书内容精练，通俗易懂，讲解详细。通过对本书的学习，读者可以快速掌握欧姆龙 PLC 指令梯形图语言的编程方法。本书既可作为欧姆龙 PLC 编程人员的参考用书，也可作为高等院校相关专业的教学用书。

本书由刘艳伟和严雨编著。本书在编写过程中参考了部分优秀书籍的相关内容，引用了其中的数据及资料，在此向相关书籍的作者表示衷心的感谢！

由于时间仓促，梯形图和其他图表较多，受学识水平所限，难免存在错误和疏漏，敬请广大读者批评指正。

编 著 者

目　录

第1章 欧姆龙 PLC 编程软件与仿真软件

日本欧姆龙（OMRON）集团是世界上生产 PLC 的著名厂商之一。欧姆龙 PLC 因其良好的性价比被广泛用于化学工业、食品加工、材料处理和工业控制过程等领域，应用非常广泛。

欧姆龙 PLC 产品门类齐全、型号繁多、功能强大、适应面广，大致分成微型、小型、中型和大型四大类，可以与上位计算机、下位 PLC 及各种外部设备组成各种计算机控制系统和工业自动化网络。

CX-Programmer 编程软件是基于 Windows 的应用软件，功能十分强大，主要用于开发用户程序，也可实时监控用户程序的执行状态。本书着重介绍欧姆龙 PLC 的编程工具及其使用。

CX-Simulator 是一种在计算机中虚拟 PLC 仿真调试的软件，它能在一个虚拟系列 PLC 中模拟梯形图程序的执行。

CX-Designer 是在 Windows 环境下支持欧姆龙 NS 系列可编程终端的开发工具。

现在，CX-Programmer、CX-Simulator 以及 CX-Designer 等都集成在 CX-One 软件中。集成工具包 CX-One 是欧姆龙集团为了方便用户而推出的一个集成编程、配置等软件的系统工具包。

1.1 CX-One

为组建一个以 PLC 为控制核心的工厂自动化（FA）系统，需要购买、安装各种模块的支持软件。设计调试时，需要将元件连接到 PLC 上，再分别打开多个软件进行调试，过程较为烦琐。为了方便用户进行系统开发，欧姆龙集团开发推出了编程、配置软件集成工具包 CX-One。

CX-One 集成了欧姆龙 PLC 和元件（Components）的支持软件，在传统开发软件的基础上进行改进，完善了更多的功能：它提供了一个基于 CPS（Component and Network Profile Sheet）集成开发环境；可以在 I/O 表内设定 CPU 总线单元和特殊 I/O 单元，无须手动设定和区分地址；CPU 总线单元和特殊 I/O 单元设定可以在线与实际 PLC 的 CPU 总线单元和特殊 I/O 单元设定进行比较，将不符合的标注出来；可以以图形方式显示网络结构等。CX-One 通过 CPS 文件中的信息来识别 CS/CJ 系列单元，CPU 总线单元和特殊 I/O 单元的设置是基于这个 CPS 文件完成的。

CX-One 软件包集成了欧姆龙的 PLC、网络、人机界面（HMI）、运动控制、驱动器、温度控制器和传感器等 FA 产品的支持软件，主要由五部分功能软件组成，见表 1-1。所有软件可以统一进行安装，也可以选择性地进行安装。

表 1-1　CX-One 软件包功能软件组成

功能软件集合	软件名称	说明
PLC 软件	CX-Programmer	PLC 编程件
	CX-Simulator	仿真软件
	SwitchBox Utility	PLC 调试工具
网络软件	CX-Integrator	网络配置工具
	CX-Protocol	协议宏支持软件
	CX-Profibus	PROFIBUS 模块设置软件
	CX-Flnet	工业以太网配置软件
HMI 软件	CX-Designer	NS 系列触摸屏支持软件
运动控制和驱动软件	CX-Motion	运动控制模块支持软件
	CX-Motion-MCH	总线运动控制模块支持软件
	CX-Motion-NCF	NCF 单元支持软件
	CX-Motion-Pro	为运动控制设备开发整方案
	CX-Position	定位控制单元设定软件
过程控制软件	CX-Thermo	温控器设定软件
	CX-Drive	变频器/伺服驱动器设定软件
	CX-Process Tool	过程控制软件
	Face Plate Auto-Builder for NS	NS 界面自动生成软件

在 CX-One 软件环境下，用户可以从 I/O 表中的 CPU 总线单元和特殊 I/O 单元启动该模块的支持软件，也可以进行网络配置，设定连接的各种元件，从而提高系统的构建效率。

人机界面（HMI）是在 FA 系统中经常用到的产品，欧姆龙公司的 NS 系列产品以其纤巧的机身，适合于工业自动化环境的结构，多网络接口单元，高分辨率和大显示屏等特点被广泛应用于工业现场。NS 系列 PT 可以使用 CX-One 工具包中的 CX-Designer 人机界面设计软件对屏幕画面进行制作、管理、测试，再通过 CX-One 的集成调试环境将 CX-Programmer、CX-Simulator 和 CX-Designer 结合起来，就可以完成包含人机界面在内的整个 PLC 控制系统的仿真与调试。

1.2　CX-Programmer

CX-Programmer 是欧姆龙新的梯形图编程软件，适用于 CP/CV/CS1 系列 PLC，为使用者提供了从操作界面到程序注释的全中文操作环境，支持 Windows 系统的拖曳及粘贴操作，以及完备的检索功能和常用标准位简易输入功能。它可以完成用户程序的建立、编辑、检查、调试及监控，同时还具有完善的维护等功能，使得程序的开发及系统的维护更为简单、快捷，为使用者创造了一个高效的编程操作环境。CX-Programmer 包含在 CX-One 自动安装工具包中。

1.2.1　安装 CX-Programmer 编程软件

1. 系统要求

运行 CX-Programmer 编程软件的计算机系统要求见表 1-2。

表 1-2　系统要求

显示	XGA (1024 x 768)，High Color (16 bit) 或更好
内存	操作系统推荐的内存容量
硬盘	安装完整的 CX-One 软件包需要至少 3.4GB 的可用空间
操作系统	Windows XP Service Pack3 以上（32 位），或者 Windows Vista，或者 Windows 7
计算机	使用操作系统推荐的处理器
磁盘驱动	CD-ROM 或 DVD-ROM
通信端口	RS-232C、USB 或以太网端口

2. 软件安装

将 CX-Programmer 安装光盘放入 CD-ROM 中，在 CX-Programmer 子目录下双击安装程序 Setup，启动安装过程，并按照屏幕提示进行操作。安装时，首先要选择安装语言，然后输入许可证号码。利用许可证号码才可以使用 CX-Programmer 的所有功能，不输入许可证号码也能够完成安装，但得到的是 CX-Programmer 的"部分功能"版本，它也能正常工作，但仅支持 CPM1、CPM2 和 SRM1 PLC。最后，在选择是否安装 CX-SERVER 时，应选择"是"。也可通过欧姆龙官网下载 CX-One 集成安装包进行安装。

1.2.2　CX-Programmer 编程软件的主要功能

CX-Programmer 编程软件可以实现梯形图或语句表的编程，编译检查程序，程序和数据的上传及下载，设置 PLC 的设定区，对 PLC 的运行状态或内存数据进行监控和测试，打印程序清单，文档管理等功能。

CX-Programmer 编程软件界面如图 1-1 所示。

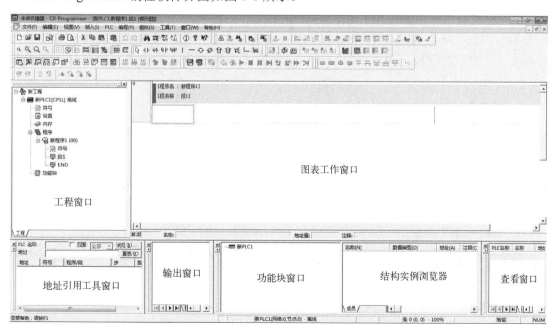

图 1-1　CX-Programmer 编程软件界面

1．菜单栏

（1）文件：可完成文件的新建、打开、关闭、保存、页面设置、打印预览和打印设置等操作。

（2）编辑：提供编辑程序用的各种功能，如选择、剪切、复制、粘贴、删除程序块或数据块的操作，以及寻找、替换和微分等功能。

（3）视图：可以设置编程软件的开发环境，如选择梯形图或助记符编程窗口，打开或关闭其他窗口（如工作区窗口、输出窗口、查看窗口等），显示条注释表或符号注释表等。

（4）插入：可实现在梯形图或助记符程序中插入行、列、接点、线圈和指令等功能。

（5）PLC：用于实现与 PLC 联机时的一些操作，如：设置 PLC 的在线或离线工作方式，以及编程、调试、监视和运行 4 种操作模式；编译所有的 PLC 程序、查看 PLC 的信息等。

（6）编程：实现梯形图和助记符程序的编译。

（7）工具：用于设置 PLC 型号和网络设置工具、创建快捷键，以及改变梯形图的显示内容。

（8）窗口：用于设置窗口的排放方式。

（9）帮助：可以方便地检索各种帮助信息，而且在软件操作过程中，可随时按 F1 键来显示在线帮助。

2．工具栏

工具栏用于将 CX-Programmer 编程软件中最常用的操作以按钮形式显示，提供更加快捷的鼠标操作。可以用"视图"菜单中的"工具栏"选项来显示或隐藏各种按钮。

3．工程窗口

在工程窗口中，以分层树状结构显示与工程相关的 PLC 和程序的细节。一个工程可生成多个 PLC，每个 PLC 包含全局符号表、设置、内存、程序等内容，而每个程序又包含本地符号表和程序段。在工程窗口可以实现快速编辑符号、设定 PLC 以及切换各个程序段的显示。

4．图表工作窗口

图表工作窗口用于编辑梯形图程序或语句表程序，并可显示全局变量或本地变量等内容。

5．状态栏

在编程时，状态栏将提供一些有用的信息，如即时帮助、PLC 在线或离线状态、PLC 工作模式、连接的 PLC 和 CPU 类型、PLC 连接时的循环时间及错误信息等。

6．地址引用工具窗口

地址引用工具窗口用来显示具有相同地址编号的继电器在 PLC 程序中的位置和使用情况。

7．输出窗口

输出窗口可显示程序编译的结果（如有无错误、错误的内容和位置），以及程序传送结果等信息。

8. 查看窗口

在查看窗口中，可以同时显示多个 PLC 中某个地址编号的继电器的内容，以及它们的在线工作情况。

1.2.3　CX-Programmer 编程软件的使用

用 CX-Programmer 编程软件编制用户程序时，可按以下步骤进行操作：启动 CX-Programmer，建立新工程文件，绘制梯形图，编译程序，下载程序，监视程序运行等。

1. 启动 CX-Programmer

执行菜单命令"开始"→"程序"→"OMRON"→"CX-one"→"CX-Programmer"→"CX-Programmer"，即可启动 CX-Programmer 编程软件。CX- Programmer 的启动界面如图 1-2 所示。

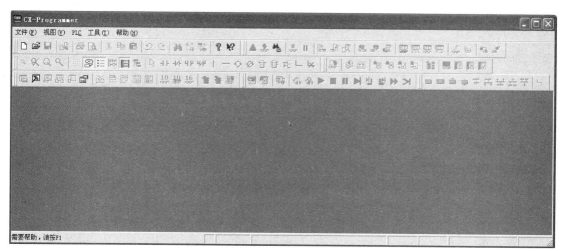

图 1-2　CX-Programmer 的启动界面

2. 建立新工程文件

启动 CX-Programmer 后，执行菜单命令"文件"→"新建"，或者单击工具栏上的"新建"按钮，创建一个新工程。此时，屏幕上出现如图 1-3 所示的对话框，在此可对 PLC 进行设置。

（1）在"设备名称"栏中输入新建工程的名称。

（2）在"设备类型"栏中选择 PLC 的系列号，然后再单击其右侧的"设定"按钮，设置 PLC 型号、程序容量等。

（3）在"网络类型"栏中选择 PLC 的网络类型（一般采用系统的默认值）。

图 1-3　"变更 PLC"对话框

（4）在"注释"栏中输入与此 PLC 有关的注释。

完成以上设置后，单击"确定"按钮，则显示如图 1-4 所示的 CX-Programmer 操作界面，该操作界面为新工程的离线编程状态。

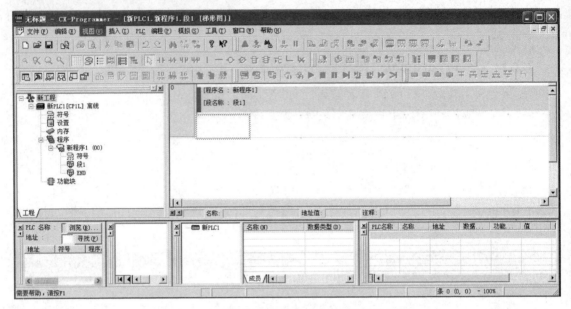

图 1-4　新建文件后的 CX-Programmer 操作界面

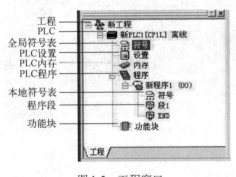

图 1-5　工程窗口

在如图 1-5 所示的工程窗口中，若要操作某个项目，可以用鼠标右键单击该项目图标，然后在弹出的菜单中选择所需的命令；或者在选中该项目后单击菜单栏中的选项，选择相应的命令；还可以利用工具栏中的快捷按钮。

（1）工程：在此可以进行重命名工程，创建新的 PLC，将 PLC 粘贴到工程中等操作。CX-Programmer 软件还提供了多台 PLC 的联控功能。

（2）PLC：在此可实现对 PLC 的修改，改变 PLC 操作模式，设置 PLC 为在线工作状态，自动分配符号，编译所有 PLC 程序，上传或下载 PLC 程序等功能。

（3）全局符号表和本地符号表：在 PLC 中，符号是地址和数据的标识符。在每个程序中都能使用的符号称为全局符号，而只能在某个程序中使用的符号称为本地符号。

利用符号表可以编辑符号的名称、数据类型、地址和注释等内容。使用符号表后，一旦改变符号的地址，程序就会自动启用新地址，这会简化编程操作。每个 PLC 下有一个全局符号表，而每个程序下都有一个本地符号表。每个符号名称在各自的表内必须是唯一的，但在全局符号表和本地符号表内允许出现相同的符号名称，本地符号优先级高于全局符号。

双击工程中 PLC 下的"符号"图标，将显示如图 1-6 所示的全局符号表，表中会自动填入一些与 PLC 型号有关的预先定义好的符号，其中带前缀"P_"的符号不能被用户修改。

名称	数据类型	地址 / 值	机架位置	使用	注释
˙ P_0_02s	BOOL	CF103		工作	0.02秒时钟脉冲位
˙ P_0_1s	BOOL	CF100		工作	0.1秒时钟脉冲位
˙ P_0_2s	BOOL	CF101		工作	0.2秒时钟脉冲位
˙ P_1s	BOOL	CF102		工作	1.0秒时钟脉冲位
˙ P_1分钟	BOOL	CF104		工作	1分钟时钟脉冲位
˙ P_AER	BOOL	CF011		工作	访问错误标志
▬ P_CIO	WORD	A450		工作	CIO区参数
˙ P_CY	BOOL	CF004		工作	进位(CY)标志
˙ P_Cycle_Time_Error	BOOL	A401.08		工作	循环时间错误标志
▬ P_Cycle_Time_Value	UDINT	A264		工作	当前扫描时间
▬ P_DM	WORD	A460		工作	DM区参数
▬ P_EM0	WORD	A461		工作	EM0区参数
▬ P_EM1	WORD	A462		工作	EM1区参数
▬ P_EM2	WORD	A463		工作	EM2区参数
▬ P_EM3	WORD	A464		工作	EM3区参数
▬ P_EM4	WORD	A465		工作	EM4区参数
▬ P_EM5	WORD	A466		工作	EM5区参数
▬ P_EM6	WORD	A467		工作	EM6区参数
▬ P_EM7	WORD	A468		工作	EM7区参数
▬ P_EM8	WORD	A469		工作	EM8区参数
▬ P_EM9	WORD	A470		工作	EM9区参数
▬ P_EMA	WORD	A471		工作	EMA区参数
▬ P_EMB	WORD	A472		工作	EMB区参数
▬ P_EMC	WORD	A473		工作	EMC区参数
˙ P_EQ	BOOL	CF006		工作	等于(EQ)标志
˙ P_ER	BOOL	CF003		工作	指令执行错误(ER)标志
˙ P_First_Cycle	BOOL	A200.11		工作	第一次循环标志
˙ P_First_Cycle_Task	BOOL	A200.15		工作	第一次任务执行标志
˙ P_GE	BOOL	CF000		工作	大于或等于(GE)标志

图 1-6　全局符号表

双击工程中任一程序下的"符号"图标，将显示如图 1-7 所示的本地符号表。

名称	数据类型	地址 / 值	机架位置	使用	注释
˙ SB1	BOOL	0.00		输入	停止
˙ SB2	BOOL	0.01		输入	启动
˙ HL	BOOL	10.00		工作	指示

图 1-7　本地符号表

（4）PLC 设置：双击工程中 PLC 下的"设置"图标，出现如图 1-8 所示的"PLC 设定"对话框，在此可设置 PLC 的系统参数，一般应用只要采用默认值即可。设置完毕后，可用该对话框的"选项"菜单中的命令将设置传送到 PLC，当然也可从 PLC 中读出原有的设置内容。

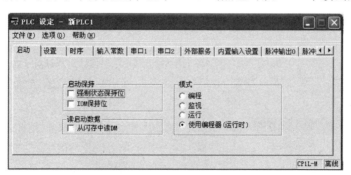

图 1-8　"PLC 设定"对话框

（5）PLC 内存：双击工程中 PLC 下的"内存"图标，出现如图 1-9 所示的"PLC 内存"对话框，在其左侧窗口中列出了 PLC 的各继电器区，若双击"CIO"图标，则右侧窗口中将显示 PLC 的 CIO 继电器区的工作状态。通过该对话框可以对 PLC 的内存数据进行编辑、监视、上传和下载等操作。

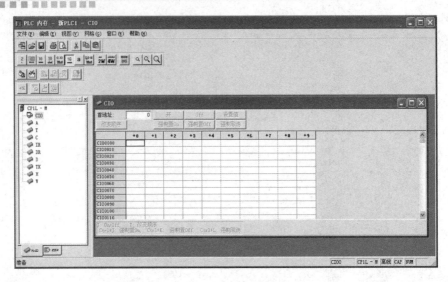

图 1-9 "PLC 内存"对话框

单击"PLC 内存"对话框中左下方的"地址"标签，会弹出一个窗口，该窗口包含"监视"和"强制状态"两个命令，可实现在线状态下地址的监视和强制设定，以及扫描和处理地址强制状态信息等。

（6）PLC 程序：在"程序"项目中，可对程序进行打开、插入、编译、重命名等操作，若双击"程序"图标，还可显示程序中各段的名称、起始步、结束步、注释等信息。若一个工程中有多个新程序段，PLC 将按设定的顺序扫描执行各段程序，当然也可通过程序属性中的菜单命令来改变各新程序段的执行顺序。

（7）程序段：一个新程序可以分成多个程序段，可分别对这些段进行编辑、定义和标志。

当 PLC 处于在线状态时，工程窗口中还会显示 PLC 的"错误日志"等图标。

3．绘制梯形图

下面以"电动机的定时控制"程序为例，简要说明使用 CX-Programmer 软件绘制梯形图的过程。电动机的定时控制要求电动机启动运行 2min 后自动停止。

（1）单击工具栏中的"新接点"按钮┤├，然后在图表工作窗口中单击第一条指令行的开始位置，弹出如图 1-10 所示的"新接点"对话框，在此输入图中所示的各项内容后，单击"确定"按钮。

（2）图 1-11 显示第一个接点已经输入到第一行的起始位置。接点的上方是该常开接点的名称和地址，下方是注释。接点左侧的红色标记表示该接点所在的指令条存在逻辑错误或不完整。

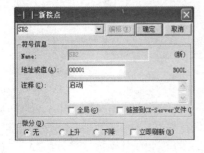

图 1-10 "新接点"对话框

图 1-11 显示常开接点

　　如果想改变接点的显示方式，可执行菜单命令"工具"→"选项"，打开"选项"对话框，如图 1-12 所示。

　　（3）若要在第一个接点的右侧串接一个常闭接点，可先单击工具栏中的"新常闭接点"按钮 ⊬，然后单击第一个接点的右侧位置，在弹出的对话框中输入相应的内容，完成第二个接点的输入。

　　（4）若要在第一行的最后输入一个线圈，可单击工具栏中的"新线圈"按钮 ⊶，然后按照上述方法完成线圈的输入。当光标离开线圈时，软件会自动将该线圈调整到紧靠右母线的位置，如图 1-13 所示。当线圈输入完毕后，第一个接点左侧的红色标记就会自动消失。

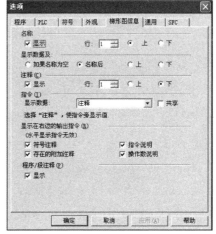

图 1-12　"选项"对话框（"梯形图信息"选项卡）

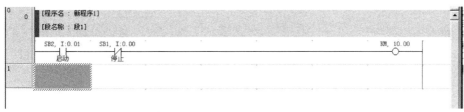

图 1-13　添加输出线圈

　　若要改变右母线在梯形图中的显示位置，可以执行菜单命令"工具"→"选项"，打开"选项"对话框，如图 1-14 所示。选择"程序"选项卡，设置"初始位置（单元格）"栏中的数值即可。

图 1-14　"选项"对话框（"程序"选项卡）

（5）若要在第一个接点的下方并联一个常开接点，可以单击工具栏中的"新的纵线"按钮 | ，再单击第一个接点的右侧位置，添加一条纵线，此时软件会在第一个接点的下方自动插入空行。然后按照第（1）步的方法，在第一个接点的下方添加一个常开接点，如图 1-15所示。

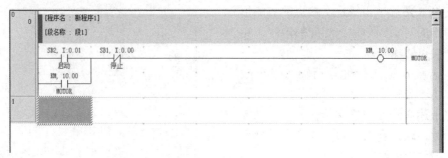

图 1-15　添加纵线及常开接点

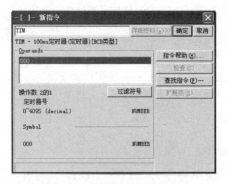

图 1-16　"新指令"对话框

（6）若要在梯形图第二行的行首输入常开接点01000，可以用"复制"和"粘贴"命令来完成。输入定时器线圈时，可以单击工具栏中的"新的PLC指令"按钮 廿，再单击第二行终点处的空白处，弹出如图 1-16 所示的对话框；在该对话框中输入定时器指令和操作数后，单击"确定"按钮；然后单击工具栏中"线连接模式"按钮 ∟，按住左键不放拖曳鼠标，将第二行的常开接点与定时器连接起来，如图 1-17 所示。

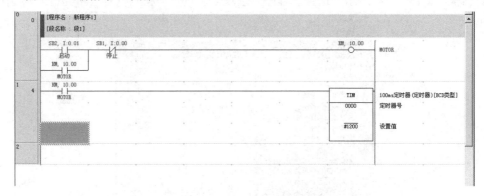

图 1-17　显示定时器指令

双击图 1-17 中定时器"设置值"的左侧，弹出如图 1-18 所示的对话框；在"操作数"栏的第二行输入定时器的定时常数"#1200"，然后单击"确定"按钮完成定时器的输入。

（7）若要在输出线圈 01000 前插入一个定时器的常闭接点，可依照第（3）步的方法来操作。

（8）输入程序结束指令"END"：单击工具栏中的"新的 PLC 指令"按钮 廿，再单击梯形图中第三行的终点处，在弹出对话框的"指令"栏中输入"END"，单击"确定"按钮，然后单击工具栏中的"线连接模式"按钮，将起始处与 END 连接起来，如图 1-19 所示。至此，全部程序输入完毕。

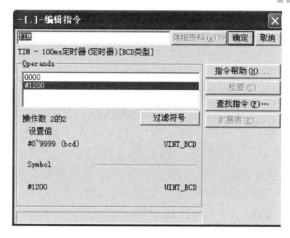

图 1-18 "编辑指令"对话框

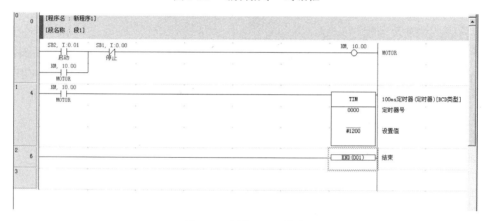

图 1-19 添加 END 指令

梯形图程序编辑完成后,可以通过双击工程窗口中"新程序"下的"符号"项,显示本地符号表,查看该程序段中各符号的使用情况。执行菜单命令"编程"→"编译",然后执行菜单命令"视图"→"助记符"来切换梯形图与助记符的显示窗口,显示助记符程序,如图 1-20 所示。

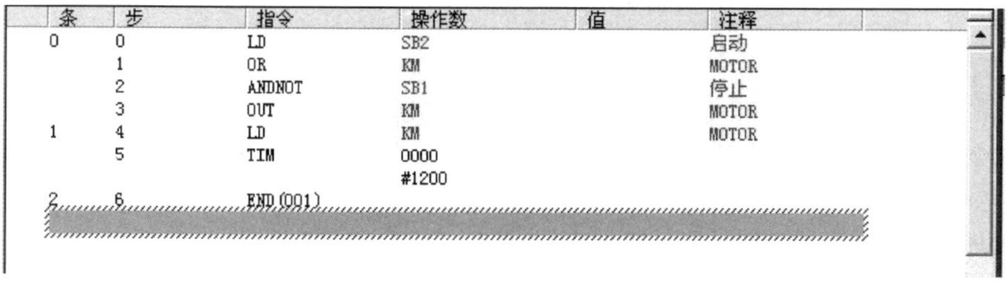

条	步	指令	操作数	值	注释
0	0	LD	SB2		启动
	1	OR	KM		MOTOR
	2	ANDNOT	SB1		停止
	3	OUT	KM		MOTOR
1	4	LD	KM		MOTOR
	5	TIM	0000		
			#1200		
2	6	END(001)			

图 1-20 助记符程序

4. 程序的检查及编译

执行菜单命令"PLC"→"程序检查选项",可以实现程序编辑过程的语法、数据等的检查。当出现错误时,会在相应指令条的左母线前出现红色标记,并在输出窗口中显示错误信息。

程序编辑完成后,单击工具栏中的"编译程序"按钮📇,或者执行菜单命令"程序"→

"编译"进行程序编译，检查程序的正确性，编译结果将显示在输出窗口中。当"错误"的级别较高时，可能会导致程序无法运行，而"警告"的级别较低，程序仍然可以运行。

5．下载程序

程序编译完成后，要将程序传送到 PLC 中，可以按照以下 3 个步骤进行操作。

（1）使用专用电缆连接 PLC 与计算机，并在离线的状态下进行 PLC 接口设置。

（2）执行菜单命令"PLC"→"在线工作"，或者单击工具栏上的"在线工作"按钮 ⚠，在出现的确认对话框中单击"是"按钮，建立 PLC 与计算机之间的通信。此时，CPU 面板上的通信灯不断闪烁，梯形图编辑窗口的背景由白色变为灰色，表明系统已经正常进入在线状态。

（3）开始下载程序。执行菜单命令"PLC"→"传送"→"到 PLC"，在出现的下载选项对话框中选择"程序"并确认，就可以实现程序的下载。也可单击工具栏中的"传送到 PLC"按钮 来实现程序的下载。

6．程序的调试及监视

（1）程序监视：执行菜单命令"PLC"→"操作模式"→"运行"，PLC 开始运行程序；然后执行菜单命令"PLC"→"监视"，使程序进入监视状态，以上操作也可利用工具栏中的快捷按钮来实现。进入程序监视状态后，梯形图窗口中被点亮的元件表示是导通的，否则表示断开。

通过查看窗口也能监视程序的运行。将要观察的地址添加到查看窗口中，利用元件值信息就可知道该元件的工作情况，如图 1-21 所示。

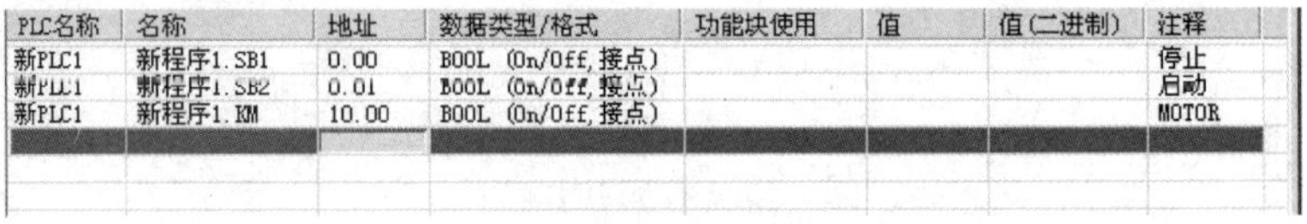

PLC名称	名称	地址	数据类型/格式	功能块使用	值	值(二进制)	注释
新PLC1	新程序1.SB1	0.00	BOOL (On/Off, 接点)				停止
新PLC1	新程序1.SB2	0.01	BOOL (On/Off, 接点)				启动
新PLC1	新程序1.KM	10.00	BOOL (On/Off, 接点)				MOTOR

图 1-21　查看窗口

（2）暂停程序监视：暂停程序监视能够将程序的监视冻结在某一时刻，这一功能对程序的调试有很大帮助。触发暂停程序监视功能可以用手动触发或触发器触发来实现。

① 在监视模式下，选择需要暂停监视的梯级。

② 单击工具栏中的"以触发器暂停"按钮，在出现的对话框中选择触发类型："手动"或"触发器"。

若选择"触发器"，则在"地址和姓名"栏中输入触发信号地址，并选择"条件"类型。当触发的条件满足时，"暂停监视"将出现在刚才所选择的区域。若要恢复完全监视，再次单击"以触发器暂停"按钮即可。

若选择"手动"，监视开始后，等屏幕中出现所需的内容时，单击工具栏中的"暂停"按钮，启动暂停程序监视功能。要恢复完全监视，再次单击"暂停"按钮即可。

（3）强制操作：是指对梯形图中的元件强制进行赋值，以此来模拟真实的控制过程，验证程序的正确性。先选中要操作的元件，再执行菜单命令"PLC"→"强制"，此时进行强制操作的元件会出现强制标记。元件的强制操作可通过类似的方法解除。

（4）在线编辑程序：下载完成后，程序变成灰色，将无法进行直接修改，但可利用在线编辑功能来修改程序，以提高编程效率。

先选中要编辑的对象，再执行菜单命令"程序"→"在线编辑"→"开始"，此时编辑对象所在梯级的背景将由灰色变为白色,表示可以对其进行编辑。编辑完成后,执行菜单命令"程序"→"在线编辑"→"发送修改",可以将修改的内容传送到 PLC。传送结束后,梯级的背景又会变成灰色,处于只读状态。

1.3 CX-Simulator

CX-Simulator 是一个在计算机中虚拟 PLC 仿真调试的软件,它能实现 SYSMAC CS/CJ系列 CPU 在一个虚拟系列 PLC 中模拟梯形图程序的执行。该软件允许在实际系统组装前,先在单个 PLC 中进行调试。联合使用 CX-Simulator 和 CX-Programmer 能在没有实际 PLC 的情况下,在计算机上提前验证梯形图程序的操作和循环时间。

1.3.1 系统要求

因为 CX-Simulator 是和 CX-Programmer 联合使用的,都包含在 CX-One 集成工具包中,所以 CX-Simulator 的系统要求与 CX-Programmer 的相同。

对于不同的 CX-Programmer 软件版本,所对应的 CX-Simulator 版本是不同的,如表 1-3所示。

表 1-3　CX-Programmer 与 CX-Simulator 版本对应

CX-Programmer 版本	CX-Simulator 版本
4.0	1.3
5.0	1.5
6.0	1.6
7.0	1.7
7.2	1.8
9.7	2.0

CX-Programmer 4.0 以前的版本,基本上是不用模拟器的。从 6.1 版本开始,CX-Programmer与 CX-Simulator 软件都是集成在 CX-One 软件中的,基本上不存在匹配的问题。

1.3.2 软件的使用

打开 CX-Programmer 软件后,在"变更 PLC"对话框的"设备类型"栏中选择 CP1H(CPM系列的不支持模拟,要测试程序逻辑,选择性能相近的 PLC 型号模拟即可);至于通信方式,是否使用 CX-Simulator 软件仿真并不重要,默认即可。

若所选择的 PLC 型号可以模拟,"模拟调试"工具栏中的"在线模拟"按钮呈可选状态(若不能模拟,那么呈灰色不可选择状态),如图 1-22 所示。

图 1-22　"在线模拟"按钮

图 1-22 中左侧第 1 个按钮为"启动 PLC-PT 结合模拟"按钮,用于配合 CX-One 软件包中的欧姆龙屏组态的 CX-Designer 软件做链接模拟,如果用户已经有了 CX-Designer 所编辑的屏,那么也可以不使用屏的硬件进行联机模拟。

第 2 个按钮为"在线模拟"按钮,用于在线模拟。

为了描述简单，在此仅编写只有一个接点和一个线圈的简单程序，如图 1-23 所示。

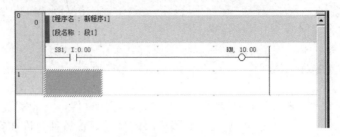

图 1-23　简单程序示例

系统会自动编译，如果程序出错，将不能模拟，输出窗口会出现提示，修改完毕后重新单击"在线模拟"按钮。

如果"模拟调试"工具栏中的其他按钮也都从灰色变为可激活状态，就可以进行实际模拟了。模拟时，可以在要操作的接点上右击，然后在设置中可以选择 ON 或 OFF 状态进行模拟。模拟结果如图 1-24 所示。

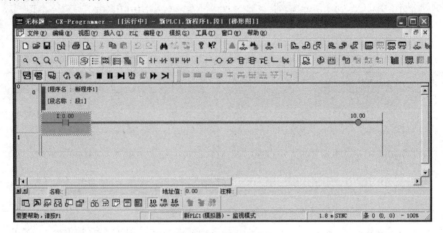

图 1-24　模拟结果

对比较复杂的算法进行模拟时，也可以使用"模拟调试"工具栏中的"单步运行"按钮或"设置/清除断点"按钮进行调试。

如果遇到程序逻辑问题，可以再次单击"在线模拟"按钮使 PLC 处于离线状态，此时就可以修改程序了。

1.4　CX-Designer

CX-Designer 可支持欧姆龙 NS 系列可编程终端的开发。

在 CX-Designer 中可以完成以下工作：

（1）可对屏幕画面进行设计制作；

（2）可设置系统工作参数；

（3）可对界面项目进行信息管理；

（4）可对设计完成的界面项目进行离线测试；

（5）若在 CX-One 软件包平台下，还可以整合 PLC-PT，联合 CX-Similator 进行仿真调试。

在完整安装集成开发软件包 CX-One 后，执行菜单命令"开始"→"OMRON"→

"CX-One"→"CX-Designer"（如图 1-25 所示），打开人机界面设计软件 CX-Designer，如图 1-26 所示。

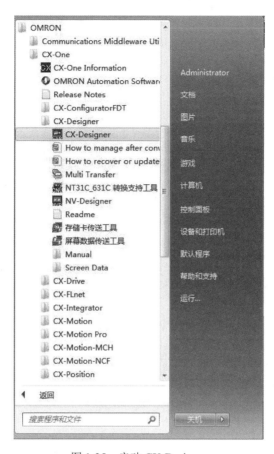

图 1-25　启动 CX-Designer

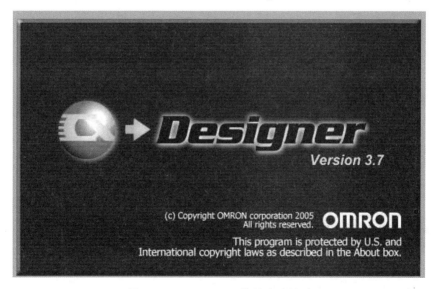

图 1-26　CX-Designer 软件启动界面

CX-Designer 的工作界面如图 1-27 所示（图中由于没有激活项目，窗口中的菜单栏并不完整，绘图工具栏也处于不可用状态）。设计工作区是项目画面制作区域，工具栏、项目管理区、输出窗口、状态栏可以通过"视图"菜单命令来显示或隐藏。

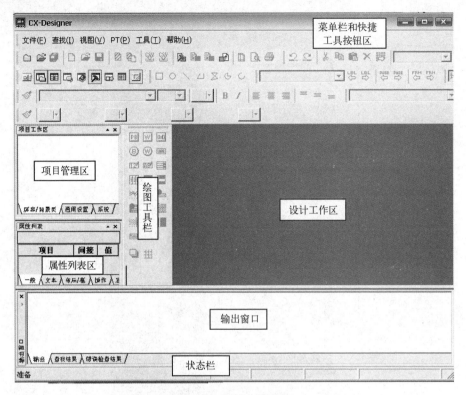

图 1-27　软件初始界面

第2章 PLC指令系统及编程语言

随着现代化工业设备的发展，大量具有数字量及模拟量的控制装置被广泛应用，如电动机的启停、变速，电磁阀的开闭，产品的计数，温度、压力、流量的设定与控制等。对于工业控制现场中的自动控制问题，PLC已成为国内外公认的最有效的工具之一。

关于PLC的一些基本概念如下所述。

- 编程指令：指令是一些二进制代码，在这一点上，PLC与普通的计算机是完全相同的。PLC也有编译系统，编译系统主要实现一些文字符号或图形符号向机器码的转换。
- 指令系统：一般来讲，功能越强、性能越好的PLC，其指令系统必然越丰富，所能干的事也就越多。为了能够使用尽可能简单的程序实现我们所需要的功能，在编程之前我们必须弄清楚PLC的指令系统。
- 程序：所谓程序，就是PLC指令的有序集合，PLC运行它，可进行相应的工作。当然，这里的程序指的是PLC的用户程序。用户程序一般由用户自己设计，PLC的厂家或代销商不提供。用语句表达的PLC程序不大直观，可读性差，特别是对于复杂的程序，更难读懂。因此，多数程序用梯形图表达。
- 梯形图：梯形图是通过连线把PLC指令的梯形图符号连接在一起的连通图，用以表达所使用的PLC指令及其前后顺序。它与电气原理图很相似，它的连线有两种：一种为内部横竖线，另一种为母线。内部横竖线把一个个梯形图符号指令连成一个个指令组，各指令组一般从装载（LD）指令开始，必要时可含有若干个输入指令（含LD指令），以建立逻辑条件，最后以输出类指令结束，实现输出控制。输出控制可以是数据控制、流程控制、通信处理、监控工作等指令，以进行相应的工作。母线是用来连接各指令组的。

2.1 指令系统

CP1系列PLC具有较丰富的指令集，按功能大致可分为两大类：基本指令和特殊功能指令。CP1系列PLC的指令功能与FX系列的大同小异，基于篇幅关系，这里不予以详述。

CP1系列PLC指令一般由助记符和操作数两部分组成，助记符表示CPU执行此命令时所能完成的功能，操作数则是指执行该指令时CPU的操作对象。操作数既可以是通道号和继电器编号，也可以是DM区和立即数。立即数既可以用十进制数表示，也可以用十六进制数表示。在指令执行过程中，可能影响执行指令的系统标志有ER（错误标志）、CY（进位标志）、EQ（相等标志）、GR（大于标志）和LE（小于标志）等。

2.1.1 基本指令

CP1系列PLC的基本逻辑指令与FX系列PLC的较为相似，梯形图表达方式也大致相同。CP1系列PLC的基本逻辑指令见表2-1。本节还会对PLC指令系统中的暂存继电器（TR）指令、定时器指令、计数器指令及功能指令进行简单介绍，以使读者对PLC指令系统有一个大致的认识。

表 2-1　CP1 系列 PLC 的基本逻辑指令

指令名称	助记符	功能	操作数
取	LD	读入逻辑行或电路块的第一个常开接点	00000～01915
取反	LD NOT	读入逻辑行或电路块的第一个常闭接点	20000～25507 HR0000～1915
与	AND	串联一个常开接点	AR0000～1515
与非	AND NOT	串联一个常闭接点	LR0000～1515
或	OR	并联一个常开接点	TIM/CNT000～127
或非	OR NOT	并联一个常闭接点	TR0～7（仅用于 LD 指令）
电路块与	AND LD	串联一个电路块	无
电路块或	OR LD	并联一个电路块	
输出	OUT	输出逻辑行的运算结果	00000～01915
输出求反	OUT NOT	求反输出逻辑行的运算结果	20000～25507 HR0000～1915
置位	SET	设置继电器状态为接通	AR0000～1515 LR0000～1515
复位	RSET	使继电器复位为断开	TIM/CNT000～127 TR0～7（仅用于 OUT 指令）
定时	TIM	接通延时定时器（递减式）设定时间 0～999.9s	TIM/CNT000～127 设定值 0～9999
计数	CNT	递减式计数器	定时单位为 0.1s 计数单位为 1 次

1. 暂存继电器（TR）指令的应用

在梯形图程序中，如果有多个分支输出，并且分支后面还有接点串联，这时需要用 TR 指令来暂时保存分支点的状态，然后再进行编程。需要指出的是，TR 指令不是独立的编程指令，它必须与 LD 或 OUT 指令配合使用。

2. 定时器指令的应用

CP1 系列 PLC 定时器的定时方式为递减型，当输入条件为 ON 时，开始进行减 1 定时。即每经过 0.1s，定时器的当前值便减去 1，若达到定时设定时间，定时器接点接通并保持；当输入条件为 OFF 时，定时器立即复位，当前值恢复到设定值，其接点断开，其作用相当于时间继电器。当 PLC 电源掉电时，定时器复位。

3. 计数器指令的应用

CP1 系列 PLC 计数器工作方式也为递减型，当输入端（IN）的信号每出现一次由 OFF→ON 的跳变时，计数器的当前数值便减 1；当计数值减为零时，便产生一个输出信号，使计数器的接点接通并保持；当复位端 R 输入 ON 时，计数器复位，当前值立即恢复到设定值，同时其接点断开；当 PLC 电源掉电时，计数器当前值保持不变；当 R 端复位信号和 IN 端计数信号同时到达时，复位信号优先。

根据计数器的特点，可利用计数器级联来扩大计数范围，也可以利用定时器级联来扩大定时范围，还可以利用定时器与计数器组合，根据需要来扩大定时范围，其应用与 FX 系列 PLC 类似。

2.1.2　功能指令

功能指令又称专用指令。CP1 系列 PLC 提供的功能指令主要用来实现程序控制、数据处理和算术运算等。这类指令在简易编程器上一般没有对应的指令键，只是为每个指令规定了一个功能代码（用两位数字表示）。在输入这类指令时，应先按下"FUN"键，再输入相应的代码。

2.2　编程语言

2.2.1　编程语言的基本特点

与一般计算机语言相比，PLC 的编程语言具有鲜明的特点，它既不同于高级语言，也不同于一般的汇编语言。PLC 的编程语言既要满足易于编写，又要满足易于调试的要求。目前，还没有一种对各厂家产品都能兼容的编程语言，但 PLC 的编程语言都具有以下共同特点。

1．图形式指令结构

程序以图形方式表达，指令由不同的图形符号组成，易于理解和记忆。系统的软件开发者已把工业控制中所需的独立运算功能编制成象征性图形，用户可根据自己的需要，对这些图形进行组合，并输入适当的参数，以进行工业控制。在逻辑运算部分，几乎所有的厂家都采用类似继电器控制电路的梯形图，很容易被使用者接受。例如，西门子公司采用控制系统流程图来表示逻辑运算关系，它沿用二进制逻辑元件图形符号来表达控制关系，直观易懂。对于较复杂的算术运算、定时/计数等，一般也参照梯形图或逻辑元件图予以表示，虽然象征性不如逻辑运算部分明显，但也深受用户欢迎。

2．明确的变量常数

图形符号相当于操作码，规定了运算功能，而操作数由用户填入，如 K200、T120 等。PLC 中的变量和常数及其取值范围均有明确规定，可通过查阅产品手册来了解。

3．简化的程序结构

PLC 的程序结构通常很简单，为典型的块式结构，不同的块完成不同的功能，从而使得程序调试者对整个程序的控制顺序和控制关系有着清晰的理解和认识，便于程序的调试和修改。

4．简化应用软件生成过程

在使用汇编语言和高级语言编写程序时，需要完成编辑、编译和链接 3 个过程，而使用 PLC 编程语言时，只需要完成编辑过程，其余的由系统软件自动完成，整个编辑过程都在人机对话形式下进行，过程相对简单，并且不要求用户有高深的软件设计能力。

5．强化调试手段

汇编程序或高级语言程序的调试，都是令程序设计人员头疼的事，而 PLC 为其程序调试提供了完备的条件——使用编程器，利用 PLC 和编程器上的按键、显示和内部编辑、调试、监控等，在软件的支持下，对 PLC 程序的诊断和调试操作都显得很简单。总之，PLC 的编程语言是面向用户的，不要求使用者具备高深的知识、不需要长时间的专门训练，具有很强的工业控制实用性。

2.2.2　编程语言的形式

在实际应用中，有多种 PLC 编程语言，常用的有梯形图（Ladder Diagram，LD）编程语言、布尔助记符（Boolean Mnemonic，BM）编程语言、功能表图（Sequential Function Chart，SFC）编程语言、功能模块图（Function Block，FB）编程语言、结构化语句（Structured Text，ST）描述编程语言。梯形图（LD）编程语言和布尔助记符（BM）编程语言是基本的 PLC 编程语言，通常由一系列指令组成，利用这些指令可以完成大多数简单的控制功能，如代替继电器、计数器、计时器完成顺序控制和逻辑控制等；通过扩展或增强指令集，它们也能执行其他基本操作。功能表图（SFC）编程语言和结构化语句（ST）描述编程语言是高级的 PLC 编程语言，它们可以根据需要去执行更有效的操作，如模拟量控制、数据操作，以及其他基本 PLC 编程语言无法完成的功能。功能模块图（FB）编程语言采用功能模块图的形式，通过软连接的方式完成所要求的控制功能，它不仅在 PLC 中得到了广泛的应用，而且在集散控制系统（DCS）的编程和组态中也常常被采用，具有连接方便、操作简单、易于掌握等特点，因此深受广大工程设计和应用开发人员的喜爱。

1. 常用 PLC 编程语言简介

（1）梯形图（LD）编程语言：梯形图编程语言是用梯形图的图形符号来描述程序过程的一种编程语言，是最为常用的一种 PLC 编程语言。梯形图编程语言来源于继电器逻辑控制系统的描述，它采用因果关系来描述事件发生的条件和结果，每个梯级均表示一种因果关系，描述事件发生的条件表示在左侧，描述事件发生的结果表示在右侧。在工业过程控制领域，电气技术人员对继电器逻辑控制技术较为熟悉，因此由这种逻辑控制技术发展而来的梯形图受到欢迎，并得到广泛的应用。

（2）布尔助记符（BM）编程语言：布尔助记符（又称指令表）编程语言是用布尔助记符来描述程序过程的一种编程语言，它采用布尔助记符来表示操作功能。布尔助记符编程语言，与计算机中的汇编语言非常相似。

（3）功能表图（SFC）编程语言：功能表图编程语言是用功能表图来描述程序的一种编程语言。它来源于佩特利（Petri）网，如今推出的 PLC 和小型 DCS 系统中也采用功能表图编程语言进行编程。

功能表图编程语言将控制系统分为若干个子系统，从功能入手，使系统的操作具有明确的含义，便于 PLC 程序的分工设计和检查调试。由于具有图形表达方式，功能表图编程语言可以清晰地描述并发系统和复杂系统，并能对系统中存在的死锁、不安全等反常现象进行分析和建模，在此基础上进行直接编程。

（4）功能模块图（FB）编程语言：功能模块图编程语言是采用功能模块来表示其功能的，每个功能模块具有若干个输入端和输出端，通过软连接的方式，分别连接到所需的其他端子上，从而完成特定的控制运算或控制功能。

功能模块可以分为不同的类型。对于同一类型的功能模块，也可能因功能参数的不同而使功能或应用范围有所不同。由于功能模块之间及功能模块与外部端子之间采用软连接的方式，所以便于控制方案的更改、信号连接的替换等操作的实现。

（5）结构化语句（ST）描述编程语言：结构化语句描述编程语言是一种类似于高级语言的编程语言。在大、中型 PLC 系统中，常采用结构化语句描述编程语言来描述控制系统中各种变量之间的运算关系，从而完成所需的功能或操作。

在 PLC 程序设计中最常用的两种编程语言是梯形图编程语言和布尔助记符（指令表）编程语言。梯形图编程直观易懂，应用广泛，但需要有计算机及相应的编程软件；助记符编程便于实验，因为它只需要一台简易编程器即可，无需昂贵的图形编程器或计算机。

2．应用举例

图 2-1 所示的是欧姆龙 CP1 系列 PLC 的一个简单的梯形图程序示例。

该梯形图程序有两组：第一组用以实现启动、停止控制；第二组仅有一个 END 指令，用以结束程序。

（1）梯形图与助记符的对应关系：梯形图指令与助记符指令之间有严格的对应关系，梯形图的连线可把指令的执行顺序体现出来。一般来说，指令的执行顺序为：先输入，后输出（含其他处理）；先上，后下；先左，后右。有了梯形图程序，就可以将其翻译成指令表程序；反之，根据指令表程序，也可绘制出与其对应的梯形图。与图 2-1 所示梯形图对应的指令表程序如下：

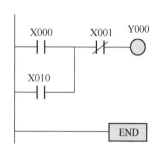

图 2-1　简单的梯形图程序示例

地址	指令	变量
0000	LD	X000
0001	OR	X010
0002	AND NOT	X001
0003	OUT	Y000
0004	END	

（2）梯形图与电气原理图的关系：如果仅考虑逻辑控制，梯形图与电气原理图也可建立起一定的对应关系。例如，梯形图的输出（OUT）指令，对应于继电器的线圈；而输入指令（如 LD、AND、OR）对应于接点，互锁指令（IL、ILC）可看成总开关，等等。这样，原有的继电器控制逻辑，经过转换即可变成梯形图。

有了这样的对应关系，用 PLC 程序实现继电器控制逻辑是很容易的，这也体现了 PLC 控制技术对传统继电器控制技术的继承性。

2.3　梯形图编程语言

梯形图（LD）编程语言是从继电器控制系统原理图的基础上演变而来的，与继电器控制系统梯形图的基本思想是一致的，只是在使用符号和表达方式上有一定区别。PLC 的使用对象就是工厂电气技术人员，为了保持继电器控制电路的使用习惯，梯形图保留了继电器电路图的风格和习惯，因此也成为广大电气技术人员最容易接受和使用的编程语言。

2.3.1　梯形图编程语言的特点

欧姆龙 PLC 所使用的梯形图编程语言主要有以下 4 个特点。

（1）与电气操作原理图相对应，具有直观性和对应性。

（2）与原有继电器控制逻辑图是一致的，对工厂的技术人员来说，易于掌握和学习。

（3）与原有的继电器逻辑控制技术的不同点是，梯形图中的能流（Power Flow）不是实际意义的电流，内部继电器也不是实际存在的继电器。因此，在应用时，必须与原有继电器逻辑控制技术的有关概念区别对待。IEC 61131-3 标准规定梯形图编程语言是一系列定义好的由梯级组成的梯形图，表示工业控制逻辑系统各寄存器、内部继电器之间的关系，以及逻辑组合。梯形图的能流类似于电磁继电器系统中的能量流动，又称功率流或电源流。其流向为从左到右。

（4）与指令表编程语言有一一对应关系，便于相互转换和程序检查。在 CP1H 的编程软件 CX-Programmer 中，梯形图编程与指令表之间的相互转换，可以通过菜单命令"视图"→"助记符（梯形图）"的方式实现，也可以通过快捷键 ALT+M 或 ALT+D 的方式实现。图 2-2 所示为某一初始化程序段的指令表程序。

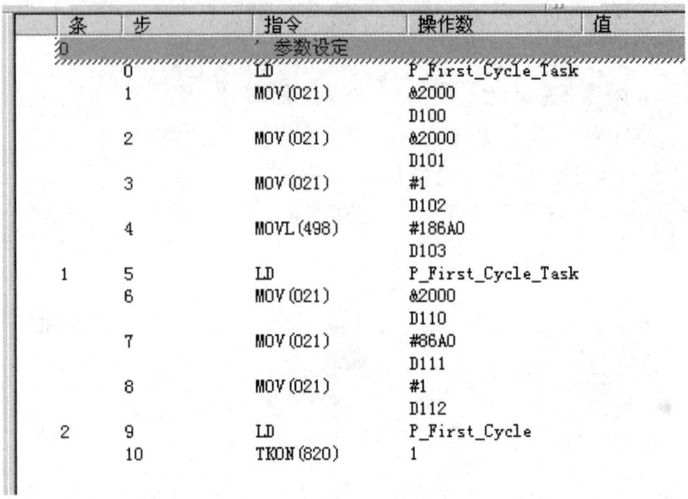

条	步	指令	操作数	值
0			参数设定	
	0	LD	P_First_Cycle_Task	
	1	MOV(021)	&2000	
			D100	
	2	MOV(021)	&2000	
			D101	
	3	MOV(021)	#1	
			D102	
	4	MOVL(498)	#186A0	
			D103	
1	5	LD	P_First_Cycle_Task	
	6	MOV(021)	&2000	
			D110	
	7	MOV(021)	#86A0	
			D111	
	8	MOV(021)	#1	
			D112	
2	9	LD	P_First_Cycle	
	10	TKON(820)	1	

图 2-2　某一初始化程序段的指令表程序

2.3.2　梯形图的组成元素

1．电源轨迹线

梯形图的电源轨迹线（Power rail）又称母线，按其所处位置分为左母线和右母线。在 CX-Programmer 中，已默认给出左、右母线。图 2-3 所示的是电源轨迹线图形示例，图中给出了左、右母线，以及输入寄存器及输出线圈。

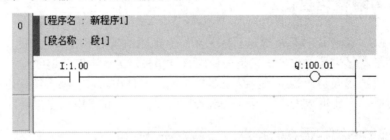

图 2-3　电源轨迹线图形示例

在梯形图中，功率流从左母线开始，向右流动，经过连接元素（如常开接点、常闭接点等），以及其他形式的指令接点、输出线圈，最终到达右母线。

2．连接元素及状态传递规则

在梯形图中，各功能图形符号通过连接元素连接。连接元素用水平线和垂直线表示。而连接元素又存在开和关两种状态，分别用 0 和 1 表示。在梯形图阶梯中，连接元素的状态从左向右传递。

对于连接元素的状态传递，存在如下规则：①如果左侧所有水平连接元素的状态为 0，则垂直连接元素的状态为 0；②如果左侧水平连接元素的状态中存在 1，则后面连接元素状态为 1。

在图 2-4 所示连接元素及传递状态示例中，连接元素 1 与左母线相连接，其状态根据规则为 1；连接元素 2 与连接元素 1 通过一个常开连接元素连接，由于常开连接元素的存在，则连接元素 2 的状态为 0；连接元素 3 的状态由连接元素 2 直接传递而来，则为 0；同样，连接元素 4 和 5 的状态也为 0；依照规则类推可知，连接元素 5～8 的状态都为 0。当与连接元素 1 和 2 连接的常开接点强制接通时，状态也随之改变。

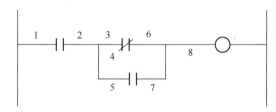

图 2-4　连接元素及传递状态示例

3．接点

梯形图的接点（Contact，又称触点）用于表示布尔变量的状态。梯形图是通过接点向右侧的水平连接元素传递状态的，该状态取决于接点左侧连接元素的状态、接点逻辑、直接地址状态三者的逻辑运算。

按静态特性分类，接点分为常开接点（NO）和常闭接点(NC)。常开接点是指在正常工况下，接点是断开的，其状态为 0；常闭接点是指在正常工况下，接点是闭合的，其状态为 1。

按照动态特性分类，接点分为上升沿微分接点和下降沿微分接点。

表 2-2 为梯形图接点对照表，从中可以清晰地看出各种接点之间的逻辑关系。

表 2-2　梯形图接点对照表

接点类型		图形符号	说　明
静态特性	常开接点	—┤├—	该接点与左侧连接元素的状态的布尔运算结果向右侧连接元素传递。当左侧连接元素为 1 时，若接点状态为 1，则传递 1，否则传递 0。
	常闭接点	—┤/├—	该接点与左侧连接元素的状态的布尔运算结果向右侧连接元素传递。当左侧连接元素为 1 时，若接点状态为 0，则传递 1，否则传递 0。
动态特性	上升沿微分接点	—┤↑├—	当左侧连接元素的状态为 1，同时该接点由 0 变为 1 时，右侧连接元素的状态从 0 变为 1，并保持 1 个周期，然后右侧连接元素为 0。
	下降沿微分接点	—┤↓├—	当左侧连接元素的状态为 1，同时该接点由 1 变为 0 时，右侧连接元素的状态从 0 变为 1，并保持 1 个周期，然后右侧连接元素为 0。

注：接点状态可由内部继电器及外部继电器调控，实现 0 和 1 的转换。

4．线圈

梯形图的线圈右侧一般与右母线连接，左侧与其他图形元素连接。在 CP1H 系列 PLC 中，输出线圈可以控制输出继电器（CIO）、保持继电器（H）、内部辅助继电器（W）等的状态。根据线圈性质的不同，可以将其分为瞬时线圈、锁存线圈、跳变触发线圈。输出线圈即属于瞬时线圈，其状态是可以瞬时改变的。在图 2-5 中，输出线圈通过前面连接元素及图形符号的布尔运算实现对输出继电器 100.00 的逻辑控制：当输入继电器 I：0.00 状态为 1，且输入继电器 I:0.01 的状态为 0 或内部辅助继电器 W:0.00 的状态为 1 时，输出继电器 Q:100.00 状态为 1；而当前面连接元素的状态发生改变时，输出线圈也相应改变。

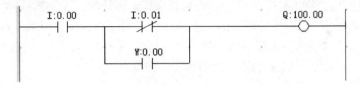

图 2-5　输出线圈逻辑控制示例

对于锁存线圈，只要被触发，其状态就会被锁存保持，直到下次被触发为止。例如在图 2-6 中，当输入继电器 I:0.00 的状态为 1 时，置位指令被执行，将输出继电器 Q:100.00 的值变为 1，之后即使输入继电器 I:0.00 的状态发生改变，也不会对输出继电器 Q:100.00 的状态造成影响。

图 2-6　锁存线圈示例

跳变触发线圈分为正跳变触发线圈和负跳变触发线圈，其应用方法与接点中所讲的上升沿/下降沿接点类似。

以锁存线圈的置位 SET 指令为例，可以在 CX-Programmer 的"编辑指令"对话框中通过在指令 SET 前面加入符号@或%来实现上升沿微分或下降沿微分，如图 2-7 所示。

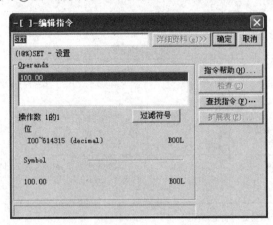

图 2-7　"编辑指令"对话框

2.3.3　梯形图程序的执行过程

梯形图程序的执行过程简单来说就是"从上到下、从左到右"顺序执行。

1．执行过程

梯形图程序一般由左母线、右母线以及两者之间的图形元素构成，梯级是梯形图程序中的最小单元，在一个梯级中存在输入指令和输出指令。输入指令在梯形图程序中执行比较、测试等操作，并根据运算的结果传递梯级的状态。在 CX-Programmer 中，对梯级进行编码，以方便查找编写程序，如图 2-8 所示。

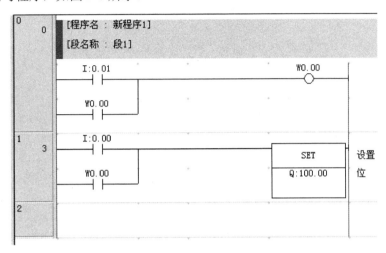

图 2-8　梯形图梯级示例

2．执行控制

当有特殊情况需要处理时，可以执行相关的控制指令来实现，如利用定时中断指令（MSKS）实现定时中断功能等。

3．扫描程序执行

通常，在没有外部中断、子程序调用等跳转类指令的情况下，程序是按照扫描方式执行的，在一个扫描周期内程序完成一次扫描执行。

注意：在编程前，应仔细阅读所选用的 PLC 产品的软件说明书，然后再进行编程。若用图形编程器或软件包编程，则可直接编程；若用手持编程器编程，应先绘制梯形图，然后再编程，这样可以避免出错，提高编程效率。编程结束后，应该先脱机调试程序，待各个动作均正常后，再在设备上进行调试。

第3章 时序指令

欧姆龙 PLC 的时序指令包括时序输入指令、时序输出指令、时序控制指令等。

时序输入指令一览表

指 令 名 称	助 记 符	FUN 编号
读	LD	—
读非	LD NOT	—
与	AND	—
与非	AND NOT	—
或	OR	—
或非	OR NOT	—
块与	AND LD	—
块或	OR LD	—
非	NOT	520
P.F.上升沿微分	UP	521
P.F.下降沿微分	DOWN	522
LD 型位测试	LD TST	350
LD 型位测试非	LD TSTN	351
AND 型位测试	AND TST	350
AND 型位测试非	AND TSTN	351
OR 型位测试	OR TST	350
OR 型位测试非	OR TSTN	351

时序输出指令一览表

指 令 名 称	助 记 符	FUN 编号
输出	OUT	—
输出非	OUT NOT	—
临时存储继电器	TR	—
保持	KEEP	011
上升沿微分	DIFU	013
下降沿微分	DIFD	014
置位	SET	—
复位	RSET	—
多位置位	SETA	530
多位复位	RSTA	531
位置位	SETB	532
位复位	RSTB	533
位输出	OUTB	534

时序控制指令一览表

指 令 名 称	助 记 符	FUN 编号
结束	END	001
无功能	NOP	000
互锁	IL	002
互锁解除	ILC	003
多重互锁（微分标志保持型）	MILH	517
多重互锁（微分标志非保持型）	MILR	518
多重互锁解除	MILC	519
转移	JMP	004
转移结束	JME	005
条件转移	CJP	510
条件非转移	CJPN	511
多重转移	JMP0	515
多重转移结束	JME0	516
循环开始	FOR	512
循环结束	NEXT	513
循环中断	BREAK	514

3.1　时序输入指令

3.1.1　读/读非

指　令	梯　形　图	指　令　描　述	参 数 说 明	指　令　说　明
LD	母线　起始点	表示逻辑起始，读指定接点的 ON/OFF 内容。		（1）用于从母线开始的第一个接点，或者电路块的第一个接点。 （2）未指定每次刷新时，读取 I/O 存储器指定位的内容；指定每次刷新时，读取 CPU 单元内置输入端子的实际接点状态。 （3）在每次刷新指令时，对 CPU 单元内置输入端子的实际接点状态取反后读入（适用于读非指令）。
LD NOT	母线　起始点	表示逻辑起始，将指定接点的 ON/OFF 内容取反后读入。		

【应用范例】读指令应用实例	
梯形图程序	程 序 说 明
0.02	从接点读入数据，表示逻辑开始。 LD　　0.02　　//读入数据

3.1.2　与/与非

指　令	梯 形 图	指　令　描　述	参 数 说 明	指　令　说　明
AND	─┤├─	取指定接点 ON/OFF 内容与前面的输入条件之间的逻辑与。		（1）用于串联连接的接点。 （2）不能直接连接在母线上，也不能用于电路块的开始部分。 （3）未指定每次刷新时，读取 I/O 存储器指定位的内容；指定每次刷新时，读取 CPU 单元内置输入端子的实际接点状态。 （4）在每次刷新指令时，对 CPU 单元内置输入端子的实际接点状态取反后读入。
AND NOT	─┤╱├─	对指定接点 ON/OFF 内容取反，取与前面的输入条件之间的逻辑与。		

【应用范例】与指令应用实例	
梯形图程序	程 序 说 明
0.01　0.02　200.00	读入 0.01 中数据，与 0.02 作逻辑与运算后，输出给执行器。 LD　　0.01　　//读入 0.01 数据 AND　　0.02　　//将 0.01 数据与 0.02 数据作逻辑与运算 OUT　　200.00　　//结果输出

3.1.3　或/或非

指　　令	梯　形　图	指 令 描 述	参 数 说 明	指 令 说 明
OR	母线	取指定接点的 ON/OFF 内容与前面的输入条件之间的逻辑或。		（1）用于并联连接的接点。 （2）从 LD/LD NOT 指令开始，构成与到本指令之前为止的电路之间的 OR 的接点。 （3）未指定每次刷新时，读取 I/O 存储器指定位的内容；指定每次刷新时，读取 CPU 单元内置输入端子的实际接点状态。
OR NOT	母线	对指定接点的 ON/OFF 内容取反，取与前面的输入条件之间的逻辑或。		
【应用范例】或指令应用实例				

梯 形 图 程 序	程 序 说 明
0.01　　　200.00 0.02	读入 0.01 中数据，与 0.02 作逻辑或运算后，输出给执行器。 LD　　　0.01　　//读入 0.01 数据 OR　　　0.02　　//将 0.01 数据与 0.02 数据作逻辑或运算 OUT　　200.00　//结果输出

3.1.4　块与

指　　令	梯　形　图	指 令 描 述	参 数 说 明	指 令 说 明
AND LD	电路块 — 电路块	取电路块间的逻辑与，将本指令之前的电路块串联连接。		（1）电路块是指从 LD/LD NOT 指令开始到下一个 LD/LD NOT 指令之前的电路。 （2）可以在 3 个以上的电路块之后继续配置本指令，进行一次性串联。
【应用范例】块与指令应用实例				

梯 形 图 程 序	程 序 说 明
0.01　　0.03　　200.00 0.02　　0.04	0.01 中数据与 0.02 作逻辑或运算，并将 0.03 中数据与求反的 0.04 作逻辑或运算，然后将两个电路块串联，运算后输出给执行器。 LD　　　　0.01　　//读入 0.01 数据 OR　　　　0.02　　//将 0.01 数据与 0.02 数据作逻辑或运算 LD　　　　0.03　　//读入 0.03 数据 OR NOT　 0.04　　//0.04 取反后与 0.03 作逻辑或运算 AND LD　　　　　//将前后两个块电路串联 OUT　　　200.00　//结果输出

3.1.5　块或

指　　令	梯　形　图	指 令 描 述	参 数 说 明	指 令 说 明
OR LD	电路块 电路块	取电路块间的逻辑或，将本指令之前的电路块并联连接。		（1）电路块是指从 LD/LD NOT 指令开始到下一个 LD/LD NOT 指令之前的电路。 （2）可以在 3 个以上的电路块之后继续配置本指令，进行一次性并联。
【应用范例】块或指令应用实例				

梯 形 图 程 序	程 序 说 明
0.01　　0.03　　200.00 0.02　　0.04	0.01 中数据与 0.03 作逻辑与运算，并将 0.02 中数据与求反的 0.04 作逻辑与运算，然后将两个电路块并联，运算后输出给执行器。 LD　　　　0.01　　//读入 0.01 数据 AND　　　0.03　　//将 0.01 数据与 0.03 数据作逻辑与运算 LD　　　　0.02　　//读入 0.02 数据 AND NOT　0.04　　//0.04 反取后与 0.02 作逻辑与运算 OR LD　　　　　　//将前后两个块电路并联 OUT　　　200.00　//结果输出

3.1.6　非

指　　令	梯　形　图	指　令　描　述	参　数　说　明	指　令　说　明
NOT	NOT	将输入条件取反。		（1）本指令为下一段连接型指令。 （2）在本指令的最终段中应加上输出类指令。 （3）本指令不能在回路的最终段中使用。

【应用范例】非指令应用实例

梯形图程序	程　序　说　明
0.02　　NOT　　200.00	读入 0.02 数据，取反，输出。 LD　　0.02　　//读入 0.02 数据 NOT　　　　　//取反 OUT　200.00　//结果输出

3.1.7　P.F.上升沿微分

指　　令	梯　形　图	指　令　描　述	参　数　说　明	指　令　说　明
UP	UP	该指令是一种下一段连接型的上升沿微分指令。 当输入信号的上升沿（OFF→ON）到来时，一个周期内为 ON，连接到下一段。		（1）本指令为下一段连接型指令。 （2）在本指令的最终段中应加上输出类指令。 （3）本指令不能在回路的最终段中使用。

【应用范例】P.F.上升沿微分指令应用实例

梯形图程序	程　序　说　明
0.02　　UP　　200.00	当 0.02 为 OFF→ON 时，仅有一个周期 200.00 变为 ON。 LD　　0.02　　//读入 0.02 数据 UP　　　　　//上升沿微分 OUT　200.00　//结果输出

3.1.8　P.F.下降沿微分

指　　令	梯　形　图	指　令　描　述	参　数　说　明	指　令　说　明
DOWN	DOWN	该指令是一种下一段连接型的下降沿微分指令。 当输入信号的下降沿（ON→OFF）到来时，一个周期内为 ON，连接到下一段。		（1）本指令为下一段连接型指令。 （2）在本指令的最终段中应加上输出类指令。 （3）本指令不能在回路的最终段中使用。

【应用范例】P.F.下降沿微分指令应用实例

梯形图程序	程　序　说　明
0.02　　DOWN　　200.00	当 0.02 为 ON→OFF 时，仅有一个周期 200.00 变为 ON。 LD　　0.02　　//读入 0.02 数据 DOWN　　　　//下降沿微分 OUT　200.00　//结果输出

3.1.9　LD 型位测试/LD 型位测试非

指　　令	梯　形　图	指　令　描　述	参　数　说　明	指　令　说　明
LD TST	LD TST / S / N	当指定位为 1 时，在下一段上进行 LD（读）连接。	S：测试数据通道编号。N：位位置数据，其范围为 0000H～000FH 或十进制数&0～&15。当指定通道时，如果是范围外的值，则只有低 4 位有效。	（1）本指令是可以直接连接在母线上的下一段连接型指令。（2）本指令不适用于电路的最终段。
LD TSTN	LD TSTN / S / N	当指定位为 0 时，在下一段上进行 LD（读）连接。		

【应用范例】LD 型位测试指令应用实例

梯形图程序	程　序　说　明
LD TST / D01 / &4 ——200.00	检查 D01 位 4 的状态（ON 或 OFF），如果是 ON，则 200.00 变为 ON。 TST　　　　0001 　　　　　　&4　　　　//检查 D01 位 4 的状态 OUT　　　　200.00　　//结果输出

3.1.10　AND 型位测试/AND 型位测试非

指　　令	梯　形　图	指　令　描　述	参　数　说　明	指　令　说　明
AND TST	AND TST / S / N	当指定位为 1 时，在下一段上进行串联（AND）连接。	S：测试数据通道编号。N：位位置数据，其范围为 0000H～000FH 或十进制数&0～&15。当指定通道时，如果是范围外的值，则只有低 4 位有效。	（1）本指令为 AND（串联）型的下一段连接型指令。不能直接连接在母线上。（2）在本指令的最终段中应附加输出类指令。（3）本指令不适用于电路的最终段。
AND TSTN	AND TSTN / S / N	当指定位为 0 时，在下一段上进行串联（AND）连接。		

【应用范例】AND 型位测试指令应用实例

梯形图程序	程　序　说　明
0.03 ——‖—— AND TST / D01 / &4 ——200.00	当 0.03 为 ON 时，检查 D01 位 4 的状态（ON 或 OFF），如果是 ON，则 200.00 变为 ON。 LD　　　　0.03　　　//读取 0.03 状态 TST　　　　0001 　　　　　　&4　　　　//检查 D01 位 4 的状态 AND OUT　　　　200.00　　//结果输出

3.1.11　OR 型位测试/OR 型位测试非

指　　令	梯 形 图	指 令 描 述	参 数 说 明	指 令 说 明
OR TST	OR TST S N	当指定位为 1 时，在下一段上进行并联（OR）连接。	S：测试数据通道编号。 N：位位置数据。其范围为 0000H～000FH 或十进制数&0～&15。当指定通道时，如果是范围外的值，则只有低 4 位有效。	（1）本指令为 OR（并联）型的下一段连接型指令。不能直接连接在母线上。 （2）在本指令的最终段中应附加输出类指令。 （3）本指令不适用于电路的最终段。
OR TSTN	OR TSTN S N	当指定位为 0 时，在下一段上进行并联（OR）连接。		

【应用范例】OR 型位测试指令应用实例

梯形图程序	程序说明
0.03　　　　　　　　　　200.00 ─┤├──────────────○ OR TST D01 &4	读取 0.03 的状态，检查 D01 位 4 的状态（ON 或 OFF），并将该状态与 0.03 状态作逻辑或运算，结果输出至 200.00。 LD　　　0.03　　　　//读取 0.03 状态 TST　　　0001 　　　　　&4　　　　　//检查 D01 的位 4 状态 OR　　　　　　　　　//作逻辑或运算 OUT　　　200.00　　//结果输出

3.2　时序输出指令

3.2.1　输出/输出非

指　　令	梯 形 图	指 令 描 述	参 数 说 明	指 令 说 明
OUT	○	将逻辑运算处理结果（输入条件）输出到指定接点。		（1）未指定每次刷新时，将输入条件（功率流）的内容写入 I/O 存储器的指定位。 （2）指定每次刷新时，将输入条件（功率流）的内容同时写入 I/O 存储器的指定位和 CPU 单元内置的实际输出接点。
OUT NOT	∅	将逻辑运算处理结果（输入条件）取反，并在指定接点输出。		

【应用范例】输出指令应用实例

梯形图程序	程序说明
0.02　　100.00 ─┤├──○ 　　　　200.00 　　　　∅	读取 0.02 状态，直接输出给 100.00，并取反后输出给 200.00。 LD　　　0.02　　　　//读取 0.02 状态 OUT　　　100.00　　//输出给 100.00 OUT NOT　200.00　　//输出给 200.00

3.2.2 临时存储继电器

指　令	梯　形　图	指　令　描　述	参　数　说　明	指　令　说　明
TR	(TR)	对电路运行中的 ON/OFF 状态进行临时存储。		（1）临时存储继电器编号为十进制数&0~&15。 （2）TR0~TR15 不能用于除 LD、OUT 指令外的指令。 （3）TR0~TR15 在继电器编号的使用顺序上没有限制。 （4）TR 仅用于输出分支较多的电路的分支点上的 ON/OFF 状态存储（OUT TR0~TR15）和再现。

【应用范例】TR 指令应用实例

梯形图程序	程序说明
0.02　(TR0)　0.03　100.00　○ 　　　　　　　　　　200.00　○	读取 0.02 状态，输出给 0 号临时存储继电器，并同时输出给 200.00，然后将 0.02 与 0.03 作逻辑与运算，将结果输出给 100.00。 LD　　　0.02　　//读取 0.02 状态 OUT　　TR0　　//输出给 0 号临时存储继电器 AND　　0.03　　//与 0.03 作逻辑与运算 OUT　　100.00　//输出给 100.00 LD　　　TR0　　//读取 0 号临时存储继电器状态 OUT　　200.00　//输出给 200.00

3.2.3 保持

指　令	梯　形　图	指　令　描　述	参　数　说　明	指　令　说　明
KEEP	置位 — KEEP 复位 — R	进行保持继电器（自保持）的动作。 当置位输入（输入条件）为 ON 时，保持 R 所指定的继电器的 ON 状态。复位输入为 ON 后，进入 OFF 状态。	R：继电器编号	（1）置位输入（输入条件）和复位输入同时为 ON 时，复位输入优先。 （2）通过 KEEP 指令使用保持继电器时，即使停电也可以存储之前的状态。

【应用范例】保持指令应用实例

梯形图程序	程序说明
0.02 ├┤├──── KEEP 0.03　　　　200.00 ├┤├────	输入 0.02 状态为 OFF→ON 时，编号为 200.00 继电器保持 ON 状态，输入 0.03 状态由 OFF→ON 时，继电器复位。 LD　　　0.02　　//读入 0.02 状态 KEEP　　200.00　//保持 200.00 状态 LD　　　0.03　　//读入 0.03 状态 KEEP　　200.00　//0.03 为 ON 时，200.00 状态为 OFF

3.2.4 上升沿微分

指　令	梯　形　图	指　令　描　述	参　数　说　明	指　令　说　明
DIFU	DIFU R	当输入信号的上升沿（OFF→ON）到来时，将 R 所指定的接点在一个周期内为 ON，一个周期后，在本指令执行时为 OFF。	R：继电器编号	（1）在一个周期内重复电路的 FOR-NEXT 指令间使用 DIFU 指令时，接点在该电路中常开或常关。 （2）在 IL~ILC 指令间、JMP~JME 指令间，或者子程序指令内使用 DIFU 指令时，根据输入条件不同，动作会有差异。

【应用范例】上升沿微分指令应用实例

梯形图程序	程序说明
0.02 ├┤├──── DIFU 　　　　200.00	当定时器输入 0.02 为 OFF→ON 时，编号为 200.00 的上升沿微分开始执行。 LD　　0.02　　//读入 0.02 状态 DIFU　200.00　//选择 200.00 号继电器进行上升沿微分

3.2.5 下降沿微分

指 令	梯 形 图	指 令 描 述	参 数 说 明	指 令 说 明
DIFD	DIFD R	当输入信号的下降沿（ON→OFF）到来时，将 R 所指定的接点在一个周期内为 ON，一个周期后，本指令执行时为 OFF。	R：继电器编号	（1）不使用内部辅助继电器等继电器，而要在下一段直接连接上升微分时，使用 DOWN（下降沿微分）指令。 （2）在 IL～ILC 指令间、JMP～JME 指令间，或者子程序指令内使用 DIFD 指令时，根据输入条件不同，动作会有差异。

【应用范例】下降沿微分指令应用实例

梯形图程序	程序说明
0.02 DIFD 200.00	当定时器输入 0.02 为 ON→OFF 时，编号为 200.00 的下降沿微分开始执行。 LD 0.02 //读入 0.02 状态 DIFD 200.00 //选择 200.00 号继电器进行下降沿微分

3.2.6 置位/复位

指 令	梯 形 图	指 令 描 述	参 数 说 明	指 令 说 明
SET	SET R	当输入条件为 ON 时，将指定的接点置位为 ON。	R：继电器编号	（1）对于 SET 指令，当输入条件为 ON 到来时，将 R 所指定的接点置位为 ON 并保持不变。 （2）对于 RSET 指令，当输入条件为 ON 时，将 R 所指定的接点复位为 OFF 并保持不变。 （3）不能通过 SET/RSET 指令进行定时器、计数器的置位/复位。
RSET	RSET R	当输入条件为 ON 时，将指定的接点复位为 OFF。		

【应用范例】置位/复位指令应用实例

梯形图程序	程序说明
0.01 SET 200.00 0.02 RSET 200.00	读入 0.01 状态，若符合条件，则将编号为 200.00 的继电器置位；读入 0.02 状态，若符合条件，则将编号为 200.00 的继电器复位。 LD 0.01 //读入 0.01 状态 SET 200.00 //200.00 继电器置位 LD 0.02 //读入 0.02 状态 RSET 200.00 //200.00 继电器复位

3.2.7 多位置位

指 令	梯 形 图	指 令 描 述	参 数 说 明	指 令 说 明
SETA	SETA D N1 N2	将连续指定位数的位置位为 ON，即从所指定的低位通道编号的 N1 中指定的位（BIN）开始，将高位侧连续的指定位数（N2）置位为 ON，其他位的数据保持不变。当位数指定为 0 时，位的数据保持不变。	D：置位低位通道编号。 N1：置位开始位位置，其范围为 0000H～000FH 或十进制数&0～&15。 N2：位数，其范围为 0000H～FFFFH 或十进制数&0～&65535。 D～（D+最大 4096 CH）必须为同一区域种类。	在 SETA（多位置位）指令中，即使对数据存储器、扩展数据存储器等通道（字）单位所处理的区域种类，也可以将指定范围的位区域整体置位为 ON。

【应用范例】多位置位指令应用实例

梯形图程序	程序说明

0.02
SETA
200.00
&1
&10
	读入 0.02 状态，若符合条件，则将 200.00 号继电器从&1 位开始，将高位侧连续的指定位数&10 置位为 ON，其他位的数据保持不变。
	LD 0.02 //读入 0.02 状态
	SETA 200.00 //200.00 继电器
	   &1 //置位开始位位置
	   &10 //位数

3.2.8 多位复位

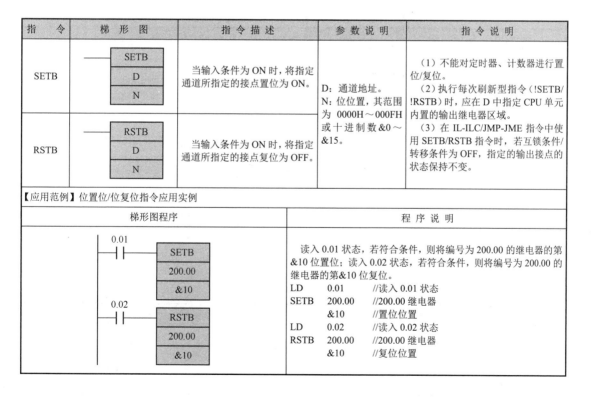

指 令	梯 形 图	指 令 描 述	参 数 说 明	指 令 说 明
RSTA	RSTA D N1 N2	将连续指定位数的位复位为 OFF，即从所指定的低位通道编号的 N1 中指定的位（BIN）开始，将高位侧连续的指定位数（N2）复位为 OFF，其他位的数据保持不变。当位数指定为 0 时，位的数据保持不变。	D：复位低位通道编号。 N1：复位开始位位置，其范围为 0000H～000FH 或十进制数&0～&15。 N2：位数，其范围为 0000H～FFFFH 或十进制数&0～&65535。 D～（D+最大 4096 CH）必须为同一区域种类。	在 RSTA（多位复位）指令中，即使对于数据存储器、扩展数据存储器等通道（字）单位所处理的区域种类，也可以将指定范围的位区域整体复位为 OFF。

【应用范例】多位复位指令应用实例

梯形图程序	程 序 说 明
0.02 ⊣⊢　RSTA 200.00 &1 &10	读入 0.02 状态，若符合条件，则将 200.00 号继电器从&1 位开始，将高位侧连续的指定位数&10 复位为 OFF，其他位的数据保持不变。 LD　0.02　//读入 0.02 状态 RSTA　200.00　//200.00 继电器 　　　&1　//复位开始位置 　　　&10　//位数

3.2.9 位置位/位复位

指 令	梯 形 图	指 令 描 述	参 数 说 明	指 令 说 明
SETB	SETB D N	当输入条件为 ON 时，将指定通道所指定的接点置位为 ON。	D：通道地址。 N：位位置，其范围为 0000H～000FH 或十进制数&0～&15。	（1）不能对定时器、计数器进行置位/复位。 （2）执行每次刷新型指令（!SETB/!RSTB）时，应在 D 中指定 CPU 单元内置的输出继电器区域。 （3）在 IL-ILC/JMP-JME 指令中使用 SETB/RSTB 指令时，若互锁条件/转移条件为 OFF，指定的输出接点的状态保持不变。
RSTB	RSTB D N	当输入条件为 ON 时，将指定通道所指定的接点复位为 OFF。		

【应用范例】位置位/位复位指令应用实例

梯形图程序	程 序 说 明
0.01 ⊣⊢　SETB 200.00 &10 0.02 ⊣⊢　RSTB 200.00 &10	读入 0.01 状态，若符合条件，则将编号为 200.00 的继电器的第&10 位置位；读入 0.02 状态，若符合条件，则将编号为 200.00 的继电器的第&10 位复位。 LD　0.01　//读入 0.01 状态 SETB　200.00　//200.00 继电器 　　　&10　//置位位置 LD　0.02　//读入 0.02 状态 RSTB　200.00　//200.00 继电器 　　　&10　//复位位置

3.2.10　位输出

指　令	梯　形　图	指令描述	参数说明	指令说明
OUTB	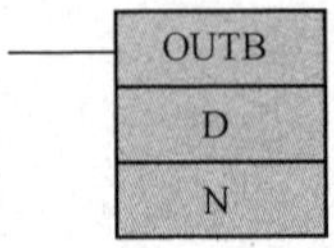 OUTB D N	将逻辑运算处理结果（输入条件）输出到指定通道的指定位。	D：通道地址 N：位位置，其范围为 0000H～000FH 或十进制数&0～&15。	（1）执行本指令之后，在将之前的输入条件（功率流）的内容写入 I/O 存储器的指定位的同时，对单元内置的输出进行刷新。 （2）对位位置 N 进行通道指定时，仅使用位 00～03。 （3）本指令被记录在 IL～ILC 指令间的程序内，互锁状态（IL 中）下，与 OUT 指令相同，本指令所指定的位进入 OFF 状态。

【应用范例】位输出指令应用实例

梯形图程序	程　序　说　明
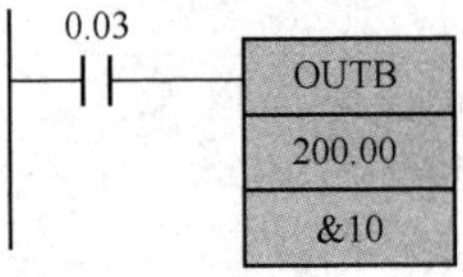 0.03 OUTB 200.00 &10	读入 0.03 状态，并将其状态输出到 200.00 的位&10。 LD　　　0.03　　　//读入 0.03 状态 OUTB　　200.00　　//继电器通道地址 　　　　　&10　　　//输出位位置

3.3　时序控制指令

3.3.1　结束

指　令	梯　形　图	指令描述	参数说明	指令说明
END	 END	表示一个程序的结束。通过本指令的执行，结束前面所有程序的执行。END 指令后的其他指令不被执行。		在一个程序的最后，必须输入 END 指令。END 指令后的其他指令不被执行。

【应用范例】结束指令应用实例

梯形图程序	程　序　说　明
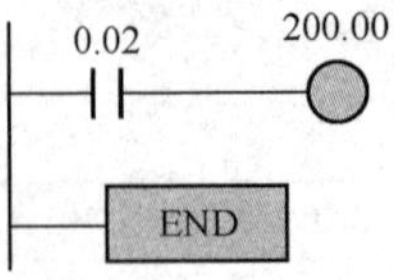 0.02　　200.00 END	读取 0.02 状态，输出给 200.00，程序结束。 LD　　　0.02　　　//读取 0.02 状态 OUT　　200.00　　//输出至 200.00 END　　　　　　　//程序结束

3.3.2　无功能

指　令	梯　形　图	指令描述	参数说明	指令说明
NOP	在梯形图中无表示	该指令不具备任何功能。不进行指令处理。仅在助记符表示时可以使用。		在需要插入接点的位置预先写入 NOP 指令后，插入接点也不会发生程序地址的偏差。

3.3.3　互锁/互锁解除

指　令	梯　形　图	指　令　描　述	参数说明	指　令　说　明
IL	—[IL]	如果输入条件为OFF，IL 指令之后到ILC 指令为止的输出将被互锁。 IL 指令和 ILC 指令必须配套使用。		（1）即使已通过 IL 指令进行互锁，IL～ILC指令间的程序在内部仍可执行，所以周期时间不会缩短。 （2）IL 指令和 ILC 指令必须成对使用；否则，程序检测时会出现 IL～ILC 错误。 （3）IL～ILC 指令不能嵌套。
ILC	—[ILC]			

【应用范例】互锁/互锁解除指令应用实例

梯形图程序	程　序　说　明
0.01 —[IL] 0.02 200.00 —( ) 0.03 300.00 —( ) 0.01 —[ILC]	读取 0.01 状态，输出给 IL，判断是否将 IL 与 ILC 之间动作互锁。 LD　　0.01　　//读取 0.01 状态 IL　　　　　　//输出至 IL LD　　0.02　　//读取 0.02 状态 OUT　200.00　//输出至 200.00 LD　　0.03　　//读取 0.03 状态 OUT　300.00　//输出至 300.00 ILC　　　　　//互锁范围限制

3.3.4　多重互锁（微分标志保持型）/多重互锁（微分标志非保持型）/多重互锁解除

指　令	梯　形　图	指　令　描　述	参数说明	指　令　说　明
MILH	MILH N D	当 MILH 或 MILR 指令的输入条件为OFF 时，对从 MILH或 MILR 指令到非MILC 指令为止的输出进行互锁。 MILH 或 MILR指令和 MILC 指令必须配套使用。	N：互锁编号，其范围为十进制数&0～&15，成对的 MILH 或 MILR 指令和 MILC 指令的 N（互锁编号）必须一致。N 在使用顺序上没有大小关系的限制。 D：互锁状态输出位。非互锁中为 ON，互锁中为OFF。 通过 MILH 或 MILR 指令进行的互锁时，若对该位进行强制置位，可以进入非互锁(IL)状态；相反，在非互锁中对该位进行强制复位，可以进入互锁(IL)状态。	（1）MILH 或 MILR 指令的第 2 操作数 D（互锁状态输出位）中，互锁时输出为OFF、非互锁时输出为 ON。 （2）当至 MILC 指令为止的各指令中存在微分指令时，MILH 指令和 MILR 指令的动作不同：执行 MILR 指令时，即使在互锁中微分条件成立，该条件成立也将被取消，互锁解除后不执行微分指令；执行MILH 指令时，如果互锁开始时和解除时的值的微分条件成立，微分条件成立生效，待互锁解除后，执行微分指令。 （3）即使 MILH 或 MILR 指令进入互锁状态，周期时间也不会缩短。 （4）MILH 或 MILR 指令～MILC 指令之间存在互锁编号不同的 MILC 指令时，互锁编号不同的 MILC 指令将被忽略。
MILR	MILR N D			
MILC	MILC N			

【应用范例】多重互锁/解除指令应用实例

梯形图程序	程　序　说　明
0.01 —[MILH / 1 / 300.00] 0.02 300.00 —( ) 0.03 100.00 —( ) —[MILC / 1]	读取 0.01 状态，输出给 MILH，判断是否将 MILH 与 MILC 之间互锁编号为 1 的指令互锁。其中，100.00 并不受影响。 LD　　　0.01　　//读取 0.01 状态 MILH　　1 　　　　300.00　//输出至 MILH，互锁编号为 1，对 300.00 起作用 LD　　　0.02　　//读取 0.02 状态 OUT　　300.00　//输出至 300.00 LD　　　0.03　　//读取 0.03 状态 OUT　　100.00　//输出至 100.00 MILC　　1　　　//互锁范围限制，仅对 300.00 起作用

3.3.5　转移/转移结束

指　令	梯形图	指令描述	参数说明	指令说明
JMP JME	JMP N JME N	当 JMP 指令的输入条件为 OFF 时，则转移至具有 N 所指定的转移编号的 JME 指令；当输入条件为 ON 时，则执行后面的指令。 　JMP 指令必须与 JME 指令配套使用。	N：转移编号，其范围为 0000H～00FFH 或十进制数 &0～&255。	（1）JME 指令仅可以在 N 中指定常数。 （2）转移时，所有指令的输出（继电器、通道）保持当前的状态，但计时继续。 （3）当有两个以上相同编号的 JME 指令时，程序地址较小的 JME 指令有效，而地址较大的 JME 指令被忽略。 （4）作为转移目的地的 JME 指令必须在与 JMP 指令共同存在的任务内选定。 （5）在 JMP～JME 指令间使用微分指令时，根据输入条件的不同，动作将出现变化。

【应用范例】转移/转移结束指令应用实例

梯形图程序	程序说明
0.01 ── JMP &4 0.02 ── 300.00 ○ 0.03 ── 100.00 ○ JME &4	读取 0.01 状态，若符合条件（为 OFF），则程序直接跳转至 JME 指定编号后的指令，JMP 与 JME 间指令不予执行。 LD　　0.01　　//读取 0.01 状态 JMP　　&4　　//定义转移及编号 LD　　0.02　　//读取 0.02 状态 OUT　　300.00　　//输出至 300.00 LD　　0.03　　//读取 0.03 状态 OUT　　100.00　　//输出至 100.00 JME　　&4　　//转移结束及编号

3.3.6　条件转移/条件非转移/转移结束

指　令	梯形图	指令描述	参数说明	指令说明
CJP	CJP N	当 CJP 指令的输入条件为 ON 时，转移至具有 N 所指定的转移编号的 JME 指令；当输入条件为 OFF 时，则执行后面的指令。 　CJP 指令必须与 JME 指令配套使用。	N：转移编号，其范围为 0000H～00FFH 或十进制数 &0～&255。	（1）CJP 指令仅可以在 N 中指定常数。 （2）在块程序区域内，CJP（CJPN）指令之前的输入条件在 ON（OFF）时转移。 （3）在 CJP（CJPN）指令的情况下，CJP（CJPN）条件为 ON（OFF）时，由于直接转移至 JME 指令，而不执行 CJP（CJPN）～JME 间的指令，所以在此之间没有指令执行时间。因此，可以使周期时间缩短。 （4）在 CJP/CJPN 指令间使用微分指令时，根据输入条件的不同，动作将出现变化。
CJPN	CJPN N	当 CJPN 指令的输入条件为 OFF 时，转移至具有 N 所指定的转移编号的 JME 指令；当输入条件为 ON 时，则执行后面的指令。 　CJPN 指令必须与 JME 指令配套使用。		
JME	JME N	与 CJP 指令和 CJPN 指令配合使用。		

【应用范例】条件转移/转移结束指令应用实例

梯形图程序	程序说明
0.01 ── CJP &4 0.02 ── 300.00 ○ 0.03 ── 100.00 ○ JME &4	读取 0.01 状态，若符合条件（为 ON），则程序直接跳转至 JME 指定编号后的指令，CJP 与 JME 间指令不予执行。 LD　　0.01　　//读取 0.01 状态 CJP　　&4　　//定义转移及编号 LD　　0.02　　//读取 0.02 状态 OUT　　300.00　　//输出至 300.00 LD　　0.03　　//读取 0.03 状态 OUT　　100.00　　//输出至 100.00 JME　　&4　　//转移结束及编号

3.3.7 多重转移/多重转移结束

指 令	梯 形 图	指 令 描 述	参 数 说 明	指 令 说 明
JMP0	JMP0	如果 JMP0 指令的输入条件为 OFF，对从 JMP0 指令到 JME0 指令之间的指令不予执行；当输入条件为 ON 时，执行后面的指令。 JMP0 指令必须与 JME0 指令配套使用。程序上可以进行多个配套配置		（1）与 JMP/CJP/CJPN 指令不同，由于不使用转移编号，因此可以在程序中多处使用。 （2）多次使用 JMP0 指令时，JMP0～JME0 间不能重叠。 （3）不可进行嵌套。 （4）JMP0/JME0 指令在块程序区域内不能使用。 （5）作为转移目的地的 JME0 指令必须在与 JMP0 指令共同存在的任务内选定。任务间的转移不能被执行。 （6）在 JMP0/JME0 指令间使用微分指令时，根据输入条件的不同，动作将出现变化
JME0	JME0			

【应用范例】多重转移/多重转移结束指令应用实例

梯形图程序	程 序 说 明
0.01 — JMP0 0.02 — 300.00 ◯ 0.03 — 100.00 ◯ JME0	读取 0.01 状态，若符合条件（为 OFF），则程序直接跳转至 JME0 指定编号后的指令，JMP0 与 JME0 间指令不予执行。 LD　　　0.01　　//读入 0.01 状态 JMP0　　　　　　//定义转移 LD　　　0.02　　//读入 0.02 状态 OUT　　300.00　//输出至 300.00 LD　　　0.03　　//读入 0.03 状态 OUT　　100.00　//输出至 100.00 JME0　　　　　　//转移结束

3.3.8 循环开始/循环结束

指 令	梯 形 图	指 令 描 述	参 数 说 明	指 令 说 明
FOR	FOR N	无条件地重复执行 FOR～NEXT 之间的程序 N 次后，执行 NEXT 指令后的指令。 FOR 指令必须与 NEXT 指令配套使用。	N：循环重复次数，其范围为 0000H～FFFFH 或十进制数 &0～&65535。	（1）在 N 中指定 0 后，对 FOR～NEXT 间的指令不予执行。 （2）在一个周期内重复循环，FOR～NEXT 指令间的微分接点在该电路中变为常开或常闭状态。 （3）FOR 指令和 NEXT 指令必须在同一任务内，否则不执行重复。 （4）FOR～NEXT 的最大嵌套层数为 15。 （5）在重复过程中需要结束时，必须使用 BREAK 指令。正在嵌套时，需执行与嵌套层数相同数量的 BREAK 指令。 （6）在 FOR～NEXT 之间不能使用块程序、多重转移/多重转移结束、步进开始/步进定义区域定义指令。
NEXT	NEXT			

【应用范例】循环开始/循环结束指令应用实例

梯形图程序	程 序 说 明
0.01 — FOR 5 0.02 — 300.00 ◯ 0.03 — 100.00 ◯ NEXT	读取 0.01 状态，若符合条件，则 FOR 指令与 NEXT 指令间的指令被无条件重复执行 5 次。 LD　　　0.01　　//读入 0.01 状态 FOR　　　5　　　//定义重复次数 LD　　　0.02　　//读入 0.02 状态 OUT　　300.00　//输出至 300.00 LD　　　0.03　　//读入 0.03 状态 OUT　　100.00　//输出至 100.00 NEXT　　　　　　//循环结束

3.3.9　循环中断

指　令	梯　形　图	指　令　描　述	参　数　说　明	指　令　说　明
BREAK	BREAK	配置在 FOR～NEXT 指令间的程序内。 当输入条件为 ON 时，强制结束 FOR～NEXT 电路（重复处理），并对从其后到 NEXT 为止的指令进行 NOP 处理。		（1）BREAK 指令只能用于一层的嵌套。若要使多重嵌套结束，必须执行与嵌套层数相同数量的 BREAK 指令。 （2）BREAK 指令只能在 FOR～NEXT 指令间使用。

【应用范例】循环中断指令应用实例

梯形图程序	程序说明
0.01 ||　FOR 　　　5 0.02 ||　BREAK 0.03　100.00 ||　　（　） 　　NEXT	读取 0.01 状态，若符合条件，则 FOR 指令与 NEXT 指令间指令被无条件重复执行 5 次；读取 0.02 状态，若符合条件，则执行 BREAK 指令，即强制结束 FOR～NEXT 电路（重复处理），并对从其后到 NEXT 为止的指令不予执行。 LD　　　0.01　　//读取 0.01 状态 FOR　　　5　　//定义重复次数 LD　　　0.02　　//读入 0.02 状态 BREAK　　　　//强制结束循环，并跳至 NEXT LD　　　0.03　　//读入 0.03 状态 OUT　　100.00　//输出至 100.00 NEXT　　　　//循环结束

3.4　典型入门范例

【范例】指示灯闪烁范例

1. 范例实现要求

利用读（LD）、读非（LD NOT）、与（AND）、与非（AND NOT）、或（OR）、或非（OR NOT）、非（NOT）指令的组合，在输出引脚 100.00 输出以 1s 为周期的脉冲，实现指示灯的闪烁发光。

2. 具体实现

此范例涉及脉冲发生 P-1s、输入引脚 0.01～0.03、输出引脚 100.00。通过以上各接点的逻辑关系运算，最终在输出引脚 100.00 处实现 1s 周期脉冲输出，从而使 CP1H PLC 输出端子上 100.00 对应的指示灯产生闪烁的效果。

3. 梯形图程序

如图 3.4.1 所示，1.0s 时钟脉冲位与左侧母线 LD 连接，再与输入继电器 0.01 与非（AND NOT）连接；输入继电器 0.00 与左侧母线 LD 连接，再与 W0.00 或（OR）连接，然后与输入 0.02 与非（AND NOT）连接；前两部分或（OR）连接，再与 0.03 实现与（AND）连接，然后整体取反，将功率流输出到输出接点 100.00 处。

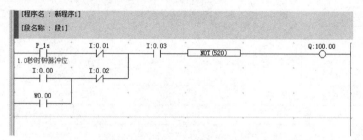

图 3.4.1　闪烁灯梯形图程序

图 3.4.2 所示为由梯形图程序转变而来的指令表程序。

条	步	指令	操作数	值	注释
0	0	LD	P_1s		1.0秒时钟脉冲位
	1	ANDNOT	I:0.01		
	2	LD	I:0.00		
	3	OR	W0.00		
	4	ANDNOT	I:0.02		
	5	ORLD			
	6	AND	I:0.03		
	7	NOT (520)			
	8	OUT	Q:100.00		

图 3.4.2　指令表程序

4. 程序编译

完成梯形图程序的编写后，可以应用 CX-Programmer 中 CP1H 的在线模拟功能实现程序的在线编译，通过上传和下载可以实现对特殊功能寄存器、数据寄存器的读取，以确定编写的程序是否正确。

图 3.4.3 所示为程序在线模拟的状态。在图中可以看到功率流传播的状态。如果硬件连接好，可以实现在线工作，从而观察实际的硬件运行情况。

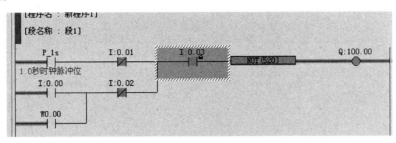

图 3.4.3　程序在线模拟的状态

第4章　定时器/计数器指令

在 CP 系列 PLC 中，可以选择"BCD 方式（模式）"或"BIN 方式（模式）"作为定时器/计数器相关指令的当前值更新方式。通过设定"BIN 方式（模式）"，可以将定时器/计数器的设定时间从之前的 0～9999 扩展到 0～65535。同时，也可以将通过其他指令计算出的 BIN 数据作为定时器/计数器的设定值使用。

基本定时器/计数器指令一览表

指令名称	助 记 符		最大设定值/s		单位精度/ms	FUN 编号	
	BCD 方式	BIN 方式	BCD 方式	BIN 方式		BCD 方式	BIN 方式
定时器	TIM	TIMX	999.9	6553.5	100	—	550
高速定时器	TIMH	TIMHX	99.99	655.35	10	015	551
超高速定时器	TMHH	TMHHX	9.999	65.535	1	540	552
累加定时器	TTIM	TTIMX	999.9	6553.5	100	087	555
长时间定时器	TIML	TIMLX	115 天	49710 天	100	542	553
多输出定时器	MTIM	MTIMX	999.9	6553.5	100	543	554
计数器	CNT	CNTX	—	—			546
可逆计数器	CNTR	CNTRX	—	—		012	548
定时器/计数器复位	CNR	CNRX				545	547

4.1　定时器指令

4.1.1　定时器

指　令	梯 形 图	参数说明	指令描述	指令说明
TIM	TIM N S	N：定时器编号，操作数范围为 0～4095（十进制数）。 S：定时器设定值，操作数范围为 #0000～#9999（BCD）。	使用定时器指令时，执行递减式接通延迟（0.1s 单位）定时器动作。定时器精度为 −0.1～0s。	（1）当执行条件为 OFF 时，对 N 所指定的编号的定时器进行复位；当执行条件为 ON 时，定时器开始进行递减式计时；当定时器当前值减至 0 时，完成标志置 ON，且保持 ON 直到 TIM/TIMX 复位。 （2）使用区域为工序步进程序区域和子程序区域。 （3）当定时时间超过 100ms 时，应使用定时器编号为 0～15 的定时器，此时编号为 16～4095 的定时器将不能正确动作。
TIMX	TIMX N S	N：定时器编号，操作数范围为 0～4095（十进制）。 S：定时器设定值，操作数范围：&0～&65535（十进制数）或 #0000～#FFFF（十六进制数）。		

【应用范例】定时器动作实例

梯形图程序	程 序 说 明
0.01 ┤├───　TIM 　　　　　0 　　　　#0200	当定时器输入 0.01 为 OFF→ON 时，定时器开始进行递减式计时。当定时器当前值为 0 时，时间到时标志 T0（20s）转为 ON。 定时器输入 0.01 转为 OFF 后，定时器当前值再次被设置为设定值，时间到时标志 T0 转为 OFF。

4.1.2　高速定时器

指　令	梯　形　图	参　数　说　明	指　令　描　述	指　令　说　明
TIMH	TIMH N S	N：定时器编号，操作数范围为 0～4095（十进制数）。 S：定时器设定值，操作数范围为 #0000～#9999（BCD）。	使用高速定时器指令时，执行递减式接通延迟 [10ms（0.01s）单位] 定时器动作。定时器精度为 −0.01～0s。	（1）当执行条件为 OFF 时，对 N 所指定的编号的定时器进行复位；当执行条件为 ON 时，定时器开始进行递减式计时；当定时器当前值减至 0 时，完成标志置 ON，且保持 ON 直到 TIMH/TIMHX 复位。 （2）使用区域为工序步进程序区域和子程序区域。 （3）当定时时间超过 10ms 时，应使用定时器编号为 0～15 的定时器，此时编号为 16～4095 的定时器将不能正确动作。
TIMHX	TIMHX N S	N：定时器编号，操作数范围为 0～4095（十进制数）。 S：定时器设定值，操作数范围为 &0～&65535（十进制数）或 #0000～#FFFF（十六进制数）。		

【应用范例】高速定时器动作实例

梯形图程序	程　序　说　明
0.01 ┤├──　TIMH 　　　　0 　　　#0200	当定时器输入 0.01 为 OFF→ON 时，高速定时器开始进行递减式计时。当定时器当前值为 0 时，时间到时标志 T0 转为 ON。 定时器输入 0.01 转为 OFF 后，定时器当前值再次被设置为设定值，时间到时标志 T0（2s）转为 OFF。

4.1.3　超高速定时器

指　令	梯　形　图	参　数　说　明	指　令　描　述	指　令　说　明
TMHH	TMHH N S	N：定时器编号，操作数范围为 0～15（十进制数）。 S：定时器设定值，操作数范围为 #0000～#9999（BCD）。	使用超高速定时器指令时，执行递减式接通延迟 [1ms（0.001s）单位] 定时器动作。定时器精度为 −0.001～0s。	（1）当执行条件为 OFF 时，对 N 所指定的编号的定时器进行复位；当执行条件为 ON 时，定时器开始进行递减式计时；当定时器当前值减至 0 时，完成标志置 ON，且保持 ON 直到 TIMHH/TIMHHX 复位。 （2）使用区域为工序步进程序区域和子程序区域。 （3）即使在任务待机过程中，超高速定时器指令也对当前值进行更新。
TMHHX	TMHHX N S	N：定时器编号，操作数范围为 0～15（十进制数）。 S：定时器设定值，操作数范围为 &0～&65535（十进制数）或 #0000～#FFFF（十六进制数）。		

【应用范例】超高速定时器动作实例

梯形图程序	程　序　说　明
0.01 ┤├──　TMHH 　　　　0 　　　#0200	当定时器输入 0.01 为 OFF→ON 时，超高速定时器开始进行递减式计时。当定时器当前值为 0 时，时间到时标志 T0 转为 ON。 定时器输入 0.01 转为 OFF 后，定时器当前值再次被设置为设定值，时间到时标志 T0（0.2s）转为 OFF。

4.1.4   累加定时器

指　令	梯　形　图	参　数　说　明	指　令　描　述	指　令　说　明
TTIM	定时器输入 ── TTIM / N / S ── 复位输入	N：定时器编号，操作数范围为 0～4095（十进制数）。 S：定时器设定值，操作数范围为 #0000～#9999（BCD）。	进行累加式接通延迟。 当定时器输入为 ON 时，定时器进行累加计时。当定时器输入为 OFF 时，停止累加，保持当前值。如果定时器输入再次为 ON，开始累加。当定时器当前值到达设定值时，时间到时标志为 ON。 时间到时，保持定时器当前值及时间到时标志的状态。如果需要重启，应通过 MOV 指令等将定时器当前值设置为设定值以下，或者使用复位输入 ON 或 CNR/CNRX 指令进行定时器复位。	（1）时间编号由时间指令、高速定时器指令、超高速定时器指令、累加定时器指令、块程序的定时器等待指令、高速定时器等待指令共用。 （2）使用区域为工序步进程序区域和子程序区域。 （3）由于当前值的累加仅在执行指令时进行，所以当定时时间超过 100ms 时，可能不能正常动作。
TTIMX	定时器输入 ── TTIMX / N / S ── 复位输入	N：定时器编号，操作数范围为 0～4095（十进制数）。 S：定时器设定值，操作数范围 &00000～&65535（十进制数）或 #0000～#FFFF（十六进制数）。		

【应用范例】累加定时器动作实例

梯形图程序	程序说明
0.01 ──┤├── ┌─────┐ │ TTIM │ ├─────┤ 0.02 │ 1 │ ──┤├── ├─────┤ │#0200│ └─────┘	当定时器输入 0.01 为 ON 时，定时器开始累加计时；当定时器当前值等于定时器设定值时，时间到时标志 T1 转为 ON。当复位输入为 ON 时，定时器当前值变为 0，时间到时标志 T1 变为 OFF。若在到达设定值前定时器输入变为 OFF，则停止累加，保持定时器当前值。 LD 0.01 //载入 0.01 状态 LD 0.02 //载入 0.02 状态 TTIM 0001 0200 //选择定时器编号、设置定时器设定值

4.1.5   长时间定时器

指　令	梯　形　图	参　数　说　明	指　令　描　述	指　令　说　明
TIML	── TIML / D1 / D2 / S ──	D1：时间到时标志通道编号。 D2：当前值输出低位通道编号。 S：定时器设定值低位通道编号。 D2、S 的操作数范围为 #00000000～#99999999（BCD）。	表示长时间定时器的动作。 递减式接通延迟 100ms 定时器。定时器精度为 −0.01～0s。 当定时器输入为 OFF 时，对定时器进行复位（在定时器当前值 D2+1、D2 中代入设定值 S+1、S，将时间到时标志置为 OFF）。	（1）不使用定时器编号。 （2）可以将时间到时标志（D1 的 bit0）作为通常的接点区域，进行强制置位/复位，当前值不发生变化。 （3）使用区域为工序步进程序区域和子程序区域。 （4）由于当前值的更新仅在执行指令时进行，所以当定时时间超过 100ms 时，可能不能正常动作。
TIMLX	── TIMLX / D1 / D2 / S ──	D1：时间到时标志通道编号。 D2：当前值输出低位通道编号。 S：定时器设定值低位通道编号。 D2、S 的操作数范围为 &00000000～&4294967294（十进制数）或 #00000000～#FFFFFFFF（十六进制数）。		

【应用范例】长时间定时器动作实例

梯形图程序	程序说明
0.02 ──┤├── ┌──────┐ │ TIML │ ├──────┤ │ 100 │ ├──────┤ │ D200 │ ├──────┤ │ D300 │ └──────┘	当定时器输入 0.02 为 ON 时，定时器当前值（D201、D200）变为定时器设定值（D301、D300），开始递减计时。定时器当前值变为 0 后，时间到时标志 100 变为 ON。当定时器输入 0.02 变为 OFF 时，时间到时标志 100 变为 OFF。 LD 0.02 //载入 0.02 状态 TIML 100 //时间到时标志通道编号 D200 //当前值输出低位通道编号 D300 //定时器设定值低位通道编号

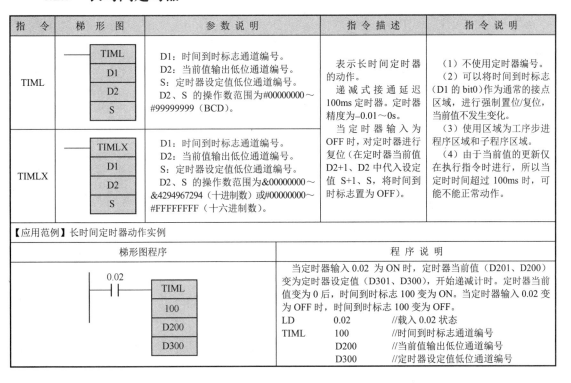

4.1.6　多输出定时器

指　令	梯　形　图	参　数　说　明	指　令　描　述	指　令　说　明
MTIM	MTIM D1 D2 S	D1：结果输出通道编号。 D2：当前值输出通道编号，范围为#0000～#9999（BCD）。 S：设定值低位通道编号，S～S+7 的范围为 #0000～#9999（BCD）。	在输入条件为 ON 的状态下，当累加停止输入（D1 的 bit 9）及复位输入（D1 的 bit 8）为 OFF 时，对 D2 所指定的当前值进行累加。当累加停止输入为 ON 时，停止累加，保持当前值。若累加停止输入再次变为 OFF 时，则继续累加。	（1）对于 S～（S+7）通道的各设定值，如果当前值不小于设定值，则相应的时间到时标志（D1 的 bit 7～bit 0）为 ON。 （2）当前值在到达 9999（BCD 方式时）、FFFF（BIN 方式时）时，返回 0，所有时间到时标志变为 OFF。在累加过程中，即使复位输入变为 ON 时，当前值也会返回 0，所有时间到时标志变为 OFF。 （3）执行条件：输入条件为 ON 时，每周期执行。 （4）使用区域为工序步进程序区域和子程序区域，不能用于块程序区域和中断任务程序区域。
MTIMX	MTIMX D1 D2 S	D1：结果输出通道编号。 D2：当前值输出通道编号，范围为&0～&65535（十进制数）或#0000～#FFFF（十六进制数）。 S：设定值低位通道编号，S～S+7 的范围为&0～&65535（十进制数）或#0000～#FFFF（十六进制数）。		

【应用范例】多输出定时器动作实例

梯形图程序	程　序　说　明
0.02 MTIM 200 D100 D200	当 0.02 为 ON 状态，且通道 200 的 bit 9 为 OFF 时，如果通道 200 的 bit 8 由 ON 变为 OFF，则启动定时器。从 0000 开始计数。定时器当前值被累加，保到 D100 中。

4.2　计数器指令

4.2.1　计数器

指　令	梯　形　图	参　数　说　明	指　令　描　述	指　令　说　明
CNT	计数器输入　CNT N 复位输入　S	N：计数器编号，其范围为 0～4095（十进制数）。 S：计数器设定值，其范围为 #0000～#9999（BCD）。	每次计数器输入上升沿到来时，计数器当前值将进行减法计数。当计数器当前值为 0 时，计数结束标志为 ON。计数结束后，如果不使用复位输入 ON 或 CNR/CNRX 指令进行计数器复位，将不能重启计数。当复位输入为 ON 时，计数器被复位（当前值=设定值、计数结束标志=OFF），计数输入无效。	（1）计数器编号由计数器指令、可逆计数器指令、块程序的计数器等待指令共用。如果通过这些指令使相同计数器同时动作，会产生误动作。如果同时使用，在程序检测时将显示"线圈双重使用"。在不同时动作的前提下，可以使用同一编号。 （2）复位输入和计数器输入同时为 ON 时，复位输入优先，计数器被复位（计数器当前值=设定值、计数结束标志=OFF）。 （3）执行条件：输入条件为 ON 时，每周期执行。 （4）使用区域为工序步进程序区域、子程序区域和中断任务程序区域，不能用于块程序区域。
CNTX	计数器输入　CNTX N 复位输入　S	N：计数器编号，其范围为 0～4095（十进制数）。 S：计数器设定值，其范围为&0～&65535（十进制数）或#0000～#FFFF（十六进制数）。		

【应用范例】计数器动作实例

梯形图程序	程　序　说　明
0.01 CNT 0.02 1 #5	计时器复位后，其当前值变为 5。当计数器输入 0.01 每次 OFF→ON 时，计数器当前值都会减 1。当计数器当前值变为 0 时，计数结束标志变为 ON。当复位输入 0.02 为 OFF→ON 时，计数器复位，计数结束标志变为 OFF。

4.2.2 可逆计数器

指 令	梯 形 图	参 数 说 明	指 令 描 述	指 令 说 明
CNTR	加法计数 — CNTR 减法计数 — N 复位输入 — S	N：计数器编号，操作数范围为 0～4095（十进制数）。 S：计数器设定值，操作数范围为 #0000 ～ #9999（BCD）。	加法计数入和减法计数入均为上升沿有效。 加法计数时，若当前值升至设定值，计数结束标志为 ON，再加 1 时为 OFF。 减法计数时，若当前值降至 0，计数结束标志为 ON，再减 1 时为 OFF。	（1）计数器编号由计数器指令、可逆计数器指令、块程序的计数器等待指令共用。 （2）加法计数和减法计数同时出现上升沿时，不进行计数。当复位输入为 ON 时，当前值归零，计数输入无效。 （3）设定值可以是常数，也可以是通道号。当其为常数时，必须是 BCD 码，前面要加"#"；当其为通道号时，该通道内的数字也必须是 BCD 码。
CNTRX	加法计数 — CNTRX 减法计数 — N 复位输入 — S	N：计数器编号，操作数范围为 0～4095（十进制数）。 S：计数器设定值，操作数范围为 &00000 ～ &65535（十进制数）或 #0000～#FFFF（十六进制数）。		

【应用范例】可逆计数器动作实例

梯形图程序	程 序 说 明
0.01 ┤├ CNTR 0.02 ┤├ 1 0.03 ┤├ #2400	可逆计数器 CNTR 0001 进行 2400 次计数。 LD　　　　0.01　　//载入 0.01 状态 LD　　　　0.02　　//载入 0.02 状态 LD　　　　0.03　　//载入 0.03 状态 CNTR　　0001 　　　　　1　　　　//选择计数器编号 　　　　　2400　　//设定计数器计数值

4.2.3 定时器/计数器复位

指 令	梯 形 图	参 数 说 明	指 令 描 述	指 令 说 明
CNR	— CNR D1 D2	D1：定时器/计数器编号 1，操作数范围为 T0000～T4095 或 C0000～C4095。 D2：定时器/计数器编号 2，操作数范围为 T0000～T4095 或 C0000～C4095。	对从编号 D1 的定时器/计数器到编号 D2 的定时器/计数器为止的到时标志进行复位，同时将当前值设置为最大值（BCD 方式时为 9999，BIN 方式时为 FFFF）。	（1）本指令并不是对指令进行复位，而是将该指令所使用的定时器/计数器的当前值设置为最大值、对到时标志进行复位的指令。其动作与相应指令的复位动作不同。 （2）指定了 D1>D2 的 D1、D2 时，则仅复位 D1 的定时器/计数器编号的到时标志。 （3）条件标志动作：D1 和 D2 不在同一区域时为 ON,否则为 OFF。
CNRX	— CNRX D1 D2	D1：定时器/计数器编号 1，操作数范围为 T0000～T4095 或 C0000～C4095。 D2：定时器/计数器编号 2，操作数范围为 T0000～T4095 或 C0000～C4095。		

【应用范例】定时器/计数器复位动作实例

梯形图程序	程 序 说 明
0.01 ┤├ CNR C1 C5	当 0.01 为 ON 时，将 C1～C5 计数器的到时标志置于 OFF，同时设置当前值为最大值（9999）。

4.3　典型入门范例

【范例 1】定时器延迟控制范例

1. 范例实现要求

利用两个定时器，实现对保持（KEEP）置位 5s、复位 3s 的延迟控制。

2. 具体实现

此范例要求定时器延迟控制，涉及输入引脚 0.01 和 0.02，定时器（TIM）1 和 2，还有一个保持（KEEP）。通过以上各接点的逻辑关系运算，最终在输出引脚 100.00 处实现输出，从而对 CP1H PLC 输出端子 100.00 实现延迟控制。

3. 梯形图程序

如图 4.3.1 所示，输入继电器 0.01 从左侧母线 LD 连接，再与定时器（TIM）1 连接；输入继电器 0.02 从左侧母线 LD 连接，再与输入继电器 0.01 的非连接，然后与定时器（TIM）2 连接；T0001 与左侧母线 LD 连接，然后与保持（KEEP）的置位端连接；T0002 与左侧母线 LD 连接，再与保持（KEEP）的复位端连接，最后由输出端子 100.00 输出。

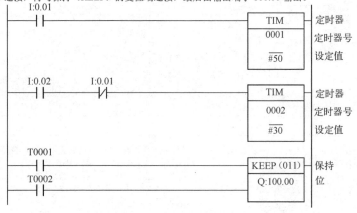

图 4.3.1　定时器延迟控制程序梯形图

图 4.3.2 所示为由图 4.3.1 所示梯形图转变而来的指令表程序。

条	步	指令	操作数
0	0	LD	I:0.01
	1	TIM	0001
			#50
1	2	LD	I:0.02
	3	ANDNOT	I:0.01
	4	TIM	0002
			#30
2	5	LD	T0001
	6	LD	T0002
	7	KEEP(011)	Q:100.00

图 4.3.2　指令表程序

4. 程序编译

完成程序编写后，可以利用 CX-Programmer 中 CP1H 的在线模拟功能实现程序的在线编译，通过上传、下载可以实现对特殊功能寄存器、数据寄存器的读取，以确定编写的程序是否正确。

图 4.3.3 所示为程序在线模拟的状态。在图中可以看到功率流传播的状态。将硬件连接好后，可以实现在线工作，观察到实际的硬件运行情况。

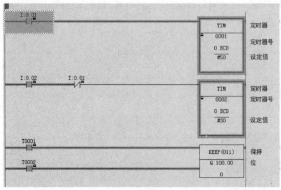

图 4.3.3　程序在线模拟的状态

【范例 2】定时器和计数器组合控制输出 500s 应用范例

1. 范例实现要求

利用一个定时器和一个计数器实现对输出 500s 的控制。

2. 具体实现

此范例要求利用定时器和计数器实现输出 500s 的控制，涉及输入引脚 0.00 和 0.01，定时器（TIM）1 和计数器（CNT）2。通过以上各接点的逻辑关系运算，最终在输出端子 100.00 和 200.01 处实现输出，从而对 CP1H PLC 输出端子 200.01 实现计时控制。

3. 梯形图程序

如图 4.3.4 所示，输出继电器 100.00 从左侧母线 LD 连接，再与计数器（CNT）2 输入端连接；输入继电器 0.01 与左侧母线 LD 连接，再与计数器（CNT）2 复位输入连接；输入继电器 0.00 与左侧母线 LD 连接，然后与输出继电器 100.00 和 C0002 与非连接，最后连接到定时器（TIM）1；T0001 与左侧母线 LD 连接，再连接输出继电器 100.00；C0002 与左侧母线 LD 连接，再连接输出继电器 200.01。

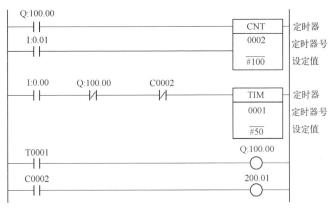

图 4.3.4　计数器和定时器组合控制梯形图

图 4.3.5 所示为由图 4.3.4 所示梯形图转变而来的指令表程序。

条	步	指令	操作数
0	0	LD	Q:100.00
	1	LD	I:0.01
	2	CNT	0002
			#100
1	3	LD	I:0.00
	4	ANDNOT	Q:100.00
	5	ANDNOT	C0002
	6	TIM	0001
			#50
2	7	LD	T0001
	8	OUT	Q:100.00
3	9	LD	C0002
	10	OUT	200.01

图 4.3.5　指令表程序

4. 程序编译

完成梯形图程序编写后，可以利用 CX-Programmer 中 CP1H 的在线模拟功能实现程序的在线编译，通过上传、下载可以实现对特殊功能寄存器、数据寄存器的读取，以确定编写的程序是否正确。

图 4.3.6 所示为程序在线模拟的状态。在图中可以看到功率流传播的状态。将硬件连接好后，可以实现在线工作，观察到实际的硬件运行情况。

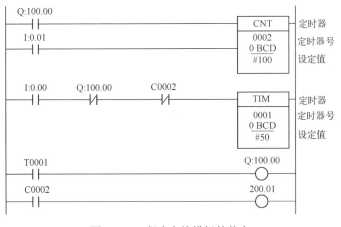

图 4.3.6　程序在线模拟的状态

第 5 章 数 据 指 令

基本数据指令一览表

指 令 名 称	助 记 符	FUN 编号
数据比较	=、<>、<、<=、>、>= （S、L）（LD/AND/OR 型）	300～328
时刻比较	=DT、<>DT、<DT、<=DT、>DT、 >=DT　（LD/AND/OR 型）	341～346
无符号比较	CMP	020
无符号倍长比较	CMPL	060
带符号 BIN 比较	CPS	114
带符号 BIN 倍长比较	CPSL	115
多通道比较	MCMP	019
表格一致性比较	TCMP	085
无符号表格间比较	BCMP	068
扩展表格间比较	BCMP2	502
区域比较	ZCP	088
倍长区域比较	ZCPL	116
传送	MOV	021
倍长传送	MOVL	498
取反传送	MVN	022
取反倍长传送	MVNL	499
位传送	MOVB	082
十六进制位传送	MOVD	083
多位传送	XFRB	062
块传送	XFER	070
块设定	BSET	071
数据交换	XCHG	073
数据倍长交换	XCGL	562
数据分配	DIST	080
数据抽取	COLL	081
通道变址寄存器设定	MOVR	560
定时器/计数器变址寄存器设定	MOVRW	561
移位寄存器	SFT	010
左/右移位寄存器	SFTR	084
非同步移位寄存器	ASFT	017
字移位	WSFT	016
左移 1 位	ASL	025
倍长左移 1 位	ASLL	570
右移 1 位	ASR	026

指 令 名 称	助 记 符	FUN 编号
倍长右移 1 位	ASRL	571
带进位左循环移位 1 位	ROL	027
带进位倍长左循环移位 1 位	ROLL	572
无进位左循环移位 1 位	RLNC	574
无进位倍长左循环移位 1 位	RLNL	576
带进位右循环移位 1 位	ROR	028
带进位倍长右循环移位 1 位	RORL	573
无进位右循环移位 1 位	RRNC	575
无进位倍长右循环移位 1 位	RRNL	577
十六进制左移 1 位	SLD	074
十六进制右移 1 位	SRD	075
N 位数据左移 1 位	NSFL	578
N 位数据右移 1 位	NSFR	579
N 位左移	NASL	580
N 位倍长左移	NSLL	582
N 位右移	NASR	581
N 位倍长右移	NSRL	583
BCD→BIN 转换	BIN	023
BCD→BIN 倍长转换	BINL	058
BIN→BCD 转换	BCD	024
BIN→BCD 倍长转换	BCDL	059
求单字 BIN 补码	NEG	160
求双字 BIN 补码	NEGL	161
符号扩展	SIGN	600
4→16/8→256 解码	MLPX	076
16→4/256→8 编码	DMPX	077
ASCII 代码转换	ASC	086
ASCII→HEX 转换	HEX	162
位列→位行转换	LINE	063
位行→位列转换	COLM	064
带符号 BCD→BIN 转换	BINS	470
带符号 BCD→BIN 倍长转换	BISL	472
带符号 BIN→BCD 转换	BCDS	471
带符号 BIN→BCD 倍长转换	BDSL	473
格雷码转换	GRY	474
PID 运算	PID	190
自整定 PID 运算	PIDAT	191
上/下限控制	LMT	680
死区控制	BAND	681
静区控制	ZONE	682
时间比例输出	TPO	685

续表

指令名称	助记符	FUN 编号
缩放 1	SCL	194
缩放 2	SCL2	486
缩放 3	SCL3	487
数据平均化	AVG	195
栈区域设定	SSET	630
栈数据存储	PUSH	632
先入后出	LIFO	634
先入先出	FIFO	633
表格区域声明	DIM	631
记录位置设定	SETR	635
记录位置读取	GETR	636
数据检索	SRCH	181
字节交换	SWAP	637
最大值检索	MAX	182
最小值检索	MIN	183
总和计算	SUM	184
FCS 值计算	FCS	180
栈数据数输出	SNUM	638
栈数据读取	SREAD	639
栈数据更新	SWRIT	640
栈数据插入	SINS	641
栈数据删除	SDEL	642

5.1 比较指令

5.1.1 数据比较

功能	数据形式·数据长	助记符	名称	FUN 编号
$S1=S2$ 时为 真（ON）	无符号·字型	LD=	LD 型·一致	300
		AND=	AND 型·一致	300
		OR=	OR 型·一致	300
	无符号·倍长型	LD=L	LD 型·倍长·一致	301
		AND=L	AND 型·倍长·一致	301
		OR=L	OR 型·倍长·一致	301
	带符号·字型	LD=S	LD 型·带符号·一致	302
		AND=S	AND 型·带符号·一致	302
		OR=S	OR 型·带符号·一致	302
	带符号·倍长型	LD=SL	LD 型·带符号倍长·一致	303
		AND=SL	AND 型·带符号倍长·一致	303
		OR=SL	OR 型·带符号倍长·一致	303

功　能	数据形式·数据长	助　记　符	名　　称	FUN 编号
S1≠S2 时为 真（ON）	无符号·字型	LD<>	LD 型·不一致	305
		AND<>	AND 型·不一致	305
		OR<>	OR 型·不一致	305
	无符号·倍长型	LD<>L	LD 型·倍长·不一致	306
		AND<>L	AND 型·倍长·不一致	306
		OR<>L	OR 型·倍长·不一致	306
	带符号·字型	LD<>S	LD 型·带符号·不一致	307
		AND<>S	AND 型·带符号·不一致	307
		OR<>S	OR 型·带符号·不一致	307
	带符号·倍长型	LD<>SL	LD 型·带符号倍长·不一致	308
		AND<>SL	AND 型·带符号倍长·不一致	308
		OR<>SL	OR 型·带符号倍长·不一致	308
S1<S2 时为 真（ON）	无符号·字型	LD<	LD 型·小于	310
		AND<	AND 型·小于	310
		OR<	OR 型·小于	310
	无符号·倍长型	LD<L	LD 型·倍长·小于	311
		AND<L	AND 型·倍长·小于	311
		OR<L	OR 型·倍长·小于	311
	带符号·字型	LD<S	LD 型·带符号·小于	312
		AND<S	AND 型·带符号·小于	312
		OR<S	OR 型·带符号·小于	312
	带符号·倍长型	LD<SL	LD 型·带符号倍长·小于	313
		AND<SL	AND 型·带符号倍长·小于	313
		OR<SL	OR 型·带符号倍长·小于	313
S1≤S2 时为 真（ON）	无符号·字型	LD<=	LD 型·不大于	315
		AND<=	AND 型·不大于	315
		OR<=	OR 型·不大于	315
	无符号·倍长型	LD<=L	LD 型·倍长·不大于	316
		AND<=L	AND 型·倍长·不大于	316
		OR<=L	OR 型·倍长·不大于	316
	带符号·字型	LD<=S	LD 型·带符号·不大于	317
		AND<=S	AND 型·带符号·不大于	317
		OR<=S	OR 型·带符号·不大于	317
	带符号·倍长型	LD<=SL	LD 型·带符号倍长·不大于	318
		AND<=SL	AND 型·带符号倍长·不大于	318
		OR<=SL	OR 型·带符号倍长·不大于	318
S1>S2 时为 真（ON）	无符号·字型	LD>	LD 型·大于	320
		AND>	AND 型·大于	320
		OR>	OR 型·大于	320
	无符号·倍长型	LD>L	LD 型·倍长·大于	321
		AND>L	AND 型·倍长·大于	321
		OR>L	OR 型·倍长·大于	321

续表

功 能	数据形式·数据长	助 记 符	名 称	FUN 编号
	带符号·字型	LD>S	LD 型·带符号·大于	322
		AND>S	AND 型·带符号·大于	322
		OR>S	OR 型·带符号·大于	322
	带符号·倍长型	LD>SL	LD 型·带符号倍长·大于	323
		AND>SL	AND 型·带符号倍长·大于	323
		OR>SL	OR 型·带符号倍长·大于	323
S1≥S2 时为 真（ON）	无符号·字型	LD>=	LD 型·不小于	325
		AND>=	AND 型·不小于	325
		OR>=	OR 型·不小于	325
	无符号·倍长型	LD>=L	LD 型·倍长·不小于	326
		AND>=L	AND 型·倍长·不小于	326
		OR>=L	OR 型·倍长·不小于	326
	带符号·字型	LD>=S	LD 型·带符号·不小于	327
		AND>=S	AND 型·带符号·不小于	327
		OR>=S	OR 型·带符号·不小于	327
	带符号·倍长型	LD>=SL	LD 型·带符号倍长·不小于	328
		AND>=SL	AND 型·带符号倍长·不小于	328
		OR>=SL	OR 型·带符号倍长·不小于	328

指 令	梯 形 图	指 令 描 述	参 数 说 明	指 令 说 明
=、<>、<、<=、>、>=	符号·选项 —— S1 S2	对数据 S1 和 S2 进行无符号或带符号的比较，当比较结果为真时，连接到下一段。	S1 与 S2 均为比较数据，对于不同区域及不同类型（字型和倍长型）的数据具有不同的数据范围。当数据形式为空时，为无符号类型；为"S"时，为带符号类型。当数据长为空时，为字类型；为"L"时，为倍长类型。	（1）与 LD、AND、OR 指令同样处理，在各指令之后继续对其他指令进行编程。当为 LD 型或 OR 型时，可以直接连接到母线上；当为 AND 型时，不可以直接连接到母线上。（2）比较指令在块程序区域、工序步进程序区域、子程序区域及中断任务程序区域均可以使用。（3）本指令不能用于电路的最终段，在本指令的最终段中需要附加输出系统指令（OUT 系统指令及除下一段连接型指令以外的应用指令）。

【应用范例】AND 型·小于指令应用实例

梯形图程序	程序说明
0.01　　　　　　　　　100.00 　‖‐［ < ］‐○ 　　　　S1　D100 　　　　S2　D200	当 0.01 为 ON 时，对 D100 的 S1 数据和 D200 的 S2 数据进行比较。若比较结果为（D100 的数据）<（D200 的数据），则连接到下一段，输出给 100.00；否则，不连接到下一段。

5.1.2　时刻比较

功　能	助　记　符	名　　称	FUN 编号
S1=S2 时 为真（ON）	LD=DT	LD 型·一致	341
	AND=DT	AND 型·一致	341
	OR=DT	OR 型·一致	341
S1≠S2 时 为真（ON）	LD<>DT	LD 型·不一致	342
	AND<>DT	AND 型·不一致	342
	OR<>DT	OR 型·不一致	342
S1<S2 时 为真（ON）	LD<DT	LD 型·小于	343
	AND<DT	AND 型·小于	343
	OR<DT	OR 型·小于	343
S1≤S2 时 为真（ON）	LD<=DT	LD 型·不大于	344
	AND<=DT	AND 型·不大于	344
	OR<=DT	OR 型·不大于	344
S1>S2 时 为真（ON）	LD>DT	LD 型·大于	345
	AND>DT	AND 型·大于	345
	OR>DT	OR 型·大于	345
S1≥S2 时 为真（ON）	LD>=DT	LD 型·不小于	346
	AND>=DT	AND 型·不小于	346
	OR>=DT	OR 型·不小于	346

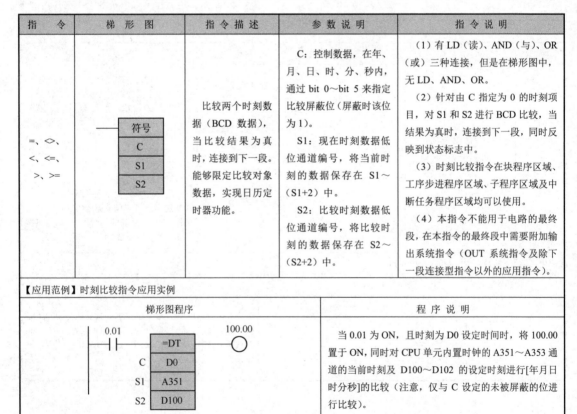

指　令	梯　形　图	指　令　描　述	参　数　说　明	指　令　说　明
=、<>、 <、<=、 >、>=	符号 C S1 S2	比较两个时刻数据（BCD 数据），当比较结果为真时，连接到下一段。能够限定比较对象数据，实现日历定时器功能。	C：控制数据，在年、月、日、时、分、秒内，通过 bit 0~bit 5 来指定比较屏蔽位（屏蔽时该位为 1）。 S1：现在时刻数据低位通道编号，将当前时刻的数据保存在 S1~（S1+2）中。 S2：比较时刻数据低位通道编号，将比较时刻的数据保存在 S2~（S2+2）中。	（1）有 LD（读）、AND（与）、OR（或）三种连接，但是在梯形图中，无 LD、AND、OR。 （2）针对由 C 指定为 0 的时刻项目，对 S1 和 S2 进行 BCD 比较，当结果为真时，连接到下一段，同时反映到状态标志中。 （3）时刻比较指令在块程序区域、工序步进程序区域、子程序区域及中断任务程序区域均可以使用。 （4）本指令不能用于电路的最终段，在本指令的最终段中需要附加输出系统指令（OUT 系统指令及除下一段连接型指令以外的应用指令）。

【应用范例】时刻比较指令应用实例

梯形图程序	程序说明
0.01　　　　　100.00 ├┤├──┤=DT├────（ ） 　　　　C│ D0 　　　S1│ A351 　　　S2│ D100	当 0.01 为 ON，且时刻为 D0 设定时间时，将 100.00 置于 ON，同时对 CPU 单元内置时钟的 A351~A353 通道的当前时刻及 D100~D102 的设定时刻进行[年月日时分秒]的比较（注意，仅与 C 设定的未被屏蔽的位进行比较）。

5.1.3　无符号比较/无符号倍长比较

指　令	梯　形　图	指　令　描　述	参　数　说　明	指　令　说　明
CMP	CMP / S1 / S2	对两个通道数据或常数进行无符号 BIN 16 位的比较，并将比较结果反映到状态标志中，各状态标志进行 ON/OFF 置位。	S1：比较数据 1。S2：比较数据 2。S1 和 S2 均为无符号 BIN 16 位（4 位十六进制数）。	（1）比较指令在块程序区域、工序步进程序区域、子程序区域及中断任务程序区域均可以使用。（2）执行本指令时，比较结果将反映在状态标志中，所以必须在 CMP（CMPL）指令相同的输入条件的输出分支中输入结果。（3）执行本指令时，状态标志的配置必须紧随 CMP（CMPL）指令之后。（4）本指令可以作为每次刷新型指令!CMP（!CMPL）使用，在 S1 和（或）S2 中指定进行 I/O 分配的输入继电器区域，执行时对 S1 或 S2 的值进行 IN 刷新并比较。
CMPL	CMPL / S1 / S2	对 2 倍长的通道数据或常数进行无符号 BIN 32 位反映到状态标志中，各状态标志进行 ON/ OFF 置位。	S1：比较数据 1 低位通道编号。S2：比较数据 2 低位通道编号。S1 和 S2 均为无符号 BIN 32 位（8 位十六进制数）。	

【应用范例】CMP 和 CMPL 指令应用实例

梯形图程序	程　序　说　明
	当 0.01 为 ON 时，对通道 1000 和通道 1200 的数据内容进行 4 位十六进制数的比较，如果通道 1000 数据和通道 1200 数据相等，则 100.00 为 ON。当 0.02 为 ON 时，对通道 1300 和通道 1301 与通道 1500 和通道 1501 的数据内容进行 8 位十六进制数的比较，如果通道 1300 和通道 1301 数据较大，则 200.00 为 ON。

5.1.4　带符号 BIN 比较/带符号 BIN 倍长比较

指　令	梯　形　图	指　令　描　述	参　数　说　明	指　令　说　明
CPS	CPS / S1 / S2	对两个通道数据或常数进行带符号 BIN 16 位（最高位为符号位）的比较，并将比较结果反映到状态标志中，各状态标志进行 ON/OFF 置位。	S1：比较数据 1，其范围为 8000H ～ 7FFFH（十进制数：–32768～32767）。S2：比较数据 2，其范围与 S1 的相同。	（1）比较指令在块程序区域、工序步进程序区域、子程序区域及中断任务程序区域均可以使用。（2）执行本指令时，比较结果将反映在状态标志中，所以必须在 CPS（CPSL）指令相同的输入条件的输出分支中输入结果。（3）执行本指令时，状态标志的配置必须紧随 CPS（CPSL）指令之后。（4）本指令可以作为每次刷新型指令!CPS（!CPSL）使用，在 S1 和（或）S2 中指定进行 I/O 分配的输入继电器区域，执行时对 S1 或 S2 的值进行 IN 刷新并比较。
CPSL	CPSL / S1 / S2	对 2 倍长的通道数据或常数进行带符号 BIN 32 位（最高位为符号位）的比较，并将比较结果反映到状态标志中，各状态标志进行 ON/ OFF 置位。	S1：比较数据 1 低位通道编号，S1+1、S1 的范围为 80000000H～7FFFFFFFH（十进制数：–2147483648～2147483647）。S2：比较数据 2 低位通道编号，S2+1 及 S2 范围与 S1+1 及 S1 的相同。	

【应用范例】CPS 和 CPSL 指令应用实例

梯形图程序	程　序　说　明
	当 0.01 为 ON 时，对数据存储器 D1 和 D2 的数据内容进行带符号 BIN 比较，如果数据相等，则输出继电器 100.00 为 ON。当 0.02 为 ON 时，对数据存储器 D4、D3 和 D6、D5 的数据内容进行带符号 BIN 比较，如果 D4、D3 数据较大，则输出继电器 200.00 为 ON。

5.1.5　多通道比较

指　　令	梯　形　图	指令描述	参数说明	指令说明
MCMP	MCMP S1 S2 D	对 16 通道数据进行比较，一致时结果为 0，不一致时结果为 1，将结果输出到 D 的相应位。	S1：比较数据 1 低位通道编号。 S2：比较数据 2 低位通道编号。 D：比较结果输出通道编号。说明，S1～（S1+15）及 S2～（S2+15）必须属于同一区域种类。	（1）比较指令在块程序区域、工序步进序区域、子程序区域及中断任务程序区域均可以使用。 （2）执行本指令时，对 S1 所指定的 16 通道的数据和 S2 指定的 16 通道数据分别进行比较，并将结果输出到相应位。 （3）本指令执行后，如果一致（=）标志为 ON，则表示 16 通道数据一致。

【应用范例】多通道比较指令应用实例

梯形图程序	程序说明
0.00 ├┤├─── MCMP 　　　　　S1　D100 　　　　　S2　D200 　　　　　D　 D300	当 0.00 为 ON 时，对数据存储器 D100～D115 和 D200～D215 的各 16 通道数据内容进行比较，一致时结果为 0，不一致时结果为 1，并将比较结果存储到 D300 的 bit 0～bit 15 中。

5.1.6　表格一致性比较

指　　令	梯　形　图	指令描述	参数说明	指令说明
TCMP	TCMP S T D	将比较数据 1 通道分别与比较表格 16 通道的数据进行一致性比较，若一致输出为 1，若不一致输出为 0，并将比较结果输出到通道的相应位。	S：比较数据。 T：比较表格低位通道编号。 D：比较结果输出通道编号。	（1）比较指令在块程序区域、工序步进程序区域、子程序区域及中断任务程序区域均可以使用。 （2）执行本指令时，对 S 所指定 1 通道的数据和 T～（T+15）指定的 16 通道数据分别进行比较，如果一致则将 1 输出到 D 通道的相应位，如果不一致则输出 0。

【应用范例】表格一致性比较指令应用实例

梯形图程序	程序说明
0.00 ├┤├─── TCMP 　　　　　S　 D100 　　　　　T　 D200 　　　　　D　 D300	当 0.00 为 ON 时，将数据存储器 D100 分别与 D200～D215 的 16 通道数据内容进行比较，一致时结果为 1，不一致时结果为 0，并将比较结果存储到 D300 的 bit 0～bit 15 中。

5.1.7　无符号表格间比较

指　　令	梯　形　图	指令描述	参数说明	指令说明
BCMP	BCMP S T D	判断比较数据的内容是否在 16 组（32 字）比较数据的上、下限范围内，若在，则在输出通道的相应位上输出 1。	S：比较数据。 T：比较表格低位通道编号，T、T+2、…、T+30 为下限值，T+1、T+3、…、T+31 为上限值，相邻通道编号数据为一组上、下限。 D：比较结果输出通道编号。	（1）比较指令在块程序区域、工序步进程序区域、子程序区域及中断任务程序区域均可以使用。 （2）执行本指令时，当上限值与下限值相反时，不会报错，而是在 D 通道的相应位中输出 0，认为在范围外。

【应用范例】无符号表格间比较指令应用实例

梯形图程序	程序说明
0.00 ├┤├─── BCMP 　　　　　S　 D100 　　　　　T　 D200 　　　　　D　 D300	当 0.00 为 ON 时，且数据存储器 D100 数据在以 D200 为下限值，D201 为上限值的范围内时，在 D300 的 bit 0 中保存 1，并以此类推，最终将比较结果保存在 D300 的 bit 0～bit 15 中。

5.1.8　扩展表格间比较

指　令	梯　形　图	指　令　描　述	参　数　说　明	指　令　说　明
BCMP2	BCMP2 S T D	判断比较数据的内容是否在 256 组（512 字）比较数据的上、下限范围内，若在，则在输出通道的相应位上输出 1。	S：比较数据。 T：比较表格低位通道编号，T+2、T+4、…、T+2N+2 为设定值 A，T+1、T+3、…、T+2N+1 为设定值 B，相邻通道编号数据为一组上、下限。 D：比较结果输出通道编号。	（1）比较指令在块程序区域、工序步进程序区域、子程序区域及中断任务程序区域均可以使用。 （2）比较区间个数由 T 的低位字节指定，而 T 的高位字节必须为 00H，最终区间为 N。 （3）判断比较数据 S 是否在 T+1 之后的各区间内，如果在设定区间内，则在 D～D+最大 15 通道的相应位上输出 1，如果在设定区间外则输出 0。 （4）若设定值 A≤B，则设定区间为[A，B]；若设定值 A>B，则设定区间为(-∞，B]和[A，+∞)。

【应用范例】扩展表格间比较指令应用实例

梯形图程序	程序说明
0.00 BCMP2 S　1000 T　D200 D　2000	设定 T=17H，当 0.00 为 ON 时，判断通道 1000 的内容是否位于设定的定义区间 D200 的设定区间内（按照设定，共有设定区间 24 个），并将结果保存到通道 2000 相应的位中。

5.1.9　区域比较/倍长区域比较

指　令	梯　形　图	指　令　描　述	参　数　说　明	指　令　说　明
ZCP	ZCP S T1 T2	对一个指定的通道数据或常数是否在指定的上限值和下限值之间进行无符号 BIN16 位比较，并将结果反映在状态标志中。	S：比较数据，为 1 通道数据。 T1：下限值。 T2：上限值。	（1）比较指令在块程序区域、工序步进程序区域、子程序区域及中断任务程序区域均可以使用。 （2）ZCP（ZCPL）指令执行后，>、=、<的各状态标志进行 ON/OFF 操作，而>=、<=、<>标志不进行 ON/OFF 操作。 （3）执行本指令时，比较结果将反映在状态标志中，所以必须在 ZCP（ZCPL）指令相同的输入条件的输出分支中输出结果。 （4）执行本指令时，状态标志的配置必须紧随 ZCP（ZCPL）指令之后。
ZCPL	ZCPL S T1 T2	对一个倍长通道数据或常数是否在指定的上限值和下限值之间进行无符号 BIN32 位比较，并将比较结果反映在状态标志中。	S：比较数据，为 2 通道数据。 T1：下限值低位通道编号。 T2：上限值高位通道编号。	

【应用范例】ZCP 和 ZCPL 指令应用实例

梯形图程序	程序说明
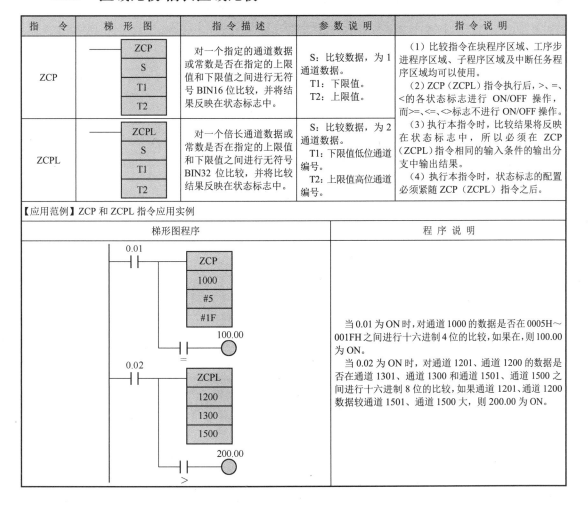	当 0.01 为 ON 时，对通道 1000 的数据是否在 0005H～001FH 之间进行十六进制 4 位的比较，如果在，则 100.00 为 ON。 当 0.02 为 ON 时，对通道 1201、通道 1200 的数据是否在通道 1301、通道 1300 和通道 1501、通道 1500 之间进行十六进制 8 位的比较，如果通道 1201、通道 1200 数据较通道 1501、通道 1500 大，则 200.00 为 ON。

5.2 数据传送指令

5.2.1 传送/倍长传送

指　令	梯　形　图	指　令　描　述	参　数　说　明	指　令　说　明
MOV	MOV S D	将通道数据或常数以16位为单位传送至目的地通道。当 S 为常数时，可用作数据设定。	S：传送数据。 D：传送目的地通道编号。	（1）该指令在块程序区域、工序步进程序区域、子程序区域及中断任务程序区域均可以使用。 （2）MOV 指令可用作每次刷新型指令（!MOV），可在 S 中指定外部 I/O 分配的输入继电器区域，同时在 D 中指定外部 I/O 分配的输出继电器区域。
MOVL	MOVL S D	将 2 通道的通道数据或常数以 32 位为单位传送至目的地通道。当 S、S+1 为常数时，可用作数据设定。	S：传送数据低位通道编号。 D：传送目的地低位通道编号。	

【应用范例】MOV 和 MOVL 指令应用实例

梯形图程序	程序说明
0.01 ─┤├─ MOV 　　1000 　　D1000 0.02 ─┤├─ MOVL 　　D2000 　　D3000	当 0.01 为 ON 时，将通道 1000 的数据传送到 D1000。 当 0.02 为 ON 时，将 D2000、D2001 的数据传送到 D3000、D3001。

5.2.2 取反传送/取反倍长传送

指　令	梯　形　图	指　令　描　述	参　数　说　明	指　令　说　明
MVN	MVN S D	将通道数据或常数逐位取反，数据以16位为单位传送至目的地通道。	S：传送数据。 D：传送目的地通道编号。	该指令在块程序区域、工序步进程序区域、子程序区域及中断任务程序区域均可以使用。
MVNL	MVN S D	将 2 通道数据或常数逐位取反，数据以 32 位为单位传送至目的地通道。	S：传送数据低位通道编号。 D：传送目的地低位通道编号。	

【应用范例】MVN 和 MVNL 指令应用实例

梯形图程序	程序说明
0.01 ─┤├─ MVN 　　1000 　　D1000 0.02 ─┤├─ MVNL 　　D2000 　　D3000	当 0.01 为 ON 时，将通道 1000 数据各位取反，然后传送到 D1000。 当 0.02 为 ON 时，将 D2000、D2001 的数据各位取反，然后传送到 D3000、D3001。

5.2.3　位传送

指　　令	梯　形　图	指　令　描　述	参　数　说　明	指　令　说　明
MOVB	MOVB S C D	将 S 中指定位的内容传送到 D 中指定位。	S：传送源通道编号。 C：控制数据。 D：传送目的地通道编号。	（1）该指令在块程序区域、工序步进程序区域、子程序区域及中断任务程序区域均可以使用。 （2）当 S 和 D 为同一通道时，则在同一通道内传送。 （3）若控制代码 C 的内容位于指定范围以外，则发生错误，ER 标志为 ON。

【应用范例】位传送指令应用实例

梯形图程序	程序说明
0.00 ┤├───　MOVB 　　　S　D100 　　　C　D200　0C05H 　　　D　D300	当 0.00 为 ON 时，若控制数据为 0C05H，则将 D100 的 bit 5 的内容传送到 D300 的 bit 12。

5.2.4　十六进制位传送

指　　令	梯　形　图	指　令　描　述	参　数　说　明	指　令　说　明
MOVD	MOVD S C D	以十六进制位为单位进行传送。将 S 指定通道中的十六进制位传送到 D 中指定通道。	S：传送源通道编号。 C：控制数据。 D：传送目的地通道编号。	（1）该指令在块程序区域、工序步进程序区域、子程序区域及中断任务程序区域均可以使用。 （2）传送多个位时，若超出传送目的地通道内最高十六进制位，则传送到同一通道的最低位侧。 （3）若控制代码 C 的内容位于指定范围以外，则发生错误，ER 标志为 ON。

【应用范例】十六进制位传送指令应用实例

梯形图程序	程序说明

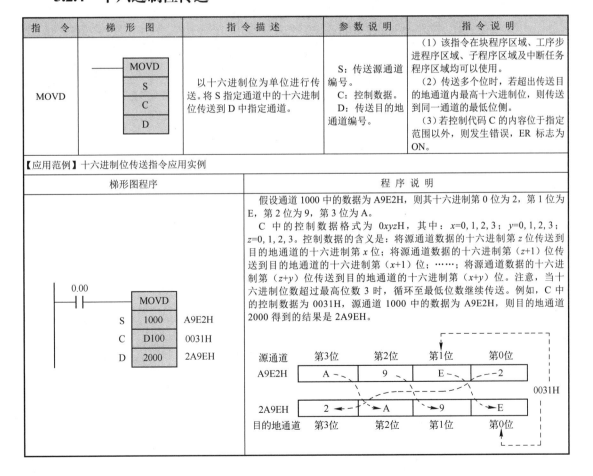

程序说明：

　　假设通道 1000 中的数据为 A9E2H，则其十六进制第 0 位为 2，第 1 位为 E，第 2 位为 9，第 3 位为 A。

　　C 中的控制数据格式为 0xyzH，其中：x=0, 1, 2, 3；y=0, 1, 2, 3；z=0, 1, 2, 3。控制数据的含义是：将源通道数据的十六进制第 z 位传送到目的地通道的十六进制第 x 位；将源通道数据的十六进制第 (z+1) 位传送到目的地通道的十六进制第 (x+1) 位；……；将源通道数据的十六进制第 (z+y) 位传送到目的地通道的十六进制第 (x+y) 位。注意，当十六进制位数超过最高位数 3 时，循环至最低位数继续传送。例如，C 中的控制数据为 0031H，源通道 1000 中的数据为 A9E2H，则目的地通道 2000 得到的结果是 2A9EH。

5.2.5　多位传送

指　　令	梯　形　图	指　令　描　述	参　数　说　明	指　令　说　明
XFRB	XFRB C S D	从 S 指定的传送源低位通道编号所指定的开始位位置（C 的十六进制第 0 位）开始，将指定位数（C 的十六进制第 3 位和第 2 位）的数据传送到 D 所指定的传送目的地低位通道编号所指定的开始位位置（C 的十六进制第 1 位）后。	C：控制数据。 S：传送源低位通道编号。 D：传送目的地低位通道编号。	（1）该指令在块程序区域、工序步进程序区域、子程序区域及中断任务程序区域均可以使用。 （2）传送目的地与传送源的数据区域可以重叠，但不可以超出区域的最大范围。 （3）指令执行时，将 ER 标志置于 OFF。 （4）通过 1 个指令最多可传送 255 位跨越多个通道的数据。

【应用范例】多位传送指令应用实例

梯形图程序	程序说明
0.00 ├─┤├─────　XFRB 　　　　C　　D1000　1406H 　　　　S　　100 　　　　D　　200	当 0.00 为 ON，控制数据 C 为 1406H 时，将从通道 100 的第 6 位面向高位侧的 20 位数据传送到从通道 200 的第 0 位面向高位侧的 20 位。

5.2.6　块传送

指　　令	梯　形　图	指　令　描　述	参　数　说　明	指　令　说　明
XFER	XFER W S D	将从 S 所指定的传送源低位通道编号开始到 W 所指定的连续多位数据（BIN）传送到 D 所指定的目的地低位通道编号后。	W：传送通道数，其范围为 0000H～FFFFH 或十进制数&0～&65535。 S：传送源低位通道编号。 D：传送目的地低位通道编号。	（1）该指令在块程序区域、工序步进程序区域、子程序区域及中断任务程序区域均可以使用。 （2）传送目的地与传送源的数据区域可以重叠，但不可以超出区域的最大范围。 （3）指令执行时，将 ER 标志置于 OFF。 （4）对大量通道进行块传送时，较为费时。因此此指令执行时，如果发生断电，块传送将终止。

【应用范例】块传送指令应用实例

梯形图程序	程序说明
0.00 ├─┤├─────　XFER 　　　　&10 　　　　D100 　　　　D200	当 0.00 为 ON 时，将 D100～D109 的 10 通道数据传送到 D200～D209。

5.2.7　块设定

指　　令	梯　形　图	指　令　描　述	参　数　说　明	指　令　说　明
BSET	BSET S D1 D2	将 S 中的数据输出到从 D1 所指定的低位通道编号到 D2 所指定的高位通道编号，将该区域通道中全部设定为相同的数据。	S：传送通道数。 D1：传送目的地低位通道编号。 D2：传送目的地高位通道编号。 说明，D1、D2 必须为同一区域种类，且 D1≤D2。	（1）该指令在块程序区域、工序步进程序区域、子程序区域及中断任务程序区域均可以使用。 （2）对大量通道进行块设定时，较为费时。因此在指令执行时，如果发生断电，块设定将终止。

【应用范例】块设定指令应用实例

梯形图程序	程序说明
0.00 ├─┤├─────　BSET 　　　　S　　D100 　　　　D1　D200 　　　　D2　D219	当 0.00 为 ON 时，将 D100 中的数据传送到 D200～D219。

5.2.8 数据交换/数据倍长交换

指 令	梯 形 图	指 令 描 述	参 数 说 明	指 令 说 明
XCHG	XCHG D1 D2	以 16 位为单位交换通道间的数据。	S：传送数据。 D：传送目的地通道编号。	该指令在块程序区域、工序步进程序区域、子程序区域及中断任务程序区域均可以使用。
XCGL	XCGL D1 D2	以 32 位为单位（2 通道）进行数据交换。	S：传送数据低位通道编号。 D：传送目的地低位通道编号。	

【应用范例】XCHG 和 XCGL 指令应用实例

梯形图程序	程 序 说 明
0.01 ⊢⊢ XCHG D100 D200 0.02 ⊢⊢ XCGL D200 D300	当 0.01 为 ON 时，将 D100 与 D200 中的数据交换。 当 0.02 为 ON 时，将 D201、D200 与 D301、D300 中的数据交换。

5.2.9 数据分配

指 令	梯 形 图	指 令 描 述	参 数 说 明	指 令 说 明
DIST	DIST S1 D S2	将 S1 中的数据从 D 指定的传送对象基准通道号传送到由 S2 指定的偏移数据进行偏移的地址中。	S1：传送数据，其范围为 0000H～FFFFH 或十进制数&0～&65535。 D：传送目的地基准通道编号。 S2：偏移数据。 说明，D～D+S2 必须为同一区域种类。	（1）该指令在块程序区域、工序步进程序区域、子程序区域及中断任务程序区域均可以使用。 （2）S2 中的内容不能超出传送目的地的区域范围。 （3）当 S1 中的内容为 0000H 时，=标志为 ON，否则为 OFF；当 S1 中最高位为 1 时，N 标志为 ON。 （4）执行指令时，ER 标志置于 OFF。

【应用范例】数据分配指令应用实例

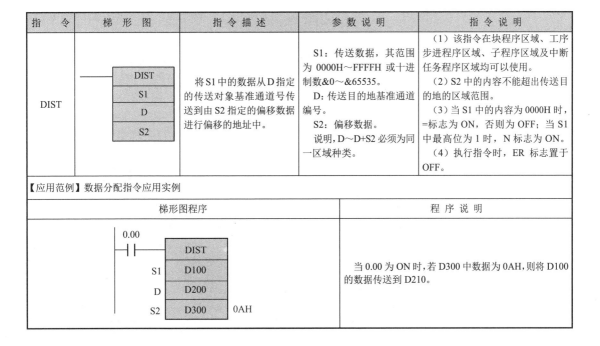

梯形图程序	程 序 说 明
0.00 ⊢⊢ DIST S1　D100 D　D200 S2　D300　0AH	当 0.00 为 ON 时，若 D300 中数据为 0AH，则将 D100 的数据传送到 D210。

5.2.10　数据抽取

指　　令	梯　形　图	指　令　描　述	参　数　说　明	指　令　说　明
COLL	COLL S1 S2 D	以 S1 为源基准，以 S2 所指定的数据进行偏移，将该地址中的数据传送到目的地地址 D。	S1：传送源基准通道编号。 S2：偏移数据，其范围为 0000H～FFFFH 或十进制数 &0～&65535。 D：传送目的地基准通道编号。 说明，S1～S1+S2 必须为同一区域种类。	（1）该指令在块程序区域、工序步进程序区域、子程序区域及中断任务程序区域均可以使用。 （2）S2 中的内容不能超出传送目的地的区域范围。 （3）当 S1 的内容为 0000H 时，=标志为 ON，否则为 OFF；当 S1 中最高位为 1 时，N 标志为 ON。 （4）执行指令时，ER 标志置于 OFF。

【应用范例】数据抽取指令应用实例

梯形图程序	程　序　说　明
0.00 ├┤├──┐ 　　　COLL S1　D100 S2　D200　0AH D　　D300	当 0.00 为 ON 时，将在 D110 中的数据传送到 D300。

5.2.11　变址寄存器设定

指　　令	梯　形　图	指　令　描　述	参　数　说　明	指　令　说　明
MOVR	MOVR S D	将 S 中的 I/O 存储器有效地址传送到 D 所指定的变址寄存器中。	S：指定通道编号或接点编号。 D：传送目的地变址寄存器编号，其范围为 IR0～IR15。	（1）通过常规 I/O 存储器地址来指定 S，将自动使其转换为 I/O 存储器有效地址，并保存在 D 中。 （2）如果在 S 中指定定时器/计数器，定时器/计数器完成标志的 I/O 存储器有效地址将保存在 D 中。 （3）中断任务下的 IR 具有不确定性，所以在中断任务中应使用本指令进行设定。
MOVRW	MOVRW S D	将 S（定时器或计数器）的 I/O 存储器有效地址（定时器或计数器当前值区域）传送到 D 所指定的变址寄存器中。	S：指定定时器/计数器编号，其范围为 T0000～T4095 或 C0000～C4095。 D：传送目的地变址寄存器编号，其范围为 IR0～IR15。	（1）如果在常规定时器/计数器中指定 S，将自动转换为定时器/计数器当前值的 I/O 存储器有效地址，并保存在 D 中。 （2）通过本指令可以设定定时器/计数器当前值的 I/O 存储器有效地址。

【应用范例】变址寄存器设定指令应用实例

梯形图程序	程　序　说　明
0.00 ├┤├──┐ 　　MOVR 　　100 　　IR0 0.01 ├┤├──┐ 　　MOVRW 　　T0 　　TR1	当 0.00 为 ON 时，将通道 100 的 I/O 存储器有效地址保存到变址寄存器 IR0 中。 当 0.01 为 ON 时，将定时器当前值 T0 的 I/O 存储器有效地址保存到变址寄存器 TR1 中。

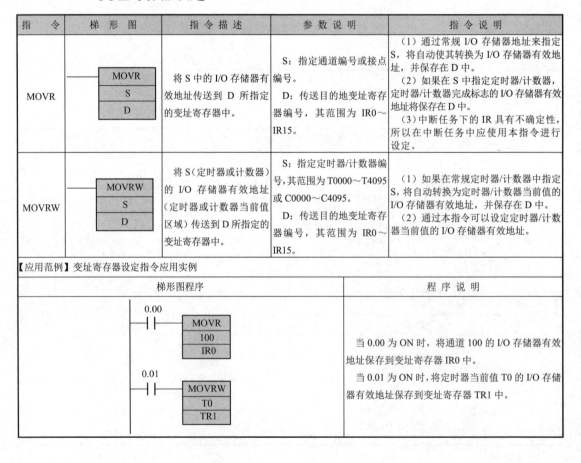

5.3　数据移位指令

5.3.1　移位寄存器

指　令	梯　形　图	指　令　描　述	参　数　说　明	指　令　说　明
SFT	数据输入── SFT 移位信号输入── D1 复位输入── D2	当移位信号输入上升沿到来（OFF→ON）时，从 D1 到 D2 均向左（最低位→最高位）移 1 位，并在 D1 最低位反映数据输入的内容。	D1：移位低位通道编号。 D2：移位高位通道编号。 说明，D1、D2 必须为同一区域种类。	（1）当复位输入为 ON 时，对从 D1 所指定的移位低位通道编号到 D2 所指定的移位高位通道编号为止进行复位。复位输入优先于其他输入。 （2）移位范围的设定基本上为 D1≤D2；即使指定为 D1>D2，也不会出错，仅 D1 进行 1 个通道（字）的移位。

【应用范例】移位寄存器指令应用实例	
梯形图程序	程　序　说　明
0.01 ├─┤├─ SFT 　　　　0000 0.02 ├─┤├─ 0002	若 0.01 为 ON，使用 0000～0002 通道的 48 位的移位寄存器，并将输入继电器 0.01 的内容移位到 0000.00～0002.15 中。

5.3.2　左/右移位寄存器

指　令	梯　形　图	指　令　描　述	参　数　说　明	指　令　说　明
SFTR	SFTR C D1 D2	进行移位方向可以切换的移位动作。 当移位信号输入继电器（C 的 bit 14）为 ON 时，将从 D1 到 D2 向移位方向设定继电器所指定的方向移 1 位（C 的 bit 12 为 0 时右移，为 1 时左移）。	C：控制数据。 D1：移位低位通道编号。 D2：移位高位通道编号。 说明，D1、D2 必须为同一区域种类。	（1）复位输入继电器（C 的 bit 15）为 ON 时，从 D1 到 D2 全部复位。 （2）当 D1>D2 时，发生错误，ER 标志为 ON。

【应用范例】左/右移位寄存器指令应用实例	
梯形图程序	程　序　说　明
0.02 ├─┤├─ SFTR 　　　　H1 　　　　D100 　　　　D102	在复位输入状态 H1.15 为 OFF，且 0.02 为 ON 的状态下，当移位信号输入 H1.14 为 ON 时，将从 D100 到 D102 的 3 字节按 H1.12 所指定的方向移 1 位，在 D100 的最低位设置 H1.13 的内容。 LD　　　　0.02　　//读取 0.02 状态 SFTR　　　H1　　　//控制数据 　　　　　D100　//移位低位通道编号 　　　　　D102　//移位高位通道编号

5.3.3　非同步移位寄存器

指　令	梯　形　图	指　令　描　述	参　数　说　明	指　令　说　明
ASFT	ASFT C D1 D2	在指定通道范围的通道数据中，将除 0000H 外的通道向前或向后对齐。每执行一次 ASFT 指令，就将非 0000H 通道数据与邻近的 0000H 通道数据交换位置。	C：控制数据。 D1：移位低位通道编号。 D2：移位高位通道编号。 说明，D1、D2 必须为同一区域种类。	（1）当清除标志（C 的 bit 15）为 ON 时，用 0 清除从 D1 到 D2 的范围。清除标志优先于移位执行标志（C 的 bit 14）。 （2）当 D1>D2 时，发生错误，ER 标志为 ON。

【应用范例】非同步移位寄存器指令应用实例	
梯形图程序	程　序　说　明
0.02 ├─┤├─ ASFT 　　　　H1 　　　　D100 　　　　D102	在 0.02 为 ON 的状态下，当移位信号输入 H1.14 为 ON 时，D100～D109 的 10 字节之中除 0000H 外的通道数据按移位方向标志 H1.13 指定方向进行移位。 LD　　　　0.02　　//读取 0.02 状态 ASFT　　　H1　　　//控制数据 　　　　　D100　//移位低位通道编号 　　　　　D102　//移位高位通道编号

5.3.4　字移位

指　　令	梯 形 图	指 令 描 述	参 数 说 明	指 令 说 明
WSFT	WSFT S D1 D2	进行以通道数据为单位的移位动作，从 D1 到 D2，逐字移位到高位通道，在最低位通道（D1）中输出 S 所指定的数据，并清除原来的最高位通道（D2）的数据。	S：移位数据。 D1：移位低位通道编号。 D2：移位高位通道编号。 说明，D1、D2 必须为同一区域种类。	（1）对大量数据进行移位时，比较费时。因此，如果本指令执行时发生电源断电，移位动作会中途终止。 （2）当 D1＞D2 时，发生错误，ER 标志为 ON。

【应用范例】字移位指令应用实例

梯形图程序	程序说明
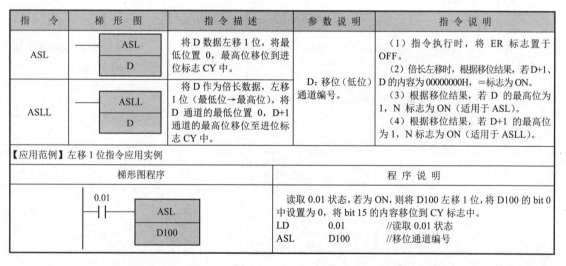	在 0.02 为 ON 的状态下，将 D100～D102 通道逐字移位到高位通道。在 D100 中保存 H1 通道的内容，清除 D102 的内容。 LD　　　0.02　　　//读取 0.02 状态 WSFT　　H1　　　//控制数据 　　　　　D100　　//移位低位通道编号 　　　　　D102　　//移位高位通道编号

5.3.5　左移 1 位/倍长左移 1 位

指　　令	梯 形 图	指 令 描 述	参 数 说 明	指 令 说 明
ASL	ASL D	将 D 数据左移 1 位，将最低位置 0，最高位移位到进位标志 CY 中。	D：移位（低位）通道编号。	（1）指令执行时，将 ER 标志置于 OFF。 （2）倍长左移时，根据移位结果，若 D+1、D 的内容为 00000000H，＝标志为 ON。 （3）根据移位结果，若 D 的最高位为 1，N 标志为 ON（适用于 ASL）。 （4）根据移位结果，若 D+1 的最高位为 1，N 标志为 ON（适用于 ASLL）。
ASLL	ASLL D	将 D 作为倍长数据，左移 1 位（最低位→最高位）。将 D 通道的最低位置 0，D+1 通道的最高位移位至进位标志 CY 中。		

【应用范例】左移 1 位指令应用实例

梯形图程序	程序说明
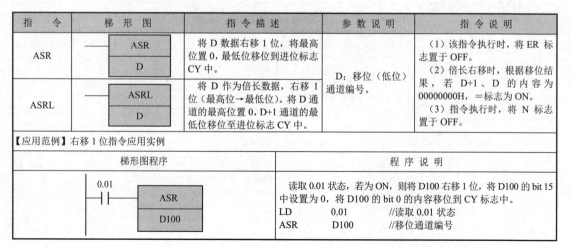	读取 0.01 状态，若为 ON，则将 D100 左移 1 位，将 D100 的 bit 0 中设置为 0，将 bit 15 的内容移位到 CY 标志中。 LD　　　0.01　　　//读取 0.01 状态 ASL　　D100　　//移位通道编号

5.3.6　右移 1 位/倍长右移 1 位

指　　令	梯 形 图	指 令 描 述	参 数 说 明	指 令 说 明
ASR	ASR D	将 D 数据右移 1 位，将最高位置 0，最低位移位到进位标志 CY 中。	D：移位（低位）通道编号。	（1）该指令执行时，将 ER 标志置于 OFF。 （2）倍长右移时，根据移位结果，若 D+1、D 的内容为 00000000H，＝标志为 ON。 （3）指令执行时，将 N 标志置于 OFF。
ASRL	ASRL D	将 D 作为倍长数据，右移 1 位（最高位→最低位）。将 D 通道的最高位置 0，D+1 通道的最低位移位至进位标志 CY 中。		

【应用范例】右移 1 位指令应用实例

梯形图程序	程序说明
	读取 0.01 状态，若为 ON，则将 D100 右移 1 位，将 D100 的 bit 15 中设置为 0，将 D100 的 bit 0 的内容移位到 CY 标志中。 LD　　　0.01　　　//读取 0.01 状态 ASR　　D100　　//移位通道编号

5.3.7　带进位左循环移位 1 位/带进位倍长左循环移位 1 位

指　令	梯　形　图	指　令　描　述	参　数　说　明	指　令　说　明
ROL	ROL D	对 16 位通道数据（包括 CY 标志在内）进行左循环移位 1 位操作。	D：移位（低位）通道编号。	（1）指令执行时，将 ER 标志置于 OFF。 （2）根据移位结果，当 D、D+1 的内容为 00000000H 时，=标志为 ON。 （3）指令执行时，当最高位为 1 时，将 N 标志置于 ON。
ROLL	ROLL D	对 32 位通道数据（包括 CY 标志在内）进行左循环移位 1 位操作。		

【应用范例】带进位左循环移位 1 位指令应用实例

梯形图程序	程　序　说　明
0.01 ROL D100	读取 0.01 状态，若为 ON，则将 D100（包括 CY 标志在内）左循环 1 位，将 bit 15 的内容移位到 CY 标志中，将 CY 标志的内容移位到 bit 0 中。 LD　　　0.01　　//读取 0.01 状态 ROL　　D100　　//移位通道编号

5.3.8　无进位左循环移位 1 位/无进位倍长左循环移位 1 位

指　令	梯　形　图	指　令　描　述	参　数　说　明	指　令　说　明
RLNC	RLNC D	对 16 位通道数据（不含 CY 标志）进行左循环移位 1 位操作。D 的最高位数据移位到最低位中，同时也输出到 CY 标志中。	D：移位（低位）通道编号。	（1）指令执行时，将 ER 标志置于 OFF。 （2）根据移位结果，当 D、D+1 的内容为 00000000H 时，=标志为 ON。 （3）指令执行时，若最高位为 1，将 N 标志置于 ON。
RLNL	RLNL D	对 32 位通道数据（不含 CY 标志）进行左循环移位 1 位操作。D+1 的最高位数据移位到 D 的最低位中，同时也输出到 CY 标志中。		

【应用范例】无进位左循环移位 1 位指令应用实例

梯形图程序	程　序　说　明
0.01 RLNC D100	读取 0.01 状态，若为 ON，则将 D100 左循环移位 1 位（不含 CY 标志），将 bit 15 的内容移位到 bit 0 中。 LD　　　0.01　　//读取 0.01 状态 RLNC　D100　　//移位通道编号

5.3.9　带进位右循环移位 1 位/带进位倍长右循环移位 1 位

指　令	梯　形　图	指　令　描　述	参　数　说　明	指　令　说　明
ROR	ROR D	对 16 位通道数据（包括 CY 标志在内）进行右循环移位 1 位操作。	D：移位（低位）通道编号。	（1）指令执行时，将 ER 标志置于 OFF。 （2）根据移位结果，当 D、D+1 的内容为 00000000H 时，=标志为 ON。 （3）指令执行时，若最高位为 1，将 N 标志置于 ON。
RORL	RORL D	对 32 位通道数据（包括 CY 标志在内）进行右循环移位 1 位操作。		

【应用范例】带进位右循环移位 1 位指令应用实例

梯形图程序	程　序　说　明
0.01 ROR D100	读取 0.01 状态，若为 ON，则将 D100（包括 CY 标志在内）右循环移位 1 位，将 bit 0 的内容移位到 CY 标志中，将 CY 标志的内容移位到 bit 15 中。 LD　　　0.01　　//读取 0.01 状态 ROR　　D100　　//移位通道编号

5.3.10 无进位右循环移位 1 位/无进位倍长右循环移位 1 位

指　　令	梯　形　图	指　令　描　述	参 数 说 明	指　令　说　明
RRNC	RRNC D	对 16 位通道数据（不含 CY 标志）进行右循环移位 1 位操作。D 的最低位数据移位到最高位中，同时也输出到 CY 标志中。	D：移位（低位）通道编号。	（1）指令执行时，将 ER 标志置于 OFF。 （2）根据移位结果，当 D、D+1 的内容为 00000000H 时，＝标志为 ON。 （3）指令执行时，若最高位为 1，将 N 标志置于 ON。
RRNL	RRNL D	对 32 位通道数据（不含 CY 标志）进行右循环移位 1 位操作。D+1 的最低位数据移位到 D 的最高位中，同时也输出到 CY 标志中。		

【应用范例】无进位右循环移位 1 位指令应用实例

梯形图程序	程　序　说　明
0.01 ┤├　RRNC 　　　D100	读取 0.01 状态，若为 ON，则将 D100（不含 CY 标志）向右循环移位 1 位，将 bit 0 的内容移位到 bit 15 中。 LD　　　　　0.01　　　//读取 0.01 状态 RRNC　　　D100　　　//移位通道编号

5.3.11 十六进制左移 1 位

指　　令	梯　形　图	指　令　描　述	参 数 说 明	指　令　说　明
SLD	SLD D1 D2	将从 D1 到 D2 的范围以十六进制位（4 个二进制位）为单位向高位侧移位 1 位。此时，最低十六进制位（D1 的 bit 0～bit 3）中输入 0，原来的最高十六进制位（D2 的 bit 12～bit 15）数据被清除。	D1：移位低位通道编号。 D2：移位高位通道编号。 说明，D1、D2 必须为同一区域种类。	（1）对大量数据进行移位时，比较费时。因此，如果本指令执行时发生电源断电，移位动作会中途终止。 （2）当 D1＞D2 时，发生错误，ER 标志为 ON。

【应用范例】十六进制左移 1 位指令应用实例

梯形图程序	程　序　说　明
0.01 ┤├　SLD 　　　D100 　　　D102	读取 0.01 状态，若为 ON，则对 D100～D102 中的数据进行十六进制左移 1 位操作，将 D100 的 bit 0～bit 3 中设置为 0，将 D102 原来的 bit 12～bit 15 的内容清除。 LD　　　　　0.02　　　//读入数据 SLD　　　　D100　　　//移位低位通道编号 　　　　　　D102　　　//移位高位通道编号

5.3.12 十六进制右移 1 位

指　　令	梯　形　图	指　令　描　述	参 数 说 明	指　令　说　明
SRD	SRD D1 D2	将从 D1 到 D2 的范围以十六进制位为单位向低位侧移 1 位。此时，在最高十六进制位（D2 的 bit 12～bit 15）中输入 0，原来的最低十六进制位（D1 的 bit 0～bit 3）数据被清除。	D1：移位低位通道编号。 D2：移位高位通道编号。 说明，D1、D2 必须为同一区域种类。	（1）对大量数据进行移位时，比较费时。因此，如果本指令执行时发生电源断电，移位动作会中途终止。 （2）当 D1＞D2 时，发生错误，ER 标志为 ON。

【应用范例】十六进制右移 1 位指令应用实例

梯形图程序	程　序　说　明
0.01 ┤├　SRD 　　　D100 　　　D102	读取 0.01 状态，若为 ON，则对 D100～D102 中的数据进行十六进制右移 1 位操作，将 D102 的 bit 12～bit 15 中设置为 0，将 D100 原来的 bit 0～bit 3 的内容清除。 LD　　　　　0.02　　　//读入数据 SRD　　　　D100　　　//移位低位通道编号 　　　　　　D102　　　//移位高位通道编号

5.3.13　N 位数据左移 1 位

指　令	梯　形　图	指　令　描　述	参　数　说　明	指　令　说　明
NSFL	NSFL D C N	将从 D 所指定的移位低位通道的移位开始位（C）开始的移位数据长（N）的位数据全部左移 1 位（高位通道高位侧）。此时，在移位开始位中输入 0，移位范围的最高位内容移位到进位标志（CY）中。	D：移位低位通道编号。 C：移位开始位，其范围为 0000H～000FH 或十进制数&0～&15。 N：移位数据长，其范围为 0000H～FFFFH 或十进制数&0～&65535。	（1）当移位数据长（N）为 0 时，将移位开始位的数据复制到进位标志（CY）中。移位开始位的数据内容不发生变化。 （2）移位范围的最低位通道及最高位通道的数据在移位对象位以外不发生变化。 （3）D～（D+最大 65535）通道的移位对象必须为同一区域种类。

【应用范例】N 位数据左移 1 位指令应用实例

梯形图程序	程　序　说　明
0.02 NSFL D100 &2 &10	在 0.02 为 ON 的状态下，从移位开始位 2 开始的 10 位数据全部左移 1 位。 LD　　　0.02　　　//读取 0.02 状态 NSFL　　D100　　//移位低位通道编号 　　　　　&2　　　//移位开始位 　　　　　&10　　//移位数据长

5.3.14　N 位数据右移 1 位

指　令	梯　形　图	指　令　描　述	参　数　说　明	指　令　说　明
NSFR	NSFR D C N	将从 D 所指定的移位低位通道的移位开始位（C）开始的移位数据长（N）的位数据全部右移 1 位（低位通道低位侧）。此时，在移位开始位中输入 0，移位范围的最低位内容移位到进位标志（CY）中。	D：移位低位通道编号。 C：移位开始位，其范围为 0000H～000FH 或十进制数&0～&15。 N：移位数据长，其范围为 0000H～FFFFH 或十进制数&0～65535。	（1）当移位数据长（N）为 0 时，将移位开始位的数据复制到进位标志（CY）中。移位开始位的数据内容不发生变化。 （2）移位范围的最低位通道及最高位通道的数据在移位对象位以外不发生变化。 （3）D～（D+最大 65535）通道的移位对象必须为同一区域种类。

【应用范例】N 位数据右移 1 位指令应用实例

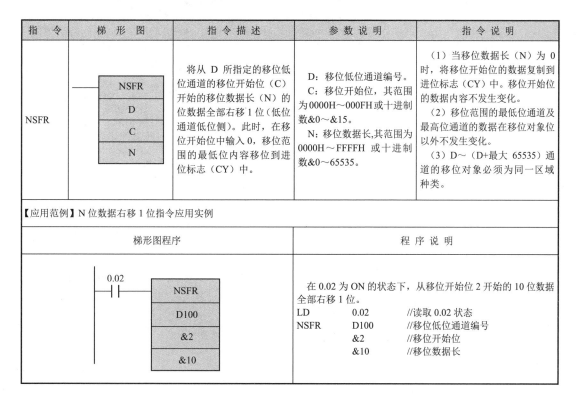

梯形图程序	程　序　说　明
0.02 NSFR D100 &2 &10	在 0.02 为 ON 的状态下，从移位开始位 2 开始的 10 位数据全部右移 1 位。 LD　　　0.02　　　//读取 0.02 状态 NSFR　　D100　　//移位低位通道编号 　　　　　&2　　　//移位开始位 　　　　　&10　　//移位数据长

5.3.15　N 位左移/N 位倍长左移

指　令	梯　形　图	指　令　描　述	参　数　说　明	指　令　说　明
NASL	NASL / D / C	将 16 位通道数据左移指定位数。将 D 中低位侧数据向高位侧移 N 位，并在空位中插入指定的数据。	D：移位（低位）通道编号。C：控制数据。	（1）对于从指定通道中溢出的位，将最后一位的内容移位到进位标志（CY）中，除此之外加以清除。（2）当移位位数为 0 时，不进行移位动作。但是，根据指定通道的数据，对各标志进行 ON/OFF 操作。（3）当控制数据 C 的内容不在范围内时，发生错误，ER 标志为 ON。（4）根据移位结果，当 D 的内容的最高位为 1 时，N 标志为 ON。
NSLL	NSLL / D / C	将 32 位通道数据左移指定位数。将 D 和 D+1 作为倍长数据，将倍长数据中低位侧数据向高位侧移 N 位，并在空位中插入指定的数据。		

【应用范例】 N 位左移指令应用实例

梯形图程序	程序说明
0.01 — NASL / D100 / D200	读入 0.01 状态，若为 ON，则将 D100 的数据向左移动 D200 中控制数据的 bit 0～bit 7 所指定的位数，对于溢出的位，其最低位移至 CY 中，其他清除。 LD　　　0.01　　//读入 0.01 状态 NASL　　D100　　//移位低位通道编号 　　　　　D200　　//控制数据

5.3.16　N 位右移/N 位倍长右移

指　令	梯　形　图	指　令　描　述	参　数　说　明	指　令　说　明
NASR	NASR / D / C	将 16 位通道数据右移指定位数。将 D 中高位侧数据向低位侧移 N 位，并在空位中插入指定的数据。	D：移位（低位）通道编号。C：控制数据。	（1）对于从指定通道中溢出的位，将最后 1 位的内容移位到进位标志（CY）中，除此之外加以清除。（2）当移位位数为 0 时，不进行移位动作。但是，根据指定通道的数据，对各标志进行 ON/OFF 操作。（3）当控制数据 C 的内容不在范围内时，发生错误，ER 标志为 ON。（4）根据移位结果，当 D 的内容的最高位为 1 时，N 标志为 ON（适用于 NASR 指令）。（5）根据移位结果，当 D+1 的内容最高位为 1 时，N 标志为 ON（适用于 NSRL 指令）。
NSRL	NSRL / D / C	将 32 位通道数据右移指定位数。将 D 和 D+1 作为倍长数据，将倍长数据中高位侧数据向低位侧移 N 位，并在空位中插入指定的数据。		

【应用范例】 N 位右移指令应用实例

梯形图程序	程序说明
0.01 — NASR / D100 / D200	读入 0.01 状态，若为 ON，则将 D100 的数据向右移动 D200 中控制数据的 bit 0～bit 7 所指定的位数，对于溢出的位，其最高位移至 CY 中，其他清除。 LD　　　0.01　　//读入 0.01 状态 NASR　　D100　　//移位低位通道编号 　　　　　D200　　//控制数据

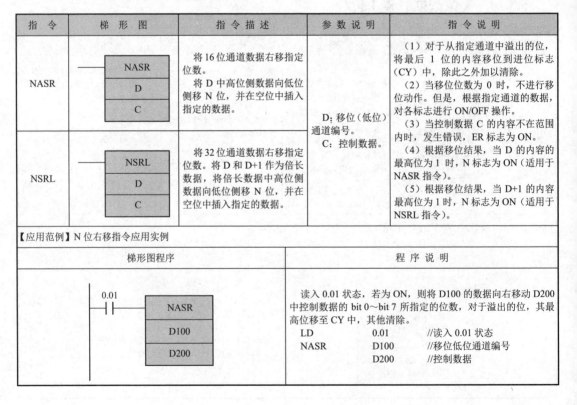

5.4　数据转换指令

5.4.1　BCD→BIN 转换/BCD→BIN 倍长转换

指　令	梯　形　图	指　令　描　述	参　数　说　明	指　令　说　明
BIN	BIN S D	将 BCD 数据转换为 BIN 数据。 对 S 中的 BCD 数据进行 BIN 转换，然后输出到 D 中。	S：转换数据通道编号。 D：转换结果输出通道编号。	（1）可以在块程序区域、工序步进程序区域、子程序区域、中断任务程序区域中使用。 （2）当 S 中的内容不为 BCD 格式时，ER 标志为 ON。 （3）转换后，若 D 中的内容为 0000H，=标志为 ON。 （4）指令执行时，N 标志置于 OFF。
BINL	BINL S D	将倍长 BCD 数据转换为 BIN 数据。 对 S+1 和 S 中的 BCD 倍长数据进行 BIN 转换，将结果输出到 D+1 和 D 中。	S：转换数据低位通道编号。 D：转换结果输出低位通道编号。	（1）可以在块程序区域、工序步进程序区域、子程序区域、中断任务程序区域中使用。 （2）当 S+1 和 S 中的内容不为 BCD 格式时，ER 标志为 ON。 （3）转换后，若 D+1、D 中的内容为 00000000H，=标志为 ON。 （4）指令执行时，N 标志置于 OFF。

【应用范例】BCD→BIN 倍长转换指令应用实例

梯形图程序	程　序　说　明
0.01 ┤├　BINL 　　　100 　　　D2000	当 0.01 为 ON 时，将通道 101 和通道 100 中的 8 位 BCD 数据转换为 32 位 BIN 数据，将转换结果输出到 D2001 和 D2000 中。

5.4.2　BIN→BCD 转换/BIN→BCD 倍长转换

指　令	梯　形　图	指　令　描　述	参　数　说　明	指　令　说　明
BCD	BCD S D	将 BIN 数据转换为 BCD 数据。	S：转换数据通道编号。 D：转换结果输出通道编号。	（1）可以在块程序区域、工序步进程序区域、子程序区域、中断任务程序区域中使用。 （2）S 的内容不在 0000H～270FH 的范围内时，ER 标志为 ON。 （3）转换后，若 D 的内容为 0000H，=标志为 ON。
BCDL	BCDL S D	对 S 中的 BIN 数据进行 BCD 转换，将转换结果输出到 D 中。	S：转换数据低位通道编号。 D：转换结果输出低位通道编号。	（1）可以在块程序区域、工序步进程序区域、子程序区域、中断任务程序区域中使用。 （2）当 S+1 和 S 中的内容不在 00000000H～5F5E0FFH 的范围内时，ER 标志为 ON。 （3）转换后，若 D+1 和 D 中的内容为 00000000H，=标志为 ON。

【应用范例】BIN→BCD 倍长转换指令应用实例

梯形图程序	程　序　说　明
0.01 ┤├　BCDL 　　　100 　　　D2000	当 0.01 为 ON 时，将通道 101 和通道 100 中的 32 位 BIN 数据转换为 8 位 BCD 数据，将转换结果输出到 D2001、D2000 中。

5.4.3　求单字 BIN 补码/求双字 BIN 补码

指　令	梯　形　图	指令描述	参数说明	指令说明
NEG	NEG S D	取 S 中 16 位 BIN 数据的 BIN 补码，将结果输出到 D 中。	S：转换数据通道编号。 D：转换结果输出通道编号。	（1）可以在块程序区域、工序步进程序区域、子程序区域、中断任务程序区域中使用。 （2）指令执行时，ER 标志置于 OFF。 （3）转换后，若 D 中的内容为 0000H，=标志为 ON。 （4）转换后，若 D 中的内容的最高位为 1，N 标志为 ON。 （5）8000H 的转换结果仍为 8000H。
NEGL	NEGL S D	取 S+1 和 S 中 32 位 BIN 数据的 BIN 补码，将结果输出到 D+1、D 中。	S：转换数据低位通道编号。 D：转换结果输出低位通道编号。	（1）可以在块程序区域、工序步进程序区域、子程序区域、中断任务程序区域中使用。 （2）指令执行时，ER 标志置于 OFF。 （3）转换后，若 D+1 和 D 中的内容为 00000000H，=标志为 ON。 （4）转换后，若 D+1 和 D 中的内容的最高位为 1，N 标志为 ON。 （5）80000000H 的转换结果仍为 80000000H。

【应用范例】求单字 BIN 补码/求双字 BIN 补码指令应用实例

梯形图程序	程序说明
0.01 NEG D200 D300	当 0.01 为 ON 时，取 D200 中的内容的 BIN 补码，将结果输出到 D300 中。
0.01 NEGL D2000 D3000	当 0.01 为 ON 时，取 D2001、D2000 中的内容的 BIN 补码，将结果输出到 D3001、D3000 中。

5.4.4　符号扩展

指　令	梯　形　图	指令描述	参数说明	指令说明
SIGN	SIGN S D	将指定通道的数据作为 1 通道的带符号 BIN 数据，向 2 通道进行符号扩展。S 的符号位（MSB）的内容为 1 时，向 D+1 通道输出 FFFFH，为 0 时向 D+1 通道输出 0000H。S 的内容照原样输出到 D。因此，S 的 1 通道数据向 2 通道进行符号扩展，输出到 D+1、D 中。	S：扩展数据通道编号。 D：转换结果输出低位通道编号。	（1）可以在块程序区域、工序步进程序区域、子程序区域、中断任务程序区域中使用。 （2）指令执行时，ER 标志置于 OFF。 （3）转换后，若 D+1、D 中的内容为 00000000H，=标志为 ON。 （4）转换后，若 D+1 中的内容的最高位为 1 时，N 标志为 ON。

【应用范例】符号扩展指令应用实例

梯形图程序	程序说明
0.01 SIGN D200 D300	当 0.01 为 ON 时，根据 D200 的符号位 MSB 的内容，将结果输出到 D301、D300 中。

5.4.5　4→16/8→256 解码

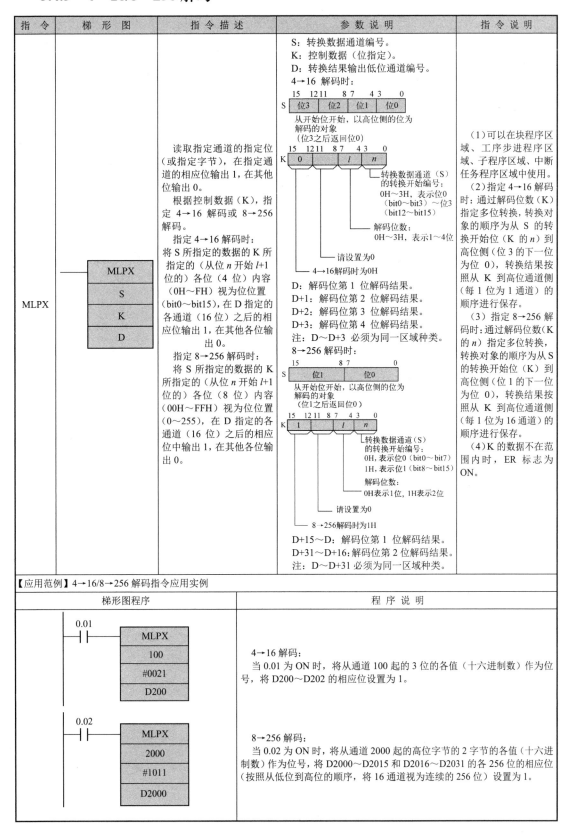

5.4.6　16→4/256→8 编码

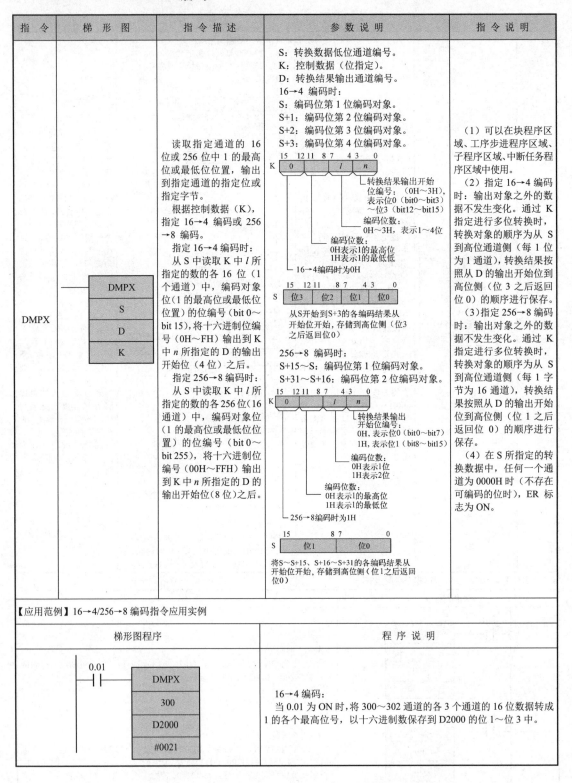

指　令	梯　形　图	指　令　描　述	参　数　说　明	指　令　说　明
DMPX	DMPX S D K	读取指定通道的 16 位或 256 位中 1 的最高位或最低位位置，输出到指定通道的指定位或指定字节。 　　根据控制数据（K），指定 16→4 编码或 256→8 编码。 　　指定 16→4 编码时：从 S 中读取 K 中 l 所指定的数的各 16 位（1 个通道）中，编码对象位（1 的最高位或最低位位置）的位编号（bit 0～bit 15），将十六进制位编号（0H～FH）输出到 K 中 n 所指定的 D 的输出开始位（4 位）之后。 　　指定 256→8 编码时：从 S 中读取 K 中 l 所指定的数的各 256 位（16 通道）中，编码对象位（1 的最高位或最低位位置）的位编号（bit 0～bit 255），将十六进制位编号（00H～FFH）输出到 K 中 n 所指定的 D 的输出开始位（8 位）之后。	S：转换数据低位通道编号。 K：控制数据（位指定）。 D：转换结果输出通道编号。 16→4 编码时： S：编码位第 1 位编码对象。 S+1：编码位第 2 位编码对象。 S+2：编码位第 3 位编码对象。 S+3：编码位第 4 位编码对象。 （图示 K，转换结果输出开始位编号（0H～3H），表示位 0（bit0～bit3）～位 3（bit12～bit15）；编码位数：0H～3H，表示 1～4 位；编码位数：0H 表示 1 的最高位，1H 表示 1 的最低位；16→4 编码时为 0H） （图示 S：位3 位2 位1 位0，从 S 开始到 S+3 的各编码结果从开始位开始，存储到高位侧（位3 之后返回位 0）） 256→8 编码时： S+15～S：编码位第 1 位编码对象。 S+31～S+16：编码位第 2 位编码对象。 （图示 K，转换结果输出开始位编号：0H，表示位 0（bit0～bit7）；1H，表示位 1（bit8～bit15）；编码位数：0H 表示 1 位，1H 表示 2 位；编码位数：0H 表示 1 的最高位，1H 表示 1 的最低位；256→8 编码时为 1H） （图示 S：位1 位0，将 S～S+15、S+16～S+31 的各编码结果从开始位开始，存储到高位侧（位1 之后返回位 0））	（1）可以在块程序区域、工序步进程序区域、子程序区域、中断任务程序区域中使用。 　　（2）指定 16→4 编码时：输出对象之外的数据不发生变化。通过 K 指定进行多位转换时，转换对象的顺序为从 S 到高位通道侧（每 1 位为 1 通道），转换结果按照从 D 的输出开始位到高位侧（位 3 之后返回位 0）的顺序进行保存。 　　（3）指定 256→8 编码时：输出对象之外的数据不发生变化。通过 K 指定进行多位转换时，转换对象的顺序为从 S 到高位通道侧（每 1 字节为 16 通道），转换结果按照从 D 的输出开始位到高位侧（位 1 之后返回位 0）的顺序进行保存。 　　（4）在 S 所指定的转换数据中，任何一个通道为 0000H 时（不存在可编码的位时），ER 标志为 ON。

【应用范例】16→4/256→8 编码指令应用实例

梯　形　图　程　序	程　序　说　明
0.01 ┤├──── DMPX 　　　　300 　　　　D2000 　　　　#0021	16→4 编码： 　　当 0.01 为 ON 时，将 300～302 通道的各 3 个通道的 16 位数据转成 1 的各个最高位号，以十六进制数保存到 D2000 的位 1～位 3 中。

5.4.7 ASCII 代码转换

指 令	梯 形 图	指 令 描 述	参 数 说 明	指 令 说 明
ASC	ASC S K D	将 16 位数据的指定位转换为 ASCII 代码。 将 S 视为 4 位的十六进制数据，并将转换开始位编号（K 中的位 0）及转换位数（K 中的位 1）所指定的位的数据（0H～FH）转换为 8 位的 ASCII 代码，将结果输出到 D，K 所指定的输出位置（从高位或低位开始保存）。 此外，ASCII 代码数据的最高位可以指定奇偶校验（K 中的 bit 12～bit 15）。	S：转换数据通道编号。 K：位指定数据。 D：转换结果输出低位通道编号。	（1）可以在块程序区域、工序步进程序区域、子程序区域、中断任务程序区域中使用。 （2）通过 K 指定进行多位转换时，转换对象位的顺序为从开始位到高位侧（位 3 之后返回位 0），转换结果按照从 D 的输出位置到高位通道侧（8 位为单位）的顺序进行保存。 （3）在转换结果输出通道的数据中，将保持非输出对象位置的数据。 （4）K 的数据不在范围内时，ER 标志为 ON。

【应用范例】ASCII 代码转换指令应用实例

梯形图程序	程 序 说 明
0.01 ─┤├─ ASC 　　　　D200 　　　　#0121 　　　　D300	当 0.01 为 ON 时，将 D200 中位 1～位 3 的 3 位十六进制数转换为 ASCII 代码，并存储在从 D300 高位字节开始的 3 字节中。

5.4.8 ASCII→HEX 转换

指 令	梯 形 图	指 令 描 述	参 数 说 明	指 令 说 明
HEX	HEX S C D	根据控制数据（C）的设定，将通道数据的指定内容作为 ASCII 数据处理，然后将与之对应的十六进制数据输出到指定通道中。	S：转换数据低位通道编号。 C：控制数据。 D：转换结果输出通道编号。	（1）可以使用在块程序区域、工序步进程序区域、子程序区域、中断任务程序区域。 （2）在转换结果输出通道的数据之中，将保持非输出对象位置的数据。 （3）当 S 的 ASCII 代码数据出现奇偶校验错误或 C 中的数据不在范围内时，ER 标志为 ON。

【应用范例】ASCII→HEX 转换指令应用实例

梯形图程序	程 序 说 明
0.01 ─┤├─ HEX 　　　　D200 　　　　#0121 　　　　D300	当 0.01 为 ON 时，将 D200、D201 中数据视为 ASCII 代码数据，根据#0121，将从 D200 高位字节开始的 3 字节（3 个 ASCII 代码）转换为十六进制数，存储在 D300 的位 1～位 3 中。

5.4.9　位列→位行转换

指　令	梯　形　图	指　令　描　述	参　数　说　明	指　令　说　明
LINE	LINE S N D	在指定的 16 通道数据中，将指定位的数据设置在其他指定通道的相应位。 　从 S 指定的转换数据低位通道编号开始 16 通道的数据中抽取 N 指定的位位置的 ON/OFF 内容，作为 16 位的数据输出到 D 中。	S：转换数据低位通道编号。 N：位指定数据。 D：转换结果输出通道编号。	（1）可以使用在块程序区域、工序步进程序区域、子程序区域、中断任务程序区域。 （2）当 N 中的内容不在 0000H～000FH 的范围内时，ER 标志为 ON。 （3）转换后，若 D 的内容为 0000H，=标志为 ON。

【应用范例】 位列→位行转换指令应用实例

梯形图程序	程　序　说　明
0.01 ┤├─── LINE 　　　　　 D200 　　　　　 &6 　　　　　 D300	当 0.01 为 ON 时，将 D200～D215 的位 6 的数据作为 bit 0～bit 15 数据输出到 D300 中。

5.4.10　位行→位列转换

指　令	梯　形　图	指　令　描　述	参　数　说　明	指　令　说　明
COLM	COLM S D N	将指定通道的各位数据从其他指定通道中设置到 16 通道的指定位。 　将 S（16 位）的各位内容（bit 0～bit 15）分别输出到 D 指定的转换结果输出低位通道编号开始 16 通道的数据的指定位置（N）。转换结果输出通道的指定位之外的数据不变（保持原样）。	S：转换数据通道编号。 D：转换结果输出低位通道编号。 N：位指定数据。	（1）可以使用在块程序区域、工序步进程序区域、子程序区域、中断任务程序区域。 （2）当 N 中的内容不在 0000H～000FH 的范围内时，ER 标志为 ON。 （3）转换后，若 D～D+15 的指定位（N）全部为 0，=标志为 ON。

【应用范例】 位行→位列转换指令应用实例

梯形图程序	程　序　说　明
0.01 ┤├─── COLM 　　　　　 D300 　　　　　 D200 　　　　　 #0006	当 0.01 为 ON 时，将 D300 的 bit 0～bit 15 的数据作为 D200～D215 的 bit 6 的数据进行传送。

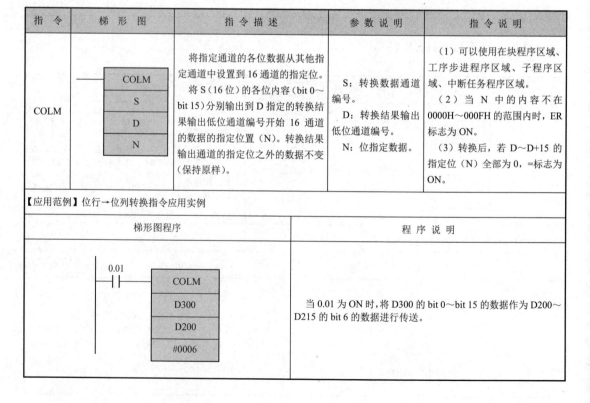

5.4.11 带符号 BCD→BIN 转换

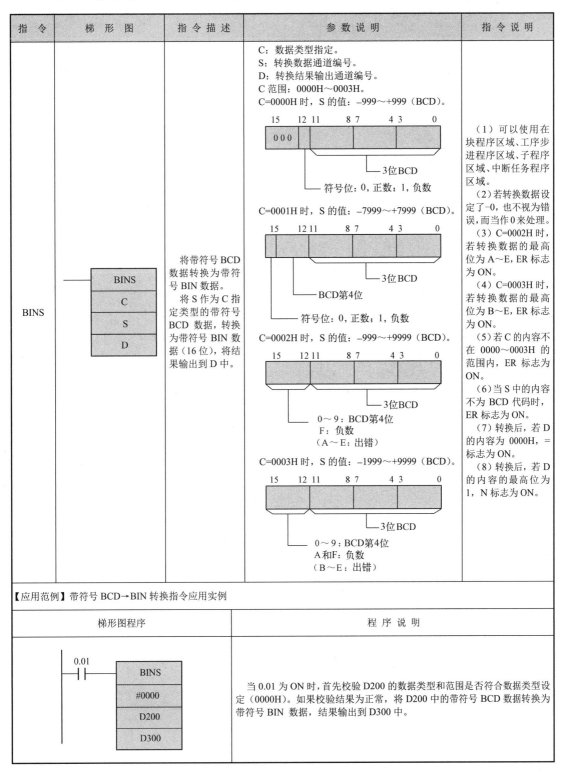

指　令	梯　形　图	指令描述	参　数　说　明	指　令　说　明
BINS	BINS C S D	将带符号 BCD 数据转换为带符号 BIN 数据。 将 S 作为 C 指定类型的带符号 BCD 数据，转换为带符号 BIN 数据（16 位），将结果输出到 D 中。	C：数据类型指定。 S：转换数据通道编号。 D：转换结果输出通道编号。 C 范围：0000H～0003H。 C=0000H 时，S 的值：–999～+999（BCD）。 C=0001H 时，S 的值：–7999～+7999（BCD）。 C=0002H 时，S 的值：–999～+9999（BCD）。 C=0003H 时，S 的值：–1999～+9999（BCD）。	（1）可以使用在块程序区域、工序步进程序区域、子程序区域、中断任务程序区域。 （2）若转换数据设定了–0，也不视为错误，而当作 0 来处理。 （3）C=0002H 时，若转换数据的最高位为 A～E，ER 标志为 ON。 （4）C=0003H 时，若转换数据的最高位为 B～E，ER 标志为 ON。 （5）若 C 的内容不在 0000～0003H 的范围内，ER 标志为 ON。 （6）当 S 中的内容不为 BCD 代码时，ER 标志为 ON。 （7）转换后，若 D 的内容为 0000H，= 标志为 ON。 （8）转换后，若 D 的内容的最高位为 1，N 标志为 ON。

【应用范例】带符号 BCD→BIN 转换指令应用实例

梯形图程序	程　序　说　明
0.01 BINS #0000 D200 D300	当 0.01 为 ON 时，首先校验 D200 的数据类型和范围是否符合数据类型设定（0000H）。如果校验结果为正常，将 D200 中的带符号 BCD 数据转换为带符号 BIN 数据，结果输出到 D300 中。

5.4.12　带符号 BCD→BIN 倍长转换

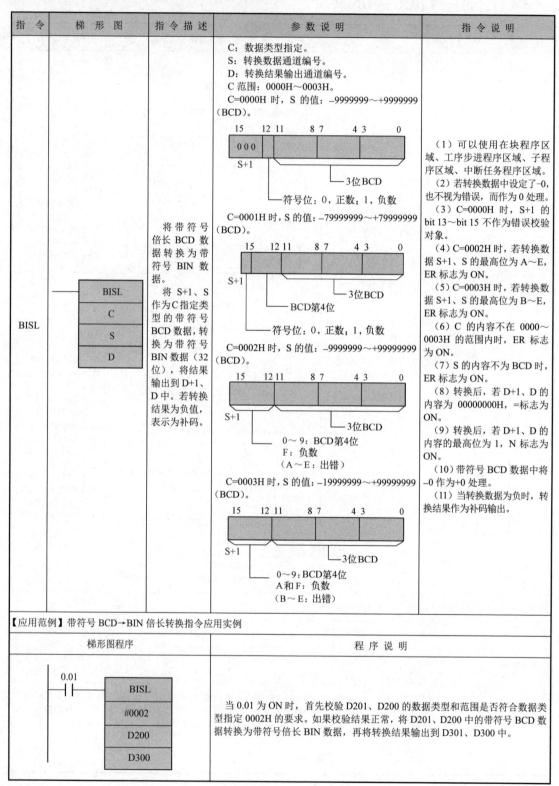

指　令	梯　形　图	指令描述	参 数 说 明	指 令 说 明
BISL	BISL C S D	将带符号倍长 BCD 数据转换为带符号 BIN 数据。 将 S+1、S 作为 C 指定类型的带符号 BCD 数据，转换为带符号 BIN 数据（32 位），将结果输出到 D+1、D 中。若转换结果为负值，表示为补码。	C：数据类型指定。 S：转换数据通道编号。 D：转换结果输出通道编号。 C 范围：0000H～0003H。 C=0000H 时，S 的值：–9999999～+9999999（BCD）。 C=0001H 时，S 的值：–79999999～+79999999（BCD）。 C=0002H 时，S 的值：–9999999～+99999999（BCD）。 C=0003H 时，S 的值：–19999999～+99999999（BCD）。	（1）可以使用在块程序区域、工序步进程序区域、子程序区域、中断任务程序区域。 （2）若转换数据中设定了–0，也不视为错误，而作为 0 处理。 （3）C=0000H 时，S+1 的 bit 13～bit 15 不作为错误校验对象。 （4）C=0002H 时，若转换数据 S+1、S 的最高位为 A～E，ER 标志为 ON。 （5）C=0003H 时，若转换数据 S+1、S 的最高位为 B～E，ER 标志为 ON。 （6）C 的内容不在 0000～0003H 的范围内时，ER 标志为 ON。 （7）S 的内容不为 BCD 时，ER 标志为 ON。 （8）转换后，若 D+1、D 的内容为 00000000H，=标志为 ON。 （9）转换后，若 D+1、D 的内容的最高位为 1，N 标志为 ON。 （10）带符号 BCD 数据中将–0 作为+0 处理。 （11）当转换数据为负时，转换结果作为补码输出。

【应用范例】带符号 BCD→BIN 倍长转换指令应用实例

梯形图程序	程 序 说 明
0.01 ├─┤├───　BISL 　　　　　#0002 　　　　　D200 　　　　　D300	当 0.01 为 ON 时，首先校验 D201、D200 的数据类型和范围是否符合数据类型指定 0002H 的要求。如果校验结果正常，将 D201、D200 中的带符号 BCD 数据转换为带符号倍长 BIN 数据，再将转换结果输出到 D301、D300 中。

5.4.13　带符号 BIN→BCD 转换

指　令	梯　形　图	指令描述	参数说明	指　令　说　明
BCDS	BCDS C S D	将带符号 BIN 数据转换为带符号 BCD 数据。 将 S 指定的带符号 BIN 数据（16 位）转换为 C 指定的类型的带符号 BCD 数据，将结果输出到 D 中。	C：数据类型指定。 S：转换数据通道编号。 D：转换结果输出通道编号。 C 范围：0000H～0003H。 C=0000H 时，S 的值：0000H～03E7H、FC19H～FFFFH。 C=0001H 时，S 的值：0000H～1F3FH、E0C1H～FFFFH。 C=0002H 时，S 的值：0000H～270FH、FC19H～FFFFH。 C=0003H 时，S 的值：0000H～270FH、F831H～FFFFH。 C=0000H 时，D 的值：−999～+999（BCD）。 C=0001H 时，D 的值：−7999～+7999（BCD）。 C=0002H 时，D 的值：−999～+9999（BCD）。 C=0003H 时，D 的值：−1999～+9999（BCD）。 	（1）可以使用在块程序区域、工序步进程序区域、子程序区域、中断任务程序区域。 （2）C=0000H 时，若转换数据不在 0000H～03E7H 或 FC19H～FFFFH 的范围内，ER 标志为 ON。 （3）C=0001H 时，若转换数据不在 0000H～1F3FH 或 E0C1H～FFFFH 的范围内，ER 标志为 ON。 （4）C=0002H 时，若转换数据不在 0000H～270FH 或 FC19H～FFFFH 的范围内，ER 标志为 ON。 （5）C=0003H 时，若转换数据不在 0000H～270FH 或 F831H～FFFFH 的范围内，ER 标志为 ON。 （6）若 C 的内容不在 0000H～0003H 的范围内，ER 标志为 ON。 （7）转换后，若 D 的内容为 0000H，=标志为 ON。 （8）C=0000H 或 0001H 时，转换后，若 D 的符号位为 1，N 标志为 ON。 （9）C=0002H 时，转换后，若 D 的最高位为 FH，N 标志为 ON。 （10）C=0003H 时，转换后，若 D 的最高位为 FH 或 AH 时，N 标志为 ON。

5.4.14　带符号 BIN→BCD 倍长转换

指　令	梯形图	指令描述	参数说明	指令说明
BDSL	BDSL C S D	将带符号倍长 BIN 数据转换为带符号 BCD 数据。 将 S+1、S 指定的带符号 BIN 数据（32位）转换为 C 指定的类型的带符号 BCD 数据，将结果输出到 D+1、D 中。	C：数据类型指定。 S：转换数据通道编号。 D：转换结果输出通道编号。 C 范围：0000H～0003H。 C=0000H 时，S 的值：00000000H～0098967FH、FF676981H～FFFFFFFFH。 C=0001H 时，S 的值：00000000H～04C4B3FFH、FB3B4C01H～FFFFFFFFH。 C=0002H 时，S 的值：00000000H～05F5E0FFH、FF676981H～FFFFFFFFH。 C=0003H 时，S 的值：00000000H～05F5E0FFH、FECED301H～FFFFFFFFH。 C=0000H 时，D 的值：−9999999～+9999999（BCD）。 C=0001H 时，D 的值：−79999999 ～ +79999999（BCD）。C=0002H 时，D 的值：−9999999～+99999999（BCD）。C=0003H 时，D 的值：−19999999 ～ +99999999（BCD）。	（1）可以使用在块程序区域、工序步进程序区域、子程序区域、中断任务程序区域。 （2）C=0000H 时，若转换数据不在 00000000H～0098967FH 或 FF676981H～FFFFFFFFH 的范围内，ER 标志为 ON；C=0001H 时，若转换数据不在 00000000H～04C4B3FFH 或 FB3B4C01H～FFFFFFFFH 的范围内，ER 标志为 ON；C=0002H 时，若转换数据不在 00000000H～05F5E0FFH 或 FF676981H～FFFFFFFFH 的范围内，ER 标志为 ON；C=0003H 时，若转换数据不在 00000000H～05F5E0FFH 或 FECED301H～FFFFFFFFH 的范围内，ER 标志为 ON。 （3）C 的内容不在 0000H～0003H 的范围内时，ER 标志为 ON。 （4）转换后，若 D 的内容为 0000H，= 标志为 ON。 （5）C=0000H 或 0001H 时，转换后，若 D 的符号位为 1，N 标志为 ON；C=0002H 时，转换后，若 D 的最高位为 FH，N 标志为 ON；C=0003H 时，转换后，若 D 的最高位为 FH 或 AH，N 标志为 ON。 （6）带符号 BCD 数据中−0 作为+0 处理。

【应用范例】带符号 BIN→BCD 倍长转换指令应用实例

梯形图程序	程　序　说　明
0.01 ┤├　BDSL #0003 D200 D300	当 0.01 为 ON 时，首先校验 D201、D200 的数据范围是否符合数据类型指定 0003H 的要求。如果校验结果正常，将 D201、D200 中的带符号倍长 BIN 数据转换为带符号倍长 BCD 数据，再将转换结果输出到 D301、D300 中。

5.4.15 格雷码转换

指 令	梯 形 图	指 令 描 述	参 数 说 明	指 令 说 明
GRY	PID S C D	根据指定的分辨率，将指定通道内的格雷码数据转换为 BIN 数据、BCD 数据、角度（°）数据。 根据 C 所设定的分辨率及以下转换模式（BIN、BCD、360°），对 S 指定的通道内的格雷码数据进行转换，将结果输出到 D。 BIN 模式：将格雷码转换为 BIN 数据（二进制数转化为十六进制数 00000000H~00007FFFH），对其进行原点及剩余补正，输出到 D。 BCD 模式：将格雷码转换为 BIN 数据（二进制数转化为十六进制数），对其进行原点及剩余补正，进一步转换为 BCD 数据（二进制数转化为十进制数 00000000~00032767），输出到 D。 360° 模式：将格雷码转换为 BIN 数据（二进制数转化为十六进制数），对其进行原点及剩余补正，进一步转换为角度数据（00000000~00003599，对应 0.0°~359.9°），输出到 D。	C：控制数据。 S：格雷码数据。 D：转换结果输出低位通道编号。	（1）可以使用在块程序区域、工序步进程序区域、子程序区域、中断任务程序区域。 （2）一般用于通过 DC 输入单元读取格雷码输出型绝对编码器发出的并行信号（2^n）。 （3）S 指定的通道分配到输入单元的通道时，转换对象输入数据会变成最大 1 个 CPU 单元周期之前的格雷码数据。

【应用范例】格雷码转换指令应用实例

梯形图程序	程 序 说 明
0.01 ⊣⊢—— GRY D0 2000 D300	当 0.01 为 ON 时，将保存在通道 2000 中的格雷码数据根据控制数据（D0）的内容进行转换，将结果输出到 D300。

5.5 数据控制指令

5.5.1 PID 运算

指 令	梯 形 图	指 令 描 述	参 数 说 明	指 令 说 明
PID	PID S C D	根据指定的参数进行 PID 运算，即根据 C 所指定的参数（设定值、PID 常数等），对 S 进行测定值输入的 PID 运算（目标值滤波型 2 自由度 PID 运算），将 D 输出到操作量。 当输入上升沿（OFF→ON）到来时，读取参数，如果在正常范围外，ER 标志为 ON；如果在正常范围内，则将此时的操作量作为初始值 PID 处理。 当输入条件为 ON 时，将每个指定取样周期的测定值作为输入，进行运算。	S：测定值输入通道编号。 C：PID 参数保存低位通道编号。 C：设定值（SV），控制对象的目标值。 C+1：比例带（P）。 C+2：积分常数（TiK）。 C+3：微分常数（TdK）。 C+4：取样周期（τ）。 C+5 的 bit 4~bit 15：2-PID 参数（α），输入滤波系数，通常使用 0.65，值越接近 0，滤波器效果越弱。 C+5 的 bit 3：操作量输出指定，指定测定值=设定值时的操作量。 C+5 的 bit 1：PID 常数，指定在何时将 P、TiK、TdK 的各参数反映到 PID 运算。	（1）PID 指令将输入条件的上升沿视为 STOP→RUN 而执行。输入条件上升沿到来时，对 C+9~C+38 进行初始化（清空），若下一周期输入条件保持 ON，将执行 PID 运算。因此，将常 ON 作为 PID 指令的输入条件时，应另行设置在运转开始时对 C+9~C+38 进行初始化（清空）处理。 （2）C 的数据（设定值以外）不在范围内时，会发生错误，ER 标志为 ON。 （3）实际的取样周期超过设定的取样周期的 2 倍时，会发生错误，ER 标志为 ON。但此时仍进行 PID 运算。 （4）已执行 PID 运算时，CY 标志为 ON。

指　令	梯　形　图	指　令　描　述	参　数　说　明	指　令　说　明
PID	 　　PID 　　S 　　C 　　D	当输入条件为 OFF 时，PID 运算停止。D 的操作量保持此时的值。必须变更时，通过梯形图程序或手动操作进行变更。	C+5 的 bit 0：操作量正、逆动作切换指定，决定比例动作方向的参数。 C+6 的 bit 12：操作量限位控制指定。 C+6 的 bit 8~bit 11：输入范围，输入数据的位数。 C+6 的 bit 4~bit 7：指定积分常数、微分常数的时间单位。 C+6 的 bit 0~bit 3：输出范围，输出数据的位数。 C+7：操作量限位下限值。 C+8：操作量限位上限值。 D：操作量输出通道编号。	（5）已经过 PID 运算的操作高于操作量限位上限值时，>标志为 ON。此时，结果以操作量限位上限值输出。 （6）已经过 PID 运算的操作低于操作量限位下限值时，<标志为 ON。此时，结果以操作量限位下限值输出。 （7）使用区域：工序步进程序区域和子程序区域。 （8）执行条件：输入条件为 ON 时每周期执行。

【应用范例】PID 运算指令应用实例

梯形图程序	程序说明
0.00 　─┤├─　　PID 　　　　　　1000 　　　　　　D100 　　　　　　2000	当 0.00 上升沿到来（OFF→ON）时，根据设定在 D100~D108 中的参数，进行 PID 运算。D109~D138 的工作区域的初始化（清空）。初始化结束后，进行 PID 运算，将操作量输入到通道 2000。 　　当 0.00 为 ON 时，根据设定在 D100~D108 中的参数，以取样周期的间隔执行 PID 运算，将操作量输出到通道 2000。 　　比例带（P）、积分常数（TiK）、微分常数（TdK）的参数变更，在 0.00 变为 ON 后，不反映在 PID 运算中。

5.5.2　自整定 PID 运算

指　令	梯　形　图	指　令　描　述	参　数　说　明	指　令　说　明
PIDAT	 　　PIDAT 　　S 　　C 　　D	根据指定的参数进行 PID 运算。可以执行 PID 常数的自整定（AT），即根据 C 所指定的参数（设定值、PID 常数等）进行将 S 作为测定值输入的 PID 运算（目标值滤波型 2 自由度 PID 运算），将 D 输出到操作量。 　　当输入上升沿（OFF→ON）到来时，读取参数，如果在正常范围外，将 ER 标志置于 ON；如果在正常范围内，将此时的操作作为初始值，进行 PID 处理。 　　当输入条件为 ON 时，将每个指定取样周期的测定值作为输入，进行运算。	S：测定值输入通道编号。 C：PID 参数保存低位通道编号。 C：设定值（SV），控制对象的目标值。 C+1：比例带（P）。 C+2：积分常数（TiK）。 C+3：微分常数（TdK）。 C+4：取样周期（τ）。 C+5 的 bit 4~bit 15：2-PID 参数（α），输入滤波系数，通常使用 0.65，值越接近 0，滤波器效果越弱。 C+5 的 bit 3：操作量输出指定，指定测定值等于设定值时的操作量。 C+5 的 bit 1：PID 常数，指定在何时将 P、TiK、TdK 等参数反映到 PID 运算。 C+5 的 bit 0：操作量正、逆动作切换指定，决定比例动作方向的参数。 C+6 的 bit 12：操作量限位控制指定。 C+6 的 bit 8~bit 11：输入范围，输入数据的位数。 C+6 的位 bit 4~bit 7：指定积分常数、微分常数的时间单位。 C+6 的 bit 0~bit 3：输出范围，输出数据的位数。 C+7：操作量限位下限值。 C+8：操作量限位上限值。	（1）PIDAT 指令将输入条件的上升沿视为 STOP→RUN 而执行。输入条件上升沿到来时，将 C+11~C+38 初始化（清除）后，若下一周期输入条件为 ON，执行 PIDAT 指令。因此，将常态 ON 作为 PIDAT 指令的输入条件时，应另行设置将 C+11~C+38 在运转开始时进行初始化（清除）处理。 　　（2）C 的数据（设定值除外）不在范围内时，会发生错误，ER 标志为 ON。 　　（3）自整定执行时，若发生了异常，ER 标志为 ON。 　　（4）PID 运算执行中，若实际取样周期超过设定取样周期的 2 倍，会发生错误，ER 标志为 ON。但此时仍进行 PID 运算。 　　（5）已执行 PID 运算时，CY 标志为 ON。 　　（6）已经过 PID 运算的操作量高于操作量限位上限值时，>标志为 ON。此时，结果以操作量限位上限值输出。

续表

指　令	梯　形　图	指令描述	参数说明	指令说明
PIDAT		当输入条件为 OFF 时，停止 PID 运算。D 的操作量保持此时的值。有必要变更时，运用梯形图程序或手动操作进行变更。	C+9 的 bit 15：同时兼具 PID 常数的自整定执行指令和自整定执行中标志作用；自整定执行时，设置为 1（即使执行 PIDAT 指令时也有效）；自整定结束后，自动返回 0。 C+9 的 bit 0～bit 11：自整定计算增益，对通过自整定进行的 PID 调整的计算结果的自动存储值的补给度，通过用户定义进行调整时加以设定。通常在默认值下进行使用。 C+10：限位周期滞后。 D：操作量输出通道编号。	（7）已经过 PID 运算的操作量低于操作量限位下限值时，＜标志为 ON。此时，结果以操作量限位下限值输出。 （8）使用区域：工序步进程序区域和子程序区域。 （9）执行条件：输入条件为 ON 时每周期执行。

【应用范例】自整定 PID 运算指令应用实例

梯形图程序	程序说明
0.00 ├┤├─ PIDAT 　　S　1000 　　C　D200 　　D　2000 W0.00 ├┤├─ SETB 　　　　D209 　　　　#000F PID 指令执行后，在其他条件下执行自整定	当 0.00 上升沿（OFF→ON）到来时，根据设定在 D200～D208 中的参数，进行 D211～D240 的工作区域的初始化（清空）。初始化结束后，进行 PID 运算，将操作量输出到通道 2000。 当 0.00 为 ON 时，根据设定在 D200～D210 中的参数，以取样周期的间隔执行 PID 运算，将操作量输出到通道 2000。 在 0.00 上升沿后，比例带（P）、积分常数（TiK）、微分常数（TdK）的参数变更，不反映在 PID 运算中。 当 W0.00 从 ON 下降到 OFF 时，根据 SETB 指令，将 D209（C+9）的 bit 15 设为 1（ON），开始自整定执行。自整定执行结束后，在 C+1、C+2、C+3 中分别设置计算出的 P、I、D 常数，根据该 PID 常数执行 PID 运算。
0.00 ├┤├─ PIDAT 　　　　1000 　　　　D100 　　　　2000 PID 指令执行时立即执行自整定	当 0.00 为 ON 时，若 D109（C+9）的 bit 15 为 1（ON），先执行自整定。自整定执行结束后，在 C+1、C+2、C+3 中分别设置计算出的 P、I、D 常数，根据该 PID 常数执行 PID 运算。
0.00 ├┤├─ PIDAT 　　　　1000 　　　　D100 　　　　2000 自整定执行中终止自整定	在自整定执行过程中，将 D109（C+9）的 bit 15 从 1（ON）转为 0（OFF），自整定被终止，通过自整定执行开始之前的 PID 常数，重新开始 PID 运算。

5.5.3　上/下限控制

指　令	梯　形　图	指　令　描　述	参　数　说　明	指　令　说　明
LMT	LMT S C D	根据输入数据是否位于上、下限数据的范围内来控制输出数据，即对于 S（带符号 BIN 数据），若下限数据≤S≤上限数据，将 S 输出到 D；若 S>上限数据，将上限数据输出到 D；若 S<下限数据，将下限数据输出到 D。	S：输入通道编号。 C：限位数据低位通道编号。 D：输出通道编号。	（1）C 及 C+1 必须为同一区域种类。 （2）当上限数据<下限数据时，会发生错误，ER 标志为 ON。 （3）当 S>上限数据时，>标志为 ON。 （4）当输出 D 的内容为 0000H 时，=标志为 ON。 （5）当 S<下限数据时，<标志为 ON。 （6）当输出 D 的内容的最高位为 1 时，N 标志为 ON。 （7）使用区域：块程序区域、工序步进程序区域、子程序区域和中断任务程序区域。 （8）执行条件：输入条件为 ON 时，每个周期均执行；输入条件为 OFF→ON 时，仅在一周期内执行。

【应用范例】上/下限控制指令应用实例

梯形图程序	程　序　说　明
0.00 ┤├──　LMT 　　　　D100 　　　　D200 　　　　D300 D200：0064H（100） D201：012CH（300）	若 D100 中的数据<下限数据 0064H（100），D300 中输出 0064H（100）。 　若 D100 中的数据在下限数据 0064H（100）与上限数据 012CH（300）之间，D300 中输出 D100 中的数据。 　若 D100 中的数据>上限数据 012CH（300），D300 中输出 012CH（300）。

5.5.4　死区控制

指　令	梯　形　图	指　令　描　述	参　数　说　明	指　令　说　明
BAND	BAND S C D	根据输入数据是否位于上、下限数据（不敏感带）的范围内来控制输出数据，即对于 S 所指定的数据（带符号 BIN 数据），当下限数据<S<上限数据时（在不敏感带内），将 0000H 输出到 D；当 S>上限数据时，将 S 所指定的数据减去上限数据输出到 D；当 S<下限数据时，将 S 所指定的数据减去下限数据输出到 D。	S：输入通道编号。 C：上、下限数据低位通道编号。 D：输出通道编号。	（1）C 及 C+1 必须为同一区域种类。 （2）当上限数据<下限数据时，会发生错误，ER 标志为 ON。 （3）当 S>上限数据时，>标志为 ON。 （4）当输出 D 的内容为 0000H 时，=标志为 ON。 （5）当 S<下限数据时，<标志为 ON。 （6）当输出 D 的内容的最高位为 1 时，N 标志为 ON。 （7）使用区域：块程序区域、工序步进程序区域、子程序区域和中断任务程序区域。 （8）执行条件：输入条件为 ON 时，每个周期均执行；输入条件为 OFF→ON 时，仅在一个周期内执行。

【应用范例】死区控制指令应用实例

梯形图程序	程　序　说　明
0.00 ┤├──　BAND 　　　　D100 　　　　D200 　　　　D300 D200：0064H（100） D201：012CH（300）	若 D100 中的数据<下限数据 0064H（100），将 D100 中的数据减去 0064H（100）后输出到 D300。 　若 D100 中的数据在下限数据 0064H（100）与上限数据 012CH（300）之间，将 0 输出到 D300。 　若 D100 中的数据>上限数据 0064H（300），将 D100 中的数据减去 012CH（300）后输出到 D300。

5.5.5 静区控制

指 令	梯 形 图	指 令 描 述	参 数 说 明	指 令 说 明
ZONE	ZONE S C D	将指定的偏置值附加到输入数据中进行输出，即对于 S 所指定的输入数据（带符号 BIN 数据），当输入数据<0 时，将输入数据加上负的偏置值（C+0）输出到 D；当输入数据>0 时，将输入数据加上正的偏置值（C+1）输出到 D；当输入数据=0 时，将 0000H 输出到 D。	S：输入通道编号。 C：偏置数据低位通道编号。 D：输出通道编号。	（1）当正的偏置值<负的偏置值时，会发生错误，ER 标志为 ON。 （2）当 S>0000H 时，>标志为 ON。 （3）当输出 D 的内容为 0000H 时，=标志为 ON。 （4）当 S<0000H 时，<标志为 ON。 （5）当输出 D 的内容的最高位为 1 时，N 标志为 ON。 （6）使用区域：块程序区域、工序步进程序区域、子程序区域和中断任务程序区域。 （7）执行条件：输入条件为 ON 时，每个周期均执行；输入条件为 OFF→ON 时，仅在一个周期内执行。

【应用范例】静区控制指令实例

梯形图程序		程 序 说 明
0.00 ┤├	ZONE D100 D200 D300	在 0.00 为 ON 的条件下，对于 D100 的值（带符号 BIN 数据）：当该值小于 0 时，将加上−100 的值存储到 D300；当该值为 0 时，将 0000H 存储到 D300；当该值大于 0 时，将加上+100 的值存储到 D300。
	D200：FF9CH（−100） D201：0064H（+100）	

5.5.6 时间比例输出

指 令	梯 形 图	指 令 描 述	参 数 说 明	指 令 说 明
TPO	TPO S C R	输入指定通道内的占空比或操作量，根据指定参数，将占空比转换为时间比例输出，将结果输出到指定的接点。 输入 S 所指定的通道编号内的占空比或操作量，根据 C～C+3 所指定的参数，将占空比转换为时间比例输出，脉冲输出到 R 所指定的接点。 所谓时间比例输出，是指根据输入值（S）按比例来变更 ON 和 OFF 的时间比的输出。变更 ON 和 OFF 的时间比的周期称为"控制周期"，指定为 C+1。例如，当控制周期=1s 时，若输入值为 50%，则 0.5s 时间为 ON、0.5s 时间为 OFF；若输入值为 80%，则 0.8s 时间为 ON、0.2s 时间为 OFF。	S：输入任务比或操作量存储通道编号，其范围：输入任务比为 0000H～2710H（0.00～100.00%）。 输入操作量为 0000H～FFFFH（0～65535）（根据 C 的位 00H～03H，指定作为有效位数的操作量范围，使之与 PID 运算指令的操作量输出的输出范围一致）。 C：参数存储低位通道编号。 C 的 bit 0～bit 3：操作量范围，输入数据的位数。 C 的 bit 4～bit 7：输入种类指定，输入的数据选择是任务比还是操作量。 C 的 bit 8～bit 11：输入读取定时指定。 C 的 bit 12～bit 15：输出限位功能指定。 C+1：控制周期（改变 ON 和 OFF 的时间比的周期）。 C+2：输出下限值。 C+3：输出上限值。 C+4～C+6：工作区域。 R：脉冲输出继电器编号。通常指定晶体管输出单元的分割接点，在该晶体管输出单元上连接 SSR（固态继电器）。	（1）输出限位控制指定有效时，对各值进行如下设定：0000H≤输出下限值≤输出上限值≤2710H。 （2）使用区域：工序步进程序区域、子程序区域和中断任务程序区域。 （3）执行条件：输入条件为 ON 时，每个周期均执行。

指　令	梯　形　图	指　令　描　述	参　数　说　明	指　令　说　明

【应用范例】 时间比例输出指令应用实例

梯形图程序	程　序　说　明
0.00 PID S　1000 C　D200 D　D0 TPO S　D0 C　D5000 R　100.05 与 PID 运算指令组合使用	当 0.00 为 ON 时，输入来自 PID 运算指令的输出操作量（存储到 D0），以此为基础，计算占空比（操作量÷操作量范围），将其转换为时间比例输出，脉冲输出到 100.05。同时，将晶体管输出单元分割到通道 1000 中，在该位 01 的端子上连接 SSR，进行加热器控制。 当 0.00 由 OFF 上升为 ON 时，读取参数，将通道 1000 作为测定值（PV），开始 PID 运算，存储到操作量（MV）D0 中。 用存储到 D0 中的操作量（MV）除以操作量范围后得出的比值作为占空比，将其转换为时间比例输出，输出到 100.05。
0.00 TPO D10 D0 100.06 单独使用本指令	当 0.00 为 ON 时，输入 D10 内的占空比，将其转换为时间比例输出，脉冲输出到 100.06。

5.5.7　缩放 1

指　令	梯　形　图	指　令　描　述	参　数　说　明	指　令　说　明
SCL	SCL S C D	根据指定的一次函数，将无符号 BIN 数据缩放（转换）为无符号 BCD 数据，即将 S 所指定的无符号 BIN 数据，根据 C 所指定的参数（A、B 两点缩放前后的值）所决定的一次函数，转换为无符号 BCD 数据，将结果输出到 D。 A、B 两点不仅可以形成正斜率，还可以形成负斜率。因此，可以实现逆缩放。	S：转换对象通道编号。 C：参数保存低位通道编号。 D：转换结果保存通道编号。	（1）转换结果小数点之后的数据四舍五入。 （2）若转换结果小于 0000，输出 0000；若大于 9999，输出 9999。 （3）若 C 和 C+2 的值不为 BCD，或者 C+1 和 C+3 的值相等，会发生错误，ER 标志为 ON。 （4）若转换结果 D 的内容为 0000H，=标志为 ON。 （5）使用区域：块程序区域、工序步进程序区域、子程序区域和中断任务程序区域。 （6）执行条件：输入条件为 ON 时，每个周期均执行。输入条件为 OFF→ON 时，仅在一个周期内执行。

【应用范例】 缩放 1 指令应用实例

梯形图程序	程　序　说　明
0.00 SCL D0 D200 D300	当 0.00 为 ON 时，将来自模拟输入单元 D0 值根据 D200 中 A、B 两点参数所决定的一次函数进行缩放，结果存储到 D300 中。

5.5.8　缩放 2

指　令	梯　形　图	指　令　描　述	参　数　说　明	指　令　说　明
SCL2	SCL2 S C D	根据带指定偏移值的一次函数，将带符号 BIN 数据缩放（转换）为带符号 BCD 数据，即将 S 所指定的带符号 BIN 数据，根据 C 指定的参数（斜率和偏移）所决定的一次函数，转换为带符号 BCD 数据（BCD 数据为绝对值，用 CY 标志判别正负，将结果输出到 D。 偏移可以是正数、0、负数。 斜率可以是正数、0、负数，因此可以实现逆缩放。	S：转换对象通道编号。 C：参数保存低位通道编号。 D：转换结果保存通道编号。	（1）转换结果小数点之后数据四舍五入。 （2）D（BCD 数据）表示绝对值，进位标志（CY）表示正、负。因此，转换结果在 -9999～+9999 的范围内输出。 （3）若转换结果超过上限（+9999），输出 +9999；若低于下限，输出 -9999。 （4）若 C+1（Δx）的数据为 0000H 时或 C+2（Δy）的数据不为 BCD 数据，会发生错误，ER 标志为 ON。 （5）若转换结果 D 的内容为 0000H，= 标志为 ON。 （6）若转换结果 D 中内容为负数，CY 标志为 ON。 （7）使用区域：块程序区域、工序步进程序区域、子程序区域和中断任务程序区域。 （8）执行条件：输入条件为 ON 时，每个周期均执行；输入条件为 OFF→ON 时，仅在一个周期内执行。

【应用范例】缩放 2 指令应用实例

梯形图程序	程　序　说　明
0.00 SCL2 2005 D200　　D200：07D0H D300　　D201：0FA0H 　　　　D202：0400H	当 0.00 为 ON 时，将来自模拟输入单元的通道 2005 的值根据偏移 = 07D0H、Δx=0FA0H、Δy=0400H 所决定的一次函数进行缩放，结果存储到 D300 中。

5.5.9　缩放 3

指　令	梯　形　图	指　令　描　述	参　数　说　明	指　令　说　明
SCL3	SCL3 S C D	根据指定的带偏移一次函数，将带符号 BCD 数据缩放（转换）为带符号 BIN 数据，即将 S 所指定的带符号 BCD 数据（BCD 数据为绝对值，用 CY 标志判别正负，根据 C 指定的参数（斜率和偏移）所决定的一次函数，转换为带符号 BIN 数据，将结果输出到 D。CY 标志应用 STC 指令（040）/CLC 指令（041）进行 ON/OFF 设置。 偏移可以是正数、0、负数。 斜率可以是正数、0、负数，因此可以实现逆缩放。	S：转换对象通道编号。 C：参数保存低位通道编号。 D：转换结果保存通道编号。	（1）S 的 BCD 数据表示绝对值，用指令执行时的进位标志（CY）来区别正负。因此，转换对象数据的范围为 -9999～+9999。 （2）转换结果小数点之后的数据四舍五入。 （3）若转换结果大于转换最大值（C+3），输出转换最大值；若小于转换最小值（C+4），输出转换最小值。 （4）若 S 的数据不为 BCD 数据或 C+1（Δx）的数据不为 0001～9999 的 BCD 数据，会发生错误，ER 标志为 ON。 （5）若转换结果 D 的内容为 0000H，= 标志为 ON。 （6）若转换结果 D 的内容的最高位为 1，N 标志为 ON。 （7）使用区域：块程序区域、工序步进程序区域、子程序区域和中断任务程序区域。 （8）执行条件：输入条件为 ON 时，每个周期均执行；输入条件为 OFF→ON 时，仅在一个周期内执行。

续表

【应用范例】缩放 3 指令应用实例

梯形图程序	程 序 说 明
0.00 —┤├— SCL3 / D0 / D200 / 2011 D200：0000H D201：0200H D202：0FA0H D203：1068H D204：FF38H	当 0.00 为 ON 时，将 D0 的值根据偏移=0000H、Δx=0200H、Δy=0FA0H 所决定的一次函数进行缩放，结果存储到 2011 通道中。

5.5.10　数据平均化

指　令	梯　形　图	指　令　描　述	参　数　说　明	指　令　说　明
AVG	AVG S1 S2 D	计算通道数据指定周期次数的平均值（无符号 BIN），即在更新指定的周期次数（S2）、存储指针（D+1 的 bit 0～bit 7）的同时，将 S1 所指定的无符号 BIN 数据作为原有的值依次存储到 D+2 之后。在这一过程中，S1 的数据直接输出到 D，将平均值有效标志（D+1 的 bit 15）设为 0（OFF）。指定周期次数（S2）的原有 S1 值被存储到 D+2 之后时，计算该原有值的平均值，将结果以无符号 BIN 数据输出到 D。此时，将平均值有效标志（D+1 的 bit 15）设为 1（ON）。 　以后每次扫描时，根据最新 S2 扫描部分数据计算平均值，结果输出到 D。指定周期次数（S2）最大为 64。如果原有值的存储指针达到 S2−1，则重新从 0 开始。平均值小数点后的数据四舍五入。	S1：当前值输入通道编号（对象通道编号）。 　S2：平均值运算循环次数，其范围为 0001H～0040H（1～64）。 　D：平均值保存低位通道编号。 　D+1：作业数据（用户不可写入）。	（1）在初次输入条件上升沿到来时，根据本指令，对作业数据（D+1）进行初始化（清空）。 　（2）若 S2（平均值计算周期次数）的数据为 0000H，会发生错误，ER 标志为 ON。 　（3）运转开始第 1 周期内，本指令在指令执行时不对作业数据（D+1）进行初始化。因此，从运转开始第 1 周期开始执行本指令时，应根据程序清空 D+1。 　（4）使用区域：工序步进程序区域、子程序区域和中断任务程序区域。 　（5）执行条件：输入条件为 ON 时，每个周期均执行。

【应用范例】数据平均化指令应用实例

梯形图程序	程 序 说 明
0.00 —┤├— AVG / D100 / D200 / 300 D200：000AH	当 0.00 为 ON 时，将 D100 的内容依次存储到 D200 的内容的扫描部分通道 302～311 的 10 通道，将该 10 通道的平均值存储到通道 300，将 301 通道的 bit 15 置于 ON。

5.6　表格数据处理指令

　　表格数据处理大致可以分为栈处理和表格处理两类。栈处理包括先入先出、先入后出、读取、更新、插入、删除、计数等处理。表格处理包括最大值/最小值检索、总和计算等处理，以及表格数据内的其他处理。

5.6.1 栈区域设定

指 令	梯 形 图	指 令 描 述	参 数 说 明	指 令 说 明
SSET	SSET D W	从指令通道中设定指定通道数的栈区域,即从 D 所指定的栈区域低位通道编号中确保以 W 所指定的区域通道数作为栈区域。在确保的栈区域开始 2 通道(D+1、D)中输出栈区域最终通道的 I/O 存储器有效地址(32 位),将随后的 2 通道(D+3、D+2)中数据作为栈指针输出栈区域开头+4 通道(D+4),即数据存储区域开始 I/O 存储器有效地址(32 位)。同时,数据存储区域 D+4~D+(W–1)全部清空。	D:栈区域低位通道编号。 D~D+3:栈管理信息(固定为 4 通道)。 D+4~D+(W–1):数据存储区域。 W:区域通道数。	(1)为了使区域通道数(W)中包含栈管理信息(栈区域最终存储器地址+栈指针),需要指定 5 以上的值。 (2)若 W 的内容不在 0005H~FFFFH 范围内,会发生错误,ER 标志为 ON。 (3)使用区域:块程序区域、工序步进程序区域、子程序区域和中断任务程序区域。 (4)执行条件:输入条件为 ON 时,每个周期均执行;输入条件为 OFF→ON 时,仅在一个周期内执行。

【应用范例】 栈区域设定指令应用实例

梯形图程序	程序说明
0.00 ├┤├──┤ SSET D0 &10	当 0.00 为 ON 时,将 D0~D9 的 10 通道作为栈区域设定。D0 与 D1 中自动存储区域最终通道的 I/O 存储器有效地址,D2 与 D3 中存储栈指针的 I/O 存储器有效地址(栈区域开头的 D4 的 I/O 存储器有效地址被自动存储)。

5.6.2 栈数据存储

指 令	梯 形 图	指 令 描 述	参 数 说 明	指 令 说 明
PUSH	PUSH D S	在指定的栈区域中存储数据,即在 D 所指定的栈区域的栈指针(D+3 和 D+2)所指示的地址中输出 S 所指定的数据(1 通道),栈指针+1。	D:栈区域低位通道编号。 D~D+3:栈管理信息(固定为 4 通道)。 D+4~D+(S–1):数据存储区域。 S:存储数据通道编号。	(1)指令执行时,若栈指针的值比栈存储区域最终通道的 I/O 存储器有效地址(D+1 和 D+0)大(栈溢出),将发生错误。 (2)栈区域必须根据 SSET 指令事先加以设定。 (3)使用区域:块程序区域、工序步进程序区域、子程序区域和中断任务程序区域。 (4)执行条件:当输入条件为 ON 时,每个周期均执行;当输入条件为 OFF→ON 时,仅在一个周期内执行。

【应用范例】 栈数据存储指令应用实例

梯形图程序	程 序 说 明
0.00 ├┤├──┤ PUSH D0 D300	当 0.00 为 ON 时,将 D300 的内容存储到 D0 开始的栈区域当前栈指针所表示的位置。当前栈指针表示 D7 时,存储到 D7。

5.6.3　先入后出

指　令	梯 形 图	指 令 描 述	参 数 说 明	指 令 说 明
LIFO	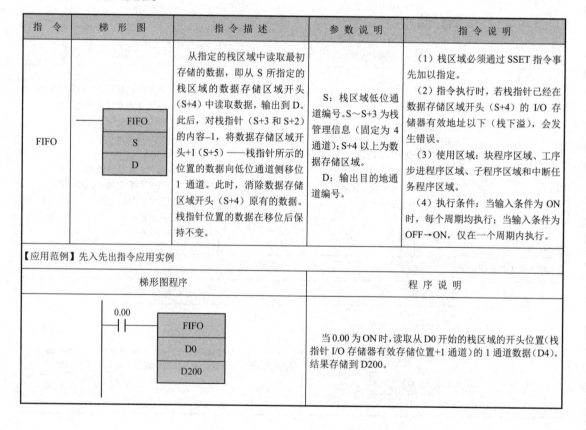 LIFO S D	从指定的栈区域中读取最后存储的数据，即对 S 所指定的栈区域的栈指针（S+3 和 S+2）数据–1，从该地址中读取数据后输出到 D。读取位置的内容保持不变。	S：栈区域低位通道编号。S～S+3 为栈管理信息（固定为 4 通道）；S+4 以上为数据存储区域。 D：输出目的地通道编号。	（1）栈区域必须通过 SSET 指令事先加以指定。 （2）指令执行时，若栈指针已经在数据存储区域开头（S+4）的 I/O 存储器有效地址以下（栈下溢），会发生错误。 （3）使用区域：块程序区域、工序步进程序区域、子程序区域和中断任务程序区域。 （4）执行条件：当输入条件为 ON 时，每个周期均执行；当输入条件为 OFF→ON 时，仅在一个周期内执行。

【应用范例】先入后出指令应用实例

梯形图程序	程 序 说 明
0.00 ├─┤├─── LIFO 　　　　　D0 　　　　　D200	当 0.00 为 ON 时，读取从 D0 开始的栈区域的栈指针减 1 的 1 通道数据（D6），结果存储到 D200。

5.6.4　先入先出

指　令	梯 形 图	指 令 描 述	参 数 说 明	指 令 说 明
FIFO	FIFO S D	从指定的栈区域中读取最初存储的数据，即从 S 所指定的栈区域的数据存储区域开头（S+4）中读取数据，输出到 D。此后，对栈指针（S+3 和 S+2）的内容–1，将数据存储区域开头+1（S+5）——栈指针所示的位置的数据向低位通道侧移位 1 通道。此时，消除数据存储区域开头（S+4）原有的数据。栈指针位置的数据在移位后保持不变。	S：栈区域低位通道编号。S～S+3 为栈管理信息（固定为 4 通道）；S+4 以上为数据存储区域。 D：输出目的地通道编号。	（1）栈区域必须通过 SSET 指令事先加以指定。 （2）指令执行时，若栈指针已经在数据存储区域开头（S+4）的 I/O 存储器有效地址以下（栈下溢），会发生错误。 （3）使用区域：块程序区域、工序步进程序区域、子程序区域和中断任务程序区域。 （4）执行条件：当输入条件为 ON 时，每个周期均执行；当输入条件为 OFF→ON，仅在一个周期内执行。

【应用范例】先入先出指令应用实例

梯形图程序	程 序 说 明
0.00 ├─┤├─── FIFO 　　　　　D0 　　　　　D200	当 0.00 为 ON 时，读取从 D0 开始的栈区域的开头位置（栈指针 I/O 存储器有效存储位置+1 通道）的 1 通道数据（D4），结果存储到 D200。

5.6.5　表格区域声明

指　令	梯　形　图	指　令　描　述	参　数　说　明	指　令　说　明
DIM	DIM N S1 S2 D	声明指定编号的表格区域，即将从 D 所指定的表格区域低位通道编号起记录长（S1）×记录数（S2）部分的区域作为 N 所指定编号的表格区域进行登录。表格区域的数据不变。	N：表格编号，取值范围为 0～15。 S1：记录长，其范围为 0001H～FFFFH 或十进制数 &1～&65535。 S2：记录数，其范围为 0001H～FFFFH 或十进制数 &1～&65535。 D：表格区域低位通道编号。	（1）根据 S1 和 S2 的设定，可以对 1 个表格区域 D～D+（S1 记录长×S2 记录数）–1 进行跨区域的指定，但应确认超过区域是否有问题。 （2）记录编号为 0～（记录数–1）。 （3）使用区域：块程序区域、工序步进程序区域、子程序区域和中断任务程序区域。 （4）执行条件：当输入条件为 ON 时，每个周期均执行；当输入条件为 OFF→ON 时，仅在一个周期内执行。

【应用范例】表格区域声明指令应用实例

梯形图程序	程序说明
	当 0.00 为 ON 时，从 D300 开始将 30 字（记录长 10 通道×记录数 3）作为表格编号 2 的表格区域。

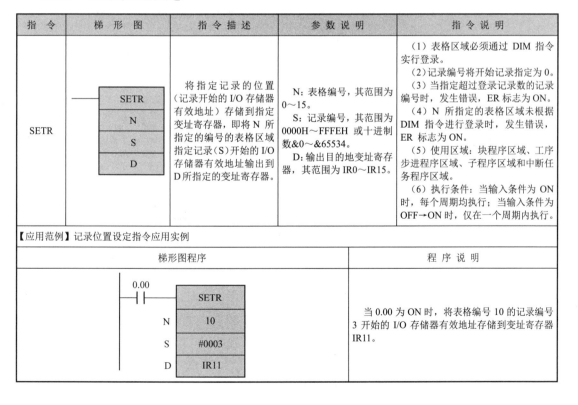

5.6.6　记录位置设定

指　令	梯　形　图	指　令　描　述	参　数　说　明	指　令　说　明
SETR	SETR N S D	将指定记录的位置（记录开始的 I/O 存储器有效地址）存储到指定变址寄存器，即将 N 所指定的编号的表格区域指定记录（S）开始的 I/O 存储器有效地址输出到 D 所指定的变址寄存器。	N：表格编号，其范围为 0～15。 S：记录编号，其范围为 0000H～FFFEH 或十进制数&0～&65534。 D：输出目的地变址寄存器，其范围为 IR0～IR15。	（1）表格区域必须通过 DIM 指令实行登录。 （2）记录编号将开始记录指定为 0。 （3）当指定超过登录记录数的记录编号时，发生错误，ER 标志为 ON。 （4）N 所指定的表格区域未根据 DIM 指令进行登录时，发生错误，ER 标志为 ON。 （5）使用区域：块程序区域、工序步进程序区域、子程序区域和中断任务程序区域。 （6）执行条件：当输入条件为 ON 时，每个周期均执行；当输入条件为 OFF→ON 时，仅在一个周期内执行。

【应用范例】记录位置设定指令应用实例

梯形图程序	程序说明
0.00 SETR N　10 S　#0003 D　IR11	当 0.00 为 ON 时，将表格编号 10 的记录编号 3 开始的 I/O 存储器有效地址存储到变址寄存器 IR11。

5.6.7 记录位置读取

指 令	梯 形 图	指 令 描 述	参 数 说 明	指 令 说 明
GETR	GETR N S D	输出包含指定变址寄存器值（I/O 存储器有效地址）在内的记录编号，即在表格编号 N 中，将包含 S 所指定的变址寄存器中存储的值（I/O 存储器有效地址）在内的记录编号输出到 D。存储在变址寄存器中的 I/O 存储器有效地址可以不位于相应记录的开头。	N：表格编号，其范围为 0～15。 S：变址寄存器，其范围为 IR0～IR15。 D：记录值输出通道编号。	（1）表格区域必须通过 DIM 指令事先进行登录。 （2）当 N 所指定的表格区域没有根据 DIM 指令进行登录时，或者变址寄存器所示的地址不在指定表格区域内时，发生错误，ER 标志为 ON。 （3）使用区域：块程序区域、工序步进程序区域、子程序区域和中断任务程序区域。 （4）执行条件：当输入条件为 ON 时，每个周期均执行；当输入条件为 OFF→ON 时，仅在一个周期内执行。

【应用范例】记录位置读取指令应用实例

梯形图程序	程序说明
0.00 GETR N 10 S IR11 D D200 D200:0003H	当 0.01 为 ON 时，将记录编号 3 存储到 D200，该记录编号 3 包含已存储在变址寄存器 IR11 中的值为 I/O 存储器有效地址的地址。

5.6.8 数据检索

指 令	梯 形 图	指 令 描 述	参 数 说 明	指 令 说 明
SRCH	SRCH W S1 S2	在指定范围的表格中检索 1 通道的数据，即从 S1 所指定的表格低位通道编号中，对于指定表格长（W）的表格数据，以通道为单位检索指定数据（S2），若存在一致的数据，将存在数据的通道（有多个时为低位通道）的 I/O 存储器有效地址输出到变址寄存器 IR0 中，同时，将=标志转换为 ON。若一致个数据寄存器输出指定（W+1 的 bit 15）被指定为有输出（1），将一致个数以 BIN 值（0000H～FFFFH）输出到数据寄存器 DR0；若指定为无输出（0），DR0 无变化。	W：表格长指定数据。 S1：数据低位通道编号。 S2：检索数据，其范围为 0000H～FFFFH。	（1）W～W+1 及 S1～S1+（W−1）必须为同一区域种类。 （2）表格区域是指根据本指令所设定的区域。 （3）关于是否存在一致的数据，请在本指令之后读取=标志进行判断。 （4）若不存在一致的数据，IR0 和 DR0 的值保持不变。 （5）表格长（W）不在 0001H～FFFFH 范围内时，发生错误，ER 标志为 ON。 （6）使用区域：块程序区域、工序步进程序区域、子程序区域和中断任务程序区域。 （7）执行条件：当输入条件为 ON 时，每个周期均执行；当输入条件为 OFF→ON 时，仅在一个周期内执行。

【应用范例】数据检索指令应用实例

梯形图程序	程序说明
0.01 SRCH W #8000000A S1 D100 S2 D200	当 0.01 为 ON 时，从 D100 开始的 10 通道数据中，检索与 D200 的内容相同的内容，在一致的内容中，将最小（低位的）I/O 存储器有效地址存储到变址寄存器 IR0 中。检索的结果中一致的个数存储到数据寄存器 DR0 中。

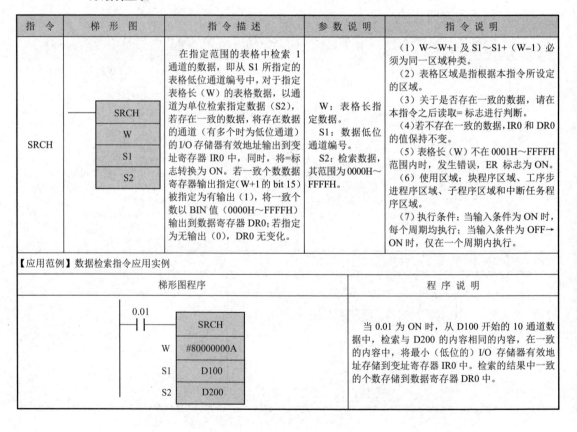

5.6.9 字节交换

指 令	梯 形 图	指 令 描 述	参 数 说 明	指 令 说 明
SWAP	SWAP S D	对指定范围的表格数据的高位字节和低位字节进行交换，即对从 D 所指定的表格数据开始通道起指定表格长（S）的表格数据，分别交换各个数据（16 位）的高位 8 位和低位 8 位。	S：表格长指定数据，其范围为 0001H ～ FFFFH 或十进制数 &1～&65535。 D：表格低位通道编号。	（1）表格区域是指根据本指令所设定的区域。 （2）当 S 的数据为 0000H 时，发生错误，ER 标志为 ON。 （3）使用区域：块程序区域、工序步进程序区域、子程序区域和中断任务程序区域。 （4）执行条件：当输入条件为 ON 时，每个周期均执行；当输入条件为 OFF→ON 时，仅在一个周期内执行。

【应用范例】字节交换指令应用实例

梯 形 图 程 序	程 序 说 明
0.00 —┤├— SWAP &10 W0	当 0.00 为 ON 时，对 W0～W9 的 10 通道数据的高位字节与低位字节进行交换。

5.6.10 最大值检索

指 令	梯 形 图	指 令 描 述	参 数 说 明	指 令 说 明
MAX	MAX C S D	检索指定范围的表格内的最大值，即从 S 所指定的表格低位通道编号起，将 C 所指定的表格长（字数）作为表格数据，检索其中的最大值，并将其输出到 D。当变址寄存器输出指定（C+1）时，将最大值所在的通道（有多个通道时，为低位通道）的 I/O 存储器有效地址输出到 IR00。当带符号指定（C+1）时，将表格的数据作为带符号 BIN 数据（负数为二进制补码）处理。	C：控制数据。 S：表格低位通道编号。 D：最大值输出目的地通道编号。	（1）表格区域是指根据本指令设定的区域。 （2）表格长（C）不得超出表格数据的范围。 （3）当表格长（C）不在 0001H～FFFFH 范围内时，发生错误，ER 标志为 ON。 （4）当最大值为 0000H 时，=标志为 ON。 （5）当最大值的最高位为 1 时，N 标志为 ON。 （6）使用区域：块程序区域、工序步进程序区域、子程序区域和中断任务程序区域。 （7）执行条件：当输入条件为 ON 时，每个周期均执行；当输入条件为 OFF→ON 时，仅在一个周期内执行。

【应用范例】最大值检索指令应用实例

梯 形 图 程 序	程 序 说 明
0.00 —┤├— MAX C D100 D100:000AH S D200 D D300	当 0.00 为 ON 时，从 D200 开始的 10 字（D100 指定）的表格中检索最大值，将该值存储到 D300。同时，将最大值所在地址的 I/O 存储器有效地址存储到 IR0。

5.6.11　最小值检索

指　令	梯　形　图	指　令　描　述	参 数 说 明	指　令　说　明
MIN	MIN C S D	检索指定表格内的最小值，即从 S 所指定的表格低位通道编号起，将 C 所指定的表格长（字数）作为表格数据，检索其中的最小值，并将其输出到 D。变址寄存器输出指定（C+1）时，将最小值所在的通道（有多个通道时，为低位通道）的 I/O 存储器有效地址输出到 IR0。带符号指定（C+1）时，将表格的数据作为带符号 BIN 数据（负数为二进制补码）处理。	C：控制数据。 S：表格低位通道编号。 D：最小值输出目的地通道编号。	（1）表格区域是指根据本指令设定的区域。 （2）表格长（C）不得超出表格数据的范围。 （3）当表格长（C）不在 0001H～FFFFH 范围内时，发生错误，ER 标志为 ON。 （4）当最小值为 0000H 时，＝标志为 ON。 （5）当最小值的最高位为 1 时，N 标志为 ON。 （6）使用区域：块程序区域、工序步进程序区域、子程序区域和中断任务程序区域。 （7）执行条件：当输入条件为 ON 时，每个周期执行；当输入条件为 OFF→ON 时，仅在一个周期内执行。

【应用范例】最小值检索指令应用实例

梯形图程序	程　序　说　明
0.00 ├─┤├─── MIN 　　　　　C　D100 　　　　　S　D200　　D100；000AH 　　　　　D　D300	当 0.00 为 ON 时，从 D200 开始的 10 字（D100 指定）的表格中检索最小值，将该值存储到 D300。同时，将最小值所在地址的 I/O 存储器有效地址存储到 IR0。

5.6.12　总和计算

指　令	梯　形　图	指　令　描　述	参 数 说 明	指　令　说　明
SUM	SUM C S D	计算指定表格内的总和，将结果以 2 通道输出，即从 S 所指定的表格低位通道编号起以 C 所指定的表格长作为表格数据，根据 C+1 所指定的计算单位（字或字节）及数据类型（BIN 或 BCD）计算总和，将结果输出到 D+1 和 D。	C：控制数据。 S：表格低位通道编号。 D：总和输出目的地低位通道编号。	（1）表格区域是指根据本指令设定的区域。 （2）当计算单位指定为字节时，C+1 的计算开始位置指定（高位字节或低位字节）有效。 （3）表格长单位（字或字节）根据计算单位（C+1）而定。 （4）当数据类型指定为 BIN 时，C+1 的符号指定（带符号或无符号）有效。数据类型中指定 BCD 后，若包含 BIN 数据，发生错误，ER 标志为 ON。 （5）表格长（C）不得超出表格数据的范围。当表格长数据 C 不在 0001H～FFFFH 范围内时，发生错误，ER 标志为 ON。 （6）运算结果为 0 时，＝标志为 ON。 （7）运算结果的最高位为 1 时，N 标志为 ON。 （8）使用区域：块程序区域、工序步进程序区域、子程序区域和中断任务程序区域。 （9）执行条件：当输入条件为 ON 时，每个周期均执行；当输入条件为 OFF→ON 时，仅在一个周期内执行。

【应用范例】总和计算指令应用实例

梯形图程序	程　序　说　明
0.00 ├─┤├─── SUM 　　　　　C　D100 　　　　　S　D200　　D100；000AH 　　　　　D　D300	当 0.00 为 ON 时，从 D200 的低位字节开始，对于 D100 指定字节数的数据，作为无符号 BIN 数据计算总和，存储到 D301 和 D300 中。

5.6.13　FCS 值计算

指令	梯形图	指令描述	参数说明	指令说明
FCS	FCS C S D	计算指定表格的帧校验序列（Frame Check Sequence，FCS）值，以 ASCII 代码输出，即将从 S 所指定的表格低位通道编号起，以 C 所指定的表格长作为表格数据，以 C+1 所指定的计算单位（字或字节）运算 FCS 值，转换为 ASCII 代码数据。在计算单位中指定以字节为单位时，输出到 D；在计算单位中指定以字为单位时，输出到 D+1 和·D。	C：控制数据。 S：表格低位通道编号。 D：FCS 值存储开始通道编号。	（1）表格区域是指通过本指令设定的区域。 （2）当计算单位指定为字节时，通过 C+1 指定计算开始位置（高位字节或低位字节）。 （3）表格长（C）的单位（字或字节）依据计算单位（C+1）而定。 （4）表格长（C）不得超出表格数据的范围。 （5）当表格长（C）不在 0001H～FFFFH 范围内时，发生错误，ER 标志为 ON。 （6）使用区域：块程序区域、工序步进程序区域、子程序区域和中断任务程序区域。 （7）执行条件：当输入条件为 ON 时，每个周期均执行；当输入条件为 OFF→ON 时，仅在一个周期内执行。

【应用范例】FCS 值计算指令应用实例

梯形图程序	程序说明
0.00 ├─┤ ├─── FCS 　　　　C　D100　　D100:000AH 　　　　S　D200 　　　　D　D300	当 0.00 为 ON 时，从 D200 的低位字节开始，对于 D100 指定字数的数据，作为无符号 BIN 数据计算 FCS 值，存储到 D300 中。

5.6.14　栈数据数输出

指令	梯形图	指令描述	参数说明	指令说明
SNUM	SNUM S D	计数栈区域内当前栈数据数（通道数），即从 S 所指定的栈区域的数据存储区域开始（S+4）到当前栈指针（S+3，S+2）所指向的位置−1，对数据通道数进行计数，将该通道数输出到 D。此时，数据存储区域的数据及栈指针的位置不发生变化。	S：栈区域低位通道编号。S～S+3 为栈管理信息（固定为 4 通道）；S+4 以上为数据存储区域。 D：输出目的地通道编号。	（1）栈区域必须通过 SSET 指令事先进行设定。 （2）使用区域：块程序区域、工序步进程序区域、子程序区域和中断任务程序区域。 （3）执行条件：当输入条件为 ON 时，每个周期均执行；当输入条件为 OFF→ON 时，仅在一个周期内执行。

【应用范例】栈数据数输出指令应用实例

梯形图程序	程序说明
0.00 ├─┤ ├─── SNUM 　　　　　　S　D0 　　　　　　D　D100	当 0.00 为 ON 时，计算从 D4 开始到当前栈指针所表示的位置减 1 为止的数据数，结果存储到 D100。

5.6.15　栈数据读取

指　令	梯　形　图	指　令　描　述	参　数　说　明	指　令　说　明
SREAD	SREAD S C D	从指定的栈区域中读取某个数据，即读取从 S 所指定的栈区域的栈指针（S+3 和 S+2）所指向的位置中减去 C 所指定的通道数（偏移）后的位置的数据，并将其输出到 D。此时，数据存储区域的数据及栈指针的位置保持不变。	S：栈区域低位通道编号。S～S+3 为栈管理信息（固定为 4 通道）；S+4 以上为数据存储区域。 C：偏移值。 D：输出目的地通道编号。	（1）栈区域必须通过 SSET 指令事先进行设定。 　（2）指令执行时，若栈指针已经在数据存储区域开头（S+4）的 I/O 存储器有效地址以下（栈下溢），发生错误，ER 标志为 ON。 　（3）使用区域：块程序区域、工序步进程序区域、子程序区域和中断任务程序区域。 　（4）执行条件：当输入条件为 ON 时，每个周期均执行；当输入条件为 OFF→ON 时，仅在一个周期内执行。

【应用范例】栈数据读取指令应用实例

梯形图程序	程　序　说　明
0.00 　├─┤├───　SREAD 　　　　　C　　D0 　　　　　S　　&3 　　　　　D　　D100	当 0.00 为 ON 时，读取以 D0 开始的栈区域的当前栈指针所指向的位置减去 3 通道的位置的内容，结果存储到 D100。当前栈指针的位置不变化。

5.6.16　栈数据更新

指　令	梯　形　图	指　令　描　述	参　数　说　明	指　令　说　明
SWRIT	SWRIT D C S	在指定的栈区域中，在指定位置上覆盖其数据，即从 D 所指定的栈区域的栈指针（D+3 和 D+2）所指的位置起，减去 C 所指定的通道数（偏移）后的位置上覆盖 S 所指定的数据。此时，数据存储区域的数据及栈指针的位置保持不变。	D：栈区域低位通道编号。D～D+3 为栈管理信息（固定 4 通道）；D+4 以上为数据存储区域。 C：更新位置（偏移值）。 S：写入数据。	（1）栈区域必须通过 SSET 指令事先进行设定。 　（2）指令执行时，若栈指针已经在数据存储区域开头（S+4）的 I/O 存储器有效地址以下（栈下溢），发生错误，ER 标志为 ON。 　（3）使用区域：块程序区域、工序步进程序区域、子程序区域和中断任务程序区域。 　（4）执行条件：当输入条件为 ON 时，每个周期均执行；当输入条件为 OFF→ON 时，仅在一个周期内执行。

【应用范例】栈数据更新指令应用实例

梯形图程序	程　序　说　明
0.00 　├─┤├───　SWRIT 　　　　　　　D0 　　　　　　　&3 　　　　　　　D100	当 0.00 为 ON 时，将 D100 的内容存储到从 D0 开始的栈区域的当前栈指针所指向的位置减去 3 通道后的位置，栈指针的位置不变化。

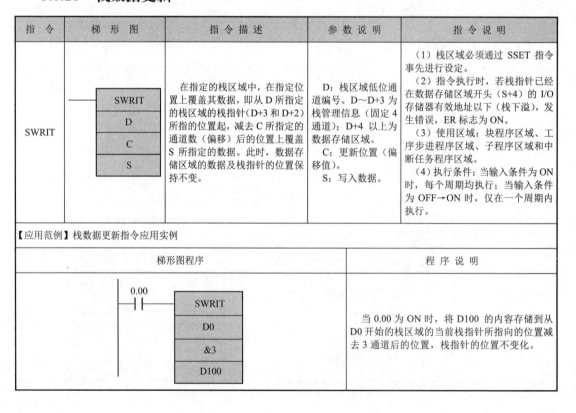

5.6.17 栈数据插入

指　令	梯　形　图	指　令　描　述	参　数　说　明	指　令　说　明
SINS	SINS D C S	在指定的栈区域中，在中间某位置插入其他数据，即在从 D 所指定的栈区域中的栈指针（D+3 和 D+2）所指向的位置减去 C 所指定的通道数（偏移）后的位置，插入 S 所指定的 1 通道数据。此时，从插入位置到栈指针减 1 为止的数据全部向下移动，同时栈指针（D+3 和 D+2）的数据加 1。	D：栈区域低位通道编号。D～D+3 为栈管理信息（固定 4 通道）；D+4 以上为数据存储区域。C：插入位置（偏移值）。S：插入数据。	（1）为了插入 1 通道数据，不能在数据存储区域的最后 1 通道存储数据，否则会发生错误，无法插入。 　　（2）指令执行时，如果栈指针的值已经比栈存储区域最终通道的 I/O 存储器有效地址（D+1 和 D）大（栈上溢），会发生错误，无法插入。 　　（3）栈区域必须通过 SSET 指令事先进行设定。 　　（4）使用区域：块程序区域、工序步进程序区域、子程序区域和中断任务程序区域。 　　（5）执行条件：当输入条件为 ON 时，每个周期均执行；当输入条件为 OFF→ON 时，仅在一个周期内执行。

【应用范例】栈数据插入指令应用实例	
梯形图程序	程序说明
0.00 ─┤├─　SINS 　　　　D0 　　　　#0003 　　　　D100	当 0.00 为 ON 时，将 D100 的内容插入到从 D0 开始的栈区域的当前栈指针所指向的位置减去 3 通道后的位置。

5.6.18 栈数据删除

指　令	梯　形　图	指　令　描　述	参　数　说　明	指　令　说　明
SDEL	SDEL S C D	在指定的栈区域中，删除中间某位置的数据，即从 S 所指定的栈区域的栈指针（S+3 和 S+2）所指向的位置减去 C 所指定的通道数（偏移）后的位置的 1 通道数据从栈区域中删除，该数据将输出到 D。此时，从删除的位置+1 通道到栈指针−1 为止的数据全部向上移动，同时栈指针（S+3 和 S+2）的数据减 1。	S：栈区域低位通道编号。C：删除位置（偏移值）。D：操作量输出通道编号。	（1）指令执行时，若栈指针的值已经在数据存储区域开始（S+4）的 I/O 存储器有效地址以下（栈下溢），会发生错误，无法插入。 　　（2）栈区域必须通过 SSET 指令事先进行设定。 　　（3）使用区域：块程序区域、工序步进程序区域、子程序区域和中断任务程序区域。 　　（4）执行条件：当输入条件为 ON 时，每个周期均执行；当输入条件为 OFF→ON 时，仅在一个周期内执行。

【应用范例】栈数据删除指令应用实例	
梯形图程序	程序说明
0.00 ─┤├─　SDEL 　　　　D0 　　　　&3 　　　　D100	当 0.00 为 ON 时，在从 D0 开始的栈区域的当前栈指针所指向的位置减去 3 通道后的位置的内容删除，将该数据存储到 D100。

5.7　典型入门范例

【范例 1】比较操作范例

1. 范例实现要求

首先将数据寄存器 D0～D2 中分别存入数据 100、200、300，然后选择本节中合适的指令，将数据寄存器 D0～D2 中的数据传送到保持寄存器 H0～H2 中，再应用比较指令判断 D10 和 D20 是否相等，若相等，则将 D100 中的数据传送到内部辅助继电器 W100。

2. 具体实现

从实现要求分析，可以分两个步骤完成：首先应用数据传送指令 MOV 完成数据寄存器的初始化，然后再应用块传送指令 XFER 完成块数据的传送，再使用比较指令（=）比较数据寄存器 D20 和 D10 的值，在条件成立时实现数据的传送。如图 5.7.1 所示，块传送指令 XFER 只需要指定传送的寄存器个数、源操作数首地址、目的操作数首地址，即可完成块数据的传送操作。

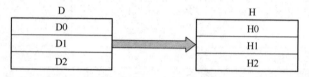

图 5.7.1　块传送指令操作

3. 梯形图程序

在 CX-Programmer 中编写程序，如图 5.7.2 和图 5.7.3 所示。

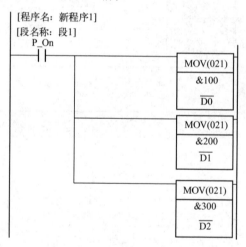

图 5.7.2　赋值程序段

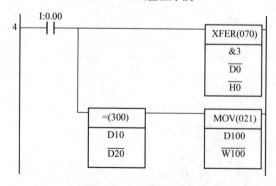

图 5.7.3　块传送程序段

4．程序编译

应用 CP1H 软件的在线模拟功能实现程序的运行，再在功能工作区中选择内存，在弹出的对话框中选择内部辅助寄存器 H，单击按钮从 PLC 传送，将内部辅助寄存器 H0～H2 的值传送到计算机，如图 5.7.4 所示。注意，只有在在线模拟或在线工作的情况下才能查看这些数据。从图中不难看出，在程序运行后，内部辅助寄存器 H0～H2 的值与数据寄存器 D0～D2 的值是相同的。

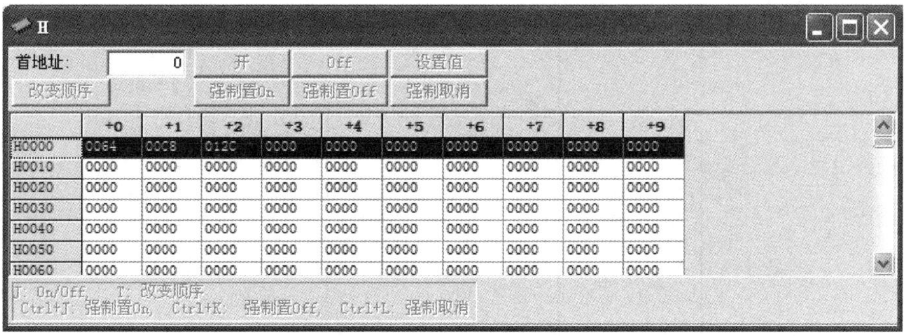

H
首地址: 0
开
Off
设置值
改变顺序
强制置On
强制置Off
强制取消
+0 +1 +2 +3 +4 +5 +6 +7 +8 +9
H0000 0064 00C8 012C 0000 0000 0000 0000 0000 0000 0000
H0010 0000 0000 0000 0000 0000 0000 0000 0000 0000 0000
H0020 0000 0000 0000 0000 0000 0000 0000 0000 0000 0000
H0030 0000 0000 0000 0000 0000 0000 0000 0000 0000 0000
H0040 0000 0000 0000 0000 0000 0000 0000 0000 0000 0000
H0050 0000 0000 0000 0000 0000 0000 0000 0000 0000 0000
H0060 0000 0000 0000 0000 0000 0000 0000 0000 0000 0000
J: On/Off,　T: 改变顺序
Ctrl+J: 强制置On,　Ctrl+K: 强制置Off,　Ctrl+L: 强制取消

图 5.7.4　内部辅助寄存器

【范例 2】数据交换传递范例

1．范例实现要求

假设数据寄存器 D0=#100、D1=#555、D2=#ABC，试将 D0 和 D1 中的数据进行交换，将 D2 中的第 11 位数据移动到 D4 的第 11 位。最后将 D0 和 D4 中的数据交换。选择本节中合适的指令完成以上操作，并应用 CP1H 软件的在线模拟功能实现调试运行，并查看内存的结果。

2．具体实现

从分析实现要求可知，可以应用 16 位数据交换指令 XCHG 对数据寄存器 D0 和 D1 内的数据进行交换，再利用位传送指令 MOVB 将数据寄存器 D2 中的第 11 位数据移动到 D4 的第 11 位；同样，对 D0 和 D4 数据的交换也采用数据交换指令 XCHG 来完成此操作。

3．梯形图程序

在 CX-Programmer 中编写程序，如图 5.7.5 和图 5.7.6 所示。

初始化
P_First_Cycle...
MOV(021)
#100
D0
MOV(021)
#555
D1
MOV(021)
#ABC
D2

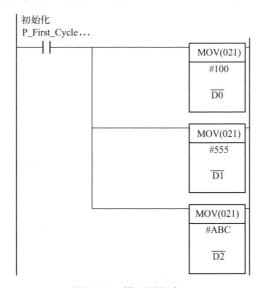

图 5.7.5　梯形图程序一

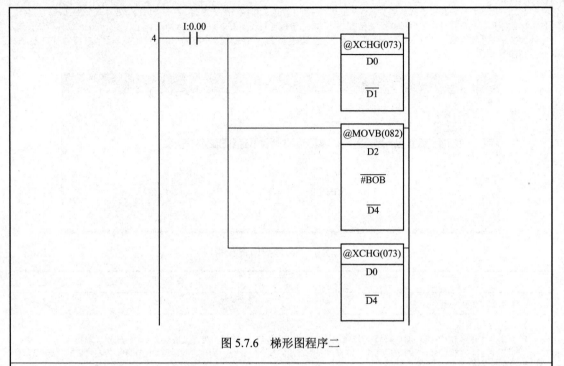

图 5.7.6　梯形图程序二

4．程序编译

　　利用软件的在线编译功能对程序进行编译。图 5.7.7 所示为编译运行的结果，可以在运行界面中查看程序运行后 D0～D2 和 D4 的数据。

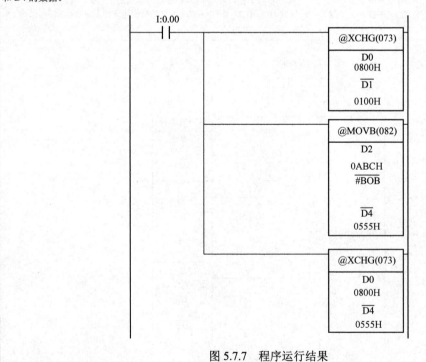

图 5.7.7　程序运行结果

【范例 3】流水灯的实现范例

1. 范例实现要求

本范例利用不带进位循环左移指令 RLNC 或移位寄存器 SFR 实现输出端子台引脚指示灯（100.00 通道～100.07 通道）的循环亮灭，循环周期为 1s。

2. 具体实现

不带进位循环左移指令 RLNC 是对 16 位通道数据（不包括 CY 标志在内）进行左循环移位。在本例中，本质上来说要求对 8 位进行循环移位操作，这就要求使用比较指令<和=来完成条件的判断，从而实现要求的功能。

在程序开始时，使用置位指令 SET 对 100.00 进行置位操作，在现象上表现为输出端子台所对应的引脚指示灯亮起来；然后应用 RLNC 指令实现其左移；当输出寄存器 100 内数据等于 256 时，进行复位操作，也就是在循环灯中实现最高位亮。

3. 梯形图程序

图 5.7.8 所示为流水灯梯形图程序。该梯形图程序分为应用寄存器的初始化和功能实现两个部分。在梯形图程序中使用了 1s 时钟脉冲来实现移位触发。注意，RLNC 指令应该使用上升沿微分形式。

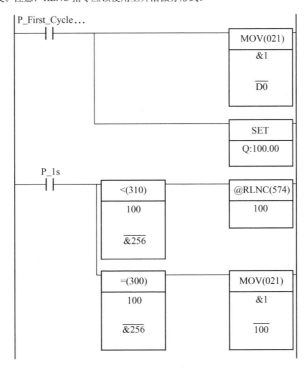

图 5.7.8　流水灯梯形图程序

在 CX-Programmer 编译环境中单击查看记忆按钮（或按快捷键 ALT+M），则可以实现将梯形图程序转换成指令表程序。图 5.7.9 所示为流水灯梯形图程序转换的指令表程序。

条	步	指令	操作数	值	注释
0	0	LD	P_First_Cycle_Task		第一次任务执
	1	MOV(021)	&1		
			D0		
	2	SET	Q:100.00		
1	3	LD	P_1s		1.0秒时钟脉冲位
	4	OUT	TR0		
	5	AND<(310)	100		
			&256		
	6	@RLNC(574)	100		
	7	LD	TR0		
	8	AND=(300)	100		
			&256		
	9	MOV(021)	&1		
			100		

图 5.7.9　流水灯指令表程序

4. 程序编译

完成梯形图程序编写后，可以应用 CP1H 的在线模拟功能实现对程序的在线编译和在线模拟。如果有硬件，可以实现硬件连接，再利用在线工作功能实现程序的调试。通过上传、下载可以实现对特殊功能寄存器、数据寄存器的读取，以确定编写的程序是否达到预期的效果。图 5.7.10 所示为流水灯程序运行图。

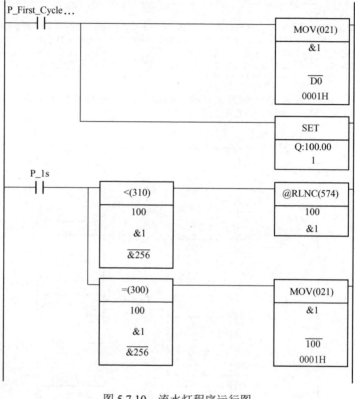

图 5.7.10　流水灯程序运行图

【范例4】数据移位范例

1. 范例实现要求

将数据寄存器 D0 中存入数据#30，D1 中存入数据#20，然后将 D0 内的数据右移 4 位，再与 D1 中的数据相加，然后将所得数据存入 D2，最后将 D2 中的数据右移一位。

2. 具体实现

应用传送指令将立即数#30、#20 分别存放在数据寄存器 D0、D1 中，应用 SRD 指令将 D0 中的数据右移 4 位，再利用算术加法指令对 D0 和 D1 中的数据进行加法运算，将运算结果存储到 D2 中，最后将 D2 内的数据应用 NSFR 指令右移一位。图 5.7.11 所示为数据寄存器 D0 移位后的示意图。

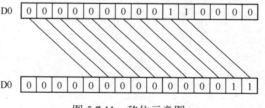

图 5.7.11　移位示意图

3. 梯形图程序

在 CX-Programmer 软件中编写程序，如图 5.7.12 和图 5.7.13 所示。为了能清晰地看到程序运行时的变化，可以加入两个开关 0.00 和 0.01，在在线模拟时可以使用强制 ON 的方式使功率流导通，以实现程序的运行。

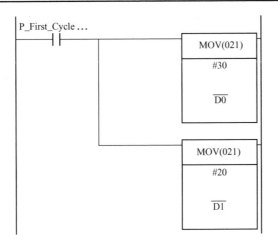

图 5.7.12 梯形图赋值段

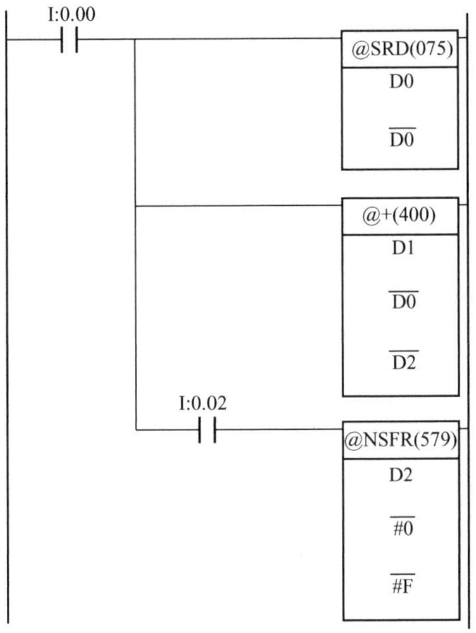

图 5.7.13 梯形图运算段

4. 程序结果

在 CX-Programmer 软件在线模拟状态完成程序运行后，可以查看数据寄存器 D 的内容。如图 5.7.14 所示，在程序运行完成后，D0、D1、D2 数据分别为#3、#20、#11，运行结果正确，证明程序是正确的。

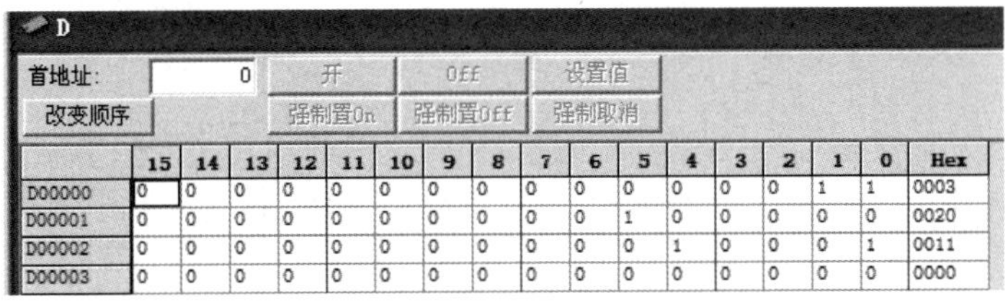

首地址:	0		开		Off		设置值										
改变顺序			强制置On		强制置Off		强制取消										
	15	14	13	12	11	10	9	8	7	6	5	4	3	2	1	0	Hex
D00000	0	0	0	0	0	0	0	0	0	0	0	0	0	0	1	1	0003
D00001	0	0	0	0	0	0	0	0	0	0	1	0	0	0	0	0	0020
D00002	0	0	0	0	0	0	0	0	0	0	1	0	0	0	0	1	0011
D00003	0	0	0	0	0	0	0	0	0	0	0	0	0	0	0	0	0000

图 5.7.14 数据寄存器内容

【范例 5】表格数据处理范例

1．范例实现要求

通过组合本章指令和相应的变址寄存器，可以进行记录单位数据的各种处理，如记录的读/写、记录的检索、记录内的重新排列、记录的比较、记录的运算等。在本范例中，定义 5 通道×1000 记录的表格区域，检查第 1、3、5 通道是否与各原有值一致，如果一致，则存储该记录编号。

2．具体实现

（1）通过 DIM 指令定义表格区域，通过 SETR 指令将指定记录的 I/O 存储器有效地址存储到变址寄存器中。

（2）指定记录内的数据（某个字）进行比较等各种处理。

（3）对变址寄存器的值进行加法运算/减法运算/增量/减量等处理，移动记录位置。

根据 DIM 指令定义记录数（1000）和每个记录中的字数（5）。通过 SETR 指令将表格 1 的记录编号的开头地址的 I/O 存储器有效地址保存到变址寄存器 IR0。

检查记录内的第 1、3、5 通道与原值是否一致，如果一致，则通过 GETR 指令设置该记录编号；如果不一致，则在 IR0 中 +5，重复比较处理。

3．梯形图程序

梯形图程序定义段如图 5.7.15 所示，梯形图程序运算段如图 5.7.16 所示。

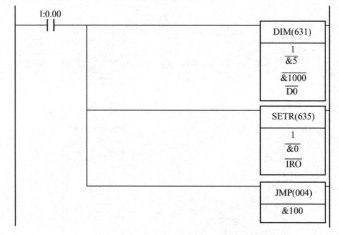

图 5.7.15　梯形图程序定义段

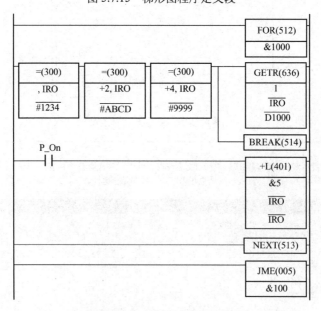

图 5.7.16　梯形图程序运算段

4．在线模拟

在工程工作区的内存中下载梯形图程序，在在线模拟状态下完成本范例的在线模拟工作。

【范例 6】BCD 数据与 BIN 数据之间的转换范例

1. 范例实现要求

将 BCD 码数据 1234 转换成 BIN 数据，并将结果存储在数据寄存器 D100 中。

2. 具体实现

应用 BIN 指令即可完成实现要求的转换。可以先应用传送指令将立即数#1234 存储到 D0 中，再使用 BIN 指令将 D0 内的 BCD 数据转化成二进制数。

3. 梯形图程序

图 5.7.17 所示为功能实现的梯形图程序。

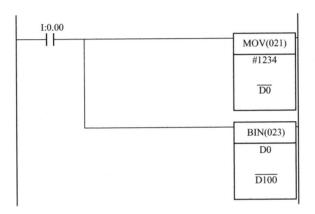

图 5.7.17　梯形图程序

4. 在线模拟

在线模拟结果如图 5.7.18 所示。从图中可以看出，在转化后 D100 中存储的数据为&1234，而 D0 中的数据为#1234。

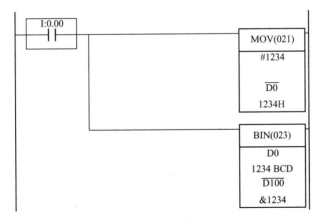

图 5.7.18　在线模拟结果

【范例 7】整数与实数之间的转换范例

1. 范例实现要求

将 D0 中存储数据&1234，并将其转换成实数，然后将转换结果存储在 D100 中。

2. 具体实现

与 C 语言编程类似，在梯形图程序的算术运算中，只有同类型数据之间才能进行算术运算。若数据类型不同，要进行相应的数据类型转换。将整型数据转换成实数需要应用 FLT 指令，可以先应用传送指令将立即数&1234 存储在 D0 中，再使用 FLT 指令将 D0 内的 BCD 数据转化成实数。

3. 梯形图程序

图 5.7.19 所示为功能实现的梯形图程序。

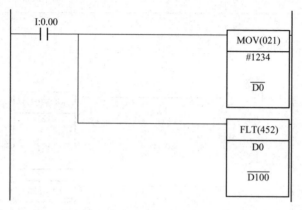

图 5.7.19　梯形图程序

4. 在线模拟

在线模拟结果如图 5.7.20 所示。

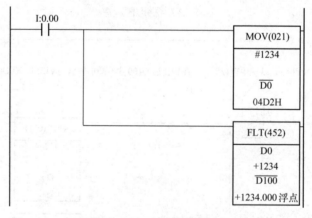

图 5.7.20　在线模拟结果

第6章 运算指令

欧姆龙 PLC 的运算指令包括自加/自减指令（增量/减量指令）、四则运算指令、逻辑运算指令、特殊运算指令、浮点转换及运算指令、双精度浮点转换及运算指令等。

自加/自减指令（增量/减量指令）一览表

指 令 名 称	助 记 符	FUN 编号
BIN 增量	++	590
BIN 倍长增量	++L	591
BIN 减量	－－	592
BIN 倍长减量	－－L	593
BCD 增量	++B	594
BCD 倍长增量	++BL	595
BCD 减量	－－B	596
BCD 倍长减量	－－BL	597

四则运算指令一览表

指 令 名 称	助 记 符	FUN 编号
带符号无 CY 标志 BIN 加法	+	400
带符号无 CY 标志 BIN 倍长加法	+L	401
带符号和 CY 标志 BIN 加法	+C	402
带符号和 CY 标志 BIN 倍长加法	+CL	403
无 CY 标志 BCD 加法	+B	404
无 CY 标志 BCD 倍长加法	+BL	405
带 CY 标志 BCD 加法	+BC	406
带 CY 标志 BCD 倍长加法	+BCL	407
带符号无 CY 标志 BIN 减法	－	410
带符号无 CY 标志 BIN 倍长减法	－L	411
带符号和 CY 标志 BIN 减法	－C	412
带符号和 CY 标志 BIN 倍长减法	－CL	413
无 CY 标志 BCD 减法	－B	414
无 CY 标志 BCD 倍长减法	－BL	415
带 CY 标志 BCD 减法	－BC	416

续表

指 令 名 称	助 记 符	FUN 编号
带 CY 标志 BCD 倍长减法	−BCL	417
带符号 BIN 乘法	*	420
带符号 BIN 倍长乘法	*L	421
无符号 BIN 乘法	*U	422
无符号 BIN 倍长乘法	*UL	423
BCD 乘法	*B	424
BCD 倍长乘法	*BL	425
带符号 BIN 除法	/	430
带符号 BIN 倍长除法	/L	431
无符号 BIN 除法	/U	432
无符号 BIN 倍长除法	/UL	433
BCD 除法	/B	434
BCD 倍长除法	/BL	435

逻辑运算指令一览表

指 令 名 称	助 记 符	FUN 编号
字与	ANDW	034
双字与	ANDL	610
字或	ORW	035
双字或	ORWL	611
字异或	XORW	036
双字异或	XORL	612
字同或	XNRW	037
双字同或	XNRL	613
逐位取反	COM	029
双字逐位取反	COML	614

特殊运算指令一览表

指 令 名 称	助 记 符	FUN 编号
BIN 平方根运算	ROTB	620
BCD 平方根运算	ROOT	072
数值转换	APR	069
BCD 浮点除法	FDIV	079
位计数	BCNT	067

浮点转换及运算指令一览表

指 令 名 称	助 记 符	FUN 编号
浮点→16 位 BIN 转换	FIX	450
浮点→32 位 BIN 转换	FIXL	451
16 位 BIN→浮点转换	FLT	452
32 位 BIN→浮点转换	FLTL	453
浮点加法	+F	454
浮点减法	−F	455
浮点乘法	*F	456
浮点除法	/F	457
角度→弧度转换	RAD	458
弧度→角度转换	DEG	459
sin 运算	SIN	460
cos 运算	COS	461
tan 运算	TAN	462
arcsin 运算	ASIN	463
arccos 运算	ACOS	464
arctan 运算	ATAN	465
平方根运算	SQRT	466
以 e 为底的指数运算	EXP	467
自然对数运算	LOG	468
指数运算	PWR	840
单精度浮点数据比较	=F、<>F、<F、<=F、>F、>=F（LD 连接型、AND 连接型、OR 连接型）	329～334
浮点→字符串转换	FSTR	448
字符串→浮点转换	FVAL	449

双精度浮点转换及运算指令一览表

指 令 名 称	助 记 符	FUN 编号
双精度浮点→16 位 BIN 转换	FIXD	841
双精度浮点→32 位 BIN 转换	FIXLD	842
16 位 BIN→双精度浮点转换	DBL	843
32 位 BIN→双精度浮点转换	DBLL	844
双精度浮点加法	+D	845
双精度浮点减法	−D	846
双精度浮点乘法	*D	847
双精度浮点除法	/D	848
双精度角度→弧度转换	RADD	849

续表

指 令 名 称	助 记 符	FUN 编号
双精度弧度→角度转换	DEGD	850
双精度 sin 运算	SIND	851
双精度 cos 运算	COSD	852
双精度 tan 运算	TAND	853
双精度 arcsin 运算	ASIND	854
双精度 arccos 运算	ACOSD	855
双精度 arctan 运算	ATAND	856
双精度平方根运算	SQRTD	857
以 e 为底的双精度指数运算	EXPD	858
双精度自然对数运算	LOGD	859
双精度指数运算	PWRD	860
双精度浮点数据比较	＝D、＜＞D、＜D、＜=D、＞D、＞=D （LD 连接型、AND 连接型、OR 连接型）	335～340

6.1　自加/自减指令（增量/减量指令）

6.1.1　BIN 增量/BIN 倍长增量

指 令	梯 形 图	指 令 描 述	参 数 说 明	指 令 说 明
++	++ D	对 D 所指定的数据进行 BIN 增量运算（+1）。 ++：在输入条件为 ON 的过程中（直至为 OFF 为止），每周期加 1。 @++：仅在输入条件上升时（仅限 1 周期）加 1。	D：数据通道编号	（1）使用区域：块程序区域、工序步进程序区域、子程序区域、中断任务程序区域。 （2）若增量结果 D 的内容为 0000H，=标志为 ON。 （3）若增量结果 D 的内容中有进位，CY 标志为 ON。 （4）若增量结果 D 的内容中最高位为 1（BIN 运算为负），N 标志为 ON。
++L	++L D	将 D+1 和 D 所指定的数据作为倍长数据，进行 BIN 增量运算（+1）。 ++L：在输入条件为 ON 的过程中（直至为 OFF 为止），每周期加 1。 @++L：仅在输入条件上升时（仅限 1 周期）加 1。	D：数据低位通道编号。	（1）使用区域：块程序区域、工序步进程序区域、子程序区域、中断任务程序区域。 （2）若增量结果 D+1 和 D 的内容为 00000000H 时，=标志为 ON。 （3）若增量结果 D+1 的内容中有进位，CY 标志为 ON。 （4）若增量结果 D+1 的内容中最高位为 1（BIN 运算为负），N 标志为 ON。

【应用范例】BIN 增量/BIN 倍长增量指令应用实例

梯形图程序	程 序 说 明
0.01 ┤├　++ 　　　D200	当 0.01 为 ON 时，在每周期 D200 中的数据加 1（直到 0.01 为 OFF 为止，每个周期都加 1）。
0.01 ┤├　++L 　　　D200	当 0.01 为 ON 时，在每个周期 D201 和 D200 中的数据加 1（直到 0.01 为 OFF 为止，每个周期都加 1）。

续表

梯形图程序	程序说明
0.01 ┤├　@++ 　　　D200	仅当 0.01 为 OFF→ON 时，D200 中的数据加 1。
0.01 ┤├　@++L 　　　D200	仅当 0.01 为 OFF→ON 时，D201 和 D200 中的数据加 1。

6.1.2　BIN 减量/BIN 倍长减量

指　令	梯 形 图	指 令 描 述	参 数 说 明	指 令 说 明
－－	－－ D	对 D 所指定的数据进行 BIN 减量运算（−1）。 －－：在输入条件为 ON 的过程中（直至为 OFF 为止），每个周期减 1。 @－－：仅在输入条件上升时（仅限 1 个周期）减 1。	D：数据通道编号	（1）使用区域：块程序区域、工序步进程序区域、子程序区域、中断任务程序区域。 （2）若减量结果 D 内容为 0000H，=标志为 ON。 （3）若减量结果 D 内容中有借位，CY 标志为 ON。 （4）若减量结果 D 的内容中最高位为 1（BIN 运算为负），N 标志为 ON。
－－L	－－L D	将 D+1 和 D 所指定的数据作为倍长数据，进行 BIN 减量运算（−1）。 －－L：在输入条件为 ON 的过程中（直至为 OFF 为止），每个周期减 1。 @－－L：仅在输入条件上升时（仅限 1 周期）减 1。	D：数据低位通道编号。	（1）使用区域：块程序区域、工序步进程序区域、子程序区域、中断任务程序区域。 （2）若减量结果 D+1 和 D 的内容为 00000000H，=标志为 ON。 （3）若减量结果 D+1 的内容中有借位，CY 标志为 ON。 （4）若减量结果 D+1 的内容中最高位为 1（BIN 运算为负），N 标志为 ON。

【应用范例】BIN 减量/BIN 倍长减量指令应用实例

梯形图程序	程 序 说 明
0.01 ┤├　－－ 　　　D200	当 0.01 为 ON 时，在每个周期 D200 中的数据减 1（直到 0.01 为 OFF 为止，每个周期都减 1）。
0.01 ┤├　－－L 　　　D100	当 0.01 为 ON 时，在每个周期 D101 和 D100 中的数据减 1（直到 0.01 为 OFF 为止，每个周期都减 1）。
0.01 ┤├　@－－ 　　　D200	仅当 0.01 为 OFF→ON 时，D200 中的数据减 1。

续表

梯形图程序	程序说明
0.01 ├┤├──┤@--L 　　　　D100	仅当 0.01 为 OFF→ON 时，D101 和 D100 中的数据减 1。

6.1.3　BCD 增量/BCD 倍长增量

指　令	梯　形　图	指　令　描　述	参　数　说　明	指　令　说　明
++B	++B D	对 D 所指定的数据进行 BCD 增量运算（+1）。 ++B：在输入条件为 ON 的过程中（直至为 OFF 为止），每个周期加 1。 @++B：仅在输入条件上升时（仅限 1 个周期）加 1。	D：数据通道编号	（1）使用区域：块程序区域、工序步进程序区域、子程序区域、中断任务程序区域。 （2）D 的数据类型必须是 BCD。如果不是 BCD，将发生错误，ER 标志为 ON。 （3）若增量结果 D 的内容为 0000H，=标志为 ON。 （4）若增量结果 D 的内容中有进位，CY 标志为 ON。
++BL	++BL D	将 D+1 和 D 所指定的数据作为倍长数据进行 BCD 增量运算（+1）。 ++BL：在输入条件为 ON 的过程中（直至为 OFF 为止），每个周期加 1。 @++BL：仅在输入条件上升时（仅限 1 个周期）加 1。	D：数据低位通道编号。	（1）使用区域：块程序区域、工序步进程序区域、子程序区域、中断任务程序区域。 （2）D+1 和 D 的数据类型必须是 BCD。如果不是 BCD，将发生错误，ER 标志为 ON。 （3）若增量结果 D+1 和 D 的内容为 00000000H，=标志为 ON。 （4）若增量结果 D+1 的内容中有进位，CY 标志为 ON。

【应用范例】BCD 增量/BCD 倍长增量指令应用实例

梯形图程序	程序说明
0.01 ├┤├──┤++B 　　　　D200	当 0.01 为 ON 时，在每个周期 D200 中的数据加 1（直到 0.01 为 OFF 为止，每个周期都加 1）。
0.01 ├┤├──┤++BL 　　　　D100	当 0.01 为 ON 时，在每个周期 D101 和 D100 中的数据加 1（直到 0.01 为 OFF 为止，每个周期都加 1）。
0.01 ├┤├──┤@++B 　　　　D200	仅当 0.01 为 OFF→ON 时，D200 中的数据加 1。
0.01 ├┤├──┤@++BL 　　　　D100	仅当 0.01 为 OFF→ON 时，D101 和 D100 中的数据加 1。

6.1.4　BCD 减量/BCD 倍长减量

指　令	梯　形　图	指　令　描　述	参　数　说　明	指　令　说　明
－－B	－－B D	对 D 所指定的数据进行 BCD 减量运算（－1）。 　　－－B：在输入条件为 ON 的过程中（直至为 OFF 为止），每个周期减 1。 　　@－－B：仅在输入条件上升时（仅限 1 个周期）减 1。	D：数据通道编号	（1）使用区域：块程序区域、工序步进程序区域、子程序区域、中断任务程序区域。 （2）D 的数据类型必须是 BCD。如果不是 BCD，会发生错误，ER 标志为 ON。 （3）若减量结果 D 的内容为 0000H，＝标志为 ON。 （4）若减量结果 D 的内容中有借位，CY 标志为 ON。
－－BL	－－BL D	将 D+1 和 D 所指定的数据作为倍长数据，进行 BCD 减量运算（－1）。 　　－－BL：在输入条件为 ON 的过程中（直至为 OFF 为止），每个周期减 1。 　　@－－BL：仅在输入条件上升时（仅限 1 个周期）减 1。	D：数据低位通道编号	（1）使用区域：块程序区域、工序步进程序区域、子程序区域、中断任务程序区域。 （2）D+1 和 D 的数据类型必须是 BCD。如果不是 BCD，会发生错误，ER 标志为 ON。 （3）若减量结果 D+1 和 D 的内容为 00000000H，＝标志为 ON。 （4）若减量结果 D+1 的内容中有借位，CY 标志为 ON。

【应用范例】BCD 减量/BCD 倍长减量指令应用实例

梯形图程序	程　序　说　明
0.01 －－B D2000	当 0.01 为 ON 时，在每个周期 D2000 中的数据减 1（直到 0.01 为 OFF 为止，每个周期都减 1）。
0.01 －－BL D1000	当 0.01 为 ON 时，在每个周期 D1001 和 D1000 中的数据减 1（直到 0.01 为 OFF 为止，每个周期都减 1）。
0.01 @－－B D2000	仅当 0.01 为 OFF→ON 时，D2000 中的数据减 1。
0.01 @－－BL D1000	仅当 0.01 为 OFF→ON 时，D1001 和 D1000 中的数据减 1。

6.2 四则运算指令

6.2.1 带符号无 CY 标志 BIN 加法/带符号无 CY 标志 BIN 倍长加法

指 令	梯 形 图	指令描述	参数说明	指令说明
+	+ S1 S2 D	对 S1 与 S2 所指定的数据进行 BIN 加法运算，将结果输出到 D。	S1：被加数。 S2：加数。 D：运算结果通道编号。	（1）使用区域：块程序区域、工序步进程序区域、子程序区域、中断任务程序区域。 （2）指令执行时，将 ER 标志置于 OFF。 （3）若加法运算结果 D 的内容为 0000H，=标志为 ON。 （4）若加法运算结果有进位，CY 标志为 ON。 （5）若正数+正数的结果位于负数范围（8000H～FFFFH）内，OF 标志为 ON。 （6）若负数+负数的结果位于正数范围（0000H～7FFFH）内，UF 标志为 ON。 （7）若加法运算结果 D 的内容中最高位为 1，N 标志为 ON。
+L	+L S1 S2 D	将 S1+1 和 S1 与 S2+1 和 S2 所指定的数据作为倍长数据进行 BIN 加法运算，将结果输出到 D+1 和 D。	S1：被加数低位通道编号。 S2：加数低位通道编号。 D：运算结果低位通道编号。	（1）使用区域：块程序区域、工序步进程序区域、子程序区域、中断任务程序区域。 （2）指令执行时，将 ER 标志置于 OFF。 （3）若加法运算结果 D+1 和 D 的内容为 00000000H，=标志为 ON。 （4）若加法运算结果 D+1 的内容中有进位，CY 标志为 ON。 （5）若正数+正数的结果位于负数范围（80000000H～FFFFFFFFH）内，OF 标志为 ON。 （6）若负数+负数的结果位于正数范围（00000000H～7FFFFFFFH）内，UF 标志为 ON。 （7）若加法运算的结果 D+1 的内容中最高位为 1，N 标志为 ON。

【应用范例】带符号无 CY 标志 BIN 加法/带符号无 CY 标志 BIN 倍长加法指令应用实例

梯形图程序	程 序 说 明
0.01 + D200 D210 D220	当 0.01 为 ON 时，对 D200 和 D210 进行带符号 BIN 加法运算，结果输出到 D220。
0.01 +L D300 D310 D320	当 0.01 为 ON 时，对 D301 和 D300 的 2 通道数据与 D311 和 D310 的 2 通道数据进行带符号 BIN 加法运算，结果输出到 D321 和 D320。

6.2.2　带符号和 CY 标志 BIN 加法/带符号和 CY 标志 BIN 倍长加法

指　令	梯　形　图	指　令　描　述	参　数　说　明	指　令　说　明
+C	+C S1 S2 D	对 S1 和 S2 所指定的数据进行包括进位（CY）标志在内的 BIN 加法运算，并将结果输出到 D。	S1：被加数。 S2：加数。 D：运算结果通道编号。	（1）使用区域：块程序区域、工序步进程序区域、子程序区域、中断任务程序区域。 （2）指令执行时，将 ER 标志置于 OFF。 （3）若加法运算结果 D 的内容为 0000H，=标志为 ON。 （4）若加法运算结果有进位，CY 标志为 ON。 （5）若正数+正数+CY 标志的结果位于负数范围（8000H～FFFFH）内，OF 标志为 ON。 （6）若负数+负数+CY 标志的结果位于正数范围（0000H～7FFFH）内，UF 标志为 ON。 （7）若加法运算结果 D 的内容中最高位为 1，N 标志为 ON。
+CL	+CL S1 S2 D	将 S1+1 和 S1 与 S2+1 和 S2 所指定的数据作为倍长数据，进行包括进位（CY）标志在内的 BIN 加法运算，并将结果输出到 D+1 和 D。	S1：被加数低位通道编号。 S2：加数低位通道编号。 D：运算结果低位通道编号。	（1）使用区域：块程序区域、工序步进程序区域、子程序区域、中断任务程序区域。 （2）指令执行时，将 ER 标志置于 OFF。 （3）若加法运算结果 D+1 和 D 的内容为 00000000H，=标志为 ON。 （4）若加法运算结果 D+1 的内容中有进位，CY 标志为 ON。 （5）若正数+正数+CY 标志的结果位于负数范围（80000000H～FFFFFFFFH）内，OF 标志为 ON。 （6）若负数+负数+CY 标志的结果位于正数范围（00000000H～7FFFFFFFH）内，UF 标志为 ON。 （7）若加法运算结果 D+1 的内容中最高位为 1，N 标志为 ON。

【应用范例】带符号和 CY 标志 BIN 加法/带符号和 CY 标志 BIN 倍长加法指令应用实例

梯形图程序	程　序　说　明
0.01 +C D300 D310 D320	当 0.01 为 ON 时，对 D300、D310 和 CY 标志进行带符号 BIN 加法运算，结果输出到 D320。
0.01 +CL D2000 D2010 D3000	当 0.01 为 ON 时，对 D2001 和 D2000、D2011 和 D2010、CY 标志进行带符号 BIN 加法运算，结果输出到 D3001 和 D3000。

6.2.3 无 CY 标志 BCD 加法/无 CY 标志 BCD 倍长加法

指　令	梯　形　图	指　令　描　述	参　数　说　明	指　令　说　明
+B	+B S1 S2 D	对 S1 和 S2 所指定的数据进行 BCD 加法运算，并将结果输出到 D。	S1：被加数。 S2：加数。 D：运算结果通道编号。	（1）使用区域：块程序区域、工序步进程序区域、子程序区域、中断任务程序区域。 （2）若 S1 或 S2 的类型不为 BCD，将发生错误，ER 标志为 ON。 （3）若加法运算结果 D 的内容为 0000H，=标志为 ON。 （4）若加法运算结果有进位，CY 标志为 ON。
+BL	+BL S1 S2 D	将 S1+1 和 S1 与 S2+1 和 S2 所指定的数据作为倍长数据进行 BCD 加法运算，将结果输出到 D+1 和 D。	S1：被加数低位通道编号。 S2：加数低位通道编号。 D：运算结果低位通道编号。	（1）使用区域：块程序区域、工序步进程序区域、子程序区域、中断任务程序区域。 （2）若 S1+1 和 S1 或 S2+1 和 S2 的类型不为 BCD，将发生错误，ER 标志为 ON。 （3）若加法运算结果 D+1 和 D 的内容为 00000000H，=标志为 ON。 （4）若加法运算结果 D+1 的内容中有进位，进位（CY）标志为 ON。

【应用范例】无 CY 标志 BCD 加法/无 CY 标志 BCD 倍长加法指令应用实例

梯　形　图　程　序	程　序　说　明
0.01 +B D300 D310 D320	当 0.01 为 ON 时，对 D300 和 D310 进行 BCD 加法运算，结果输出到 D320。
0.01 +BL D2000 D2100 D2200	当 0.01 为 ON 时，对 D2001 和 D2000 与 D2101 和 D2100 进行 BCD 加法运算，结果输出到 D2201 和 D2200。

6.2.4 带 CY 标志 BCD 加法/带 CY 标志 BCD 倍长加法

指　令	梯　形　图	指　令　描　述	参　数　说　明	指　令　说　明
+BC	+BC S1 S2 D	对 S1 和 S2 所指定的数据进行包括进位（CY）标志在内的 BCD 加法运算，结果输出到 D。	S1：被加数。 S2：加数。 D：运算结果通道编号。	（1）使用区域：块程序区域、工序步进程序区域、子程序区域、中断任务程序区域。 （2）若 S1 或 S2 的类型不为 BCD，将发生错误，ER 标志为 ON。 （3）若加法运算结果 D 的内容为 0000H，=标志为 ON。 （4）若加法运算结果有进位，CY 标志为 ON。
+BCL	+BCL S1 S2 D	将 S1+1 和 S1 与 S2+1 和 S2 所指定的数据作为倍长数据，进行包括进位（CY）标志在内的 BCD 加法运算，将结果输出到 D+1 和 D。	S1：被加数低位通道编号。 S2：加数低位通道编号。 D：运算结果低位通道编号。	（1）使用区域：块程序区域、工序步进程序区域、子程序区域、中断任务程序区域。 （2）若 S1+1 和 S1 或 S2+1 和 S2 的内容不为 BCD，将发生错误，ER 标志为 ON。 （3）若加法运算结果 D+1 和 D 的内容为 00000000H，=标志为 ON。 （4）若加法运算结果 D+1 的内容中有进位，CY 标志为 ON。

梯 形 图 程 序	程 序 说 明
0.01 ─┤├─ +BC D200 D300 D400	当 0.01 为 ON 时，对 D200、D300 和 CY 标志进行 BCD 加法运算，结果输出到 D400。
0.01 ─┤├─ +BCL D2000 D2100 D2200	当 0.01 为 ON 时，对 D2001 和 D2000、D2101 和 D2100、CY 标志进行 BCD 加法运算，结果输出到 D2201 和 D2200。

【应用范例】带 CY 标志 BCD 加法/带 CY 标志 BCD 倍长加法指令应用实例

6.2.5 带符号无 CY 标志 BIN 减法/带符号无 CY 标志 BIN 倍长减法

指 令	梯 形 图	指 令 描 述	参 数 说 明	指 令 说 明
－	－ S1 S2 D	对 S1 和 S2 所指定的数据进行 BIN 减法运算，并将结果输出到 D。当结果为负数时，以二进制补码形式输出到 D。	S1：被减数。 S2：减数。 D：运算结果通道编号。	（1）使用区域：块程序区域、工序步进程序区域、子程序区域、中断任务程序区域。 （2）指令执行时，将 ER 标志置于 OFF。 （3）若减法运算结果 D 的内容为 0000H，=标志为 ON。 （4）若减法运算结果有借位，进位（CY）标志为 ON。 （5）若正数-负数的结果位于负数范围（8000H～ FFFFH）内，OF 标志为 ON。 （6）若负数-正数的结果位于正数范围（0000H～ 7FFFH）内，UF 标志为 ON。 （7）若减法运算结果 D 的内容中最高位为 1，N 标志为 ON。
－L	－L S1 S2 D	将 S1+1 和 S1 与 S2+1 和 S2 所指定的数据作为倍长数据进行 BIN 减法运算，将结果输出到 D+1 和 D。当结果为负数时，以二进制补码形式输出到 D+1 和 D。	S1：被减数低位通道编号。 S2：减数低位通道编号。 D：运算结果低位通道编号。	（1）使用区域：块程序区域、工序步进程序区域、子程序区域、中断任务程序区域。 （2）指令执行时，将 ER 标志置于 OFF。 （3）若减法运算结果 D+1 和 D 的内容为 00000000H，=标志为 ON。 （4）若减法运算结果 D+1 的内容中有借位，进位（CY）标志为 ON。 （5）若正数-负数的结果位于负数范围（80000000H～ FFFFFFFFH）内，OF 标志为 ON。 （6）若负数-正数的结果位于正数范围（00000000H～ 7FFFFFFFH）内，UF 标志为 ON。 （7）若减法运算结果 D+1 和 D 的内容中最高位为 1，N 标志为 ON。

【应用范例】带符号无 CY 标志 BIN 减法/带符号无 CY 标志 BIN 倍长减法指令应用实例

梯 形 图 程 序	程 序 说 明
0.01 ─┤├─ － D200 D300 D400	当 0.01 为 ON 时，对 D200 和 D300 进行 BIN 减法运算，结果输出到 D400。

梯形图程序	程序说明
 0.01 ├┤├── ┌─────┐ 　　　 │ −L │ 　　　 ├─────┤ 　　　 │D2000│ 　　　 ├─────┤ 　　　 │D2200│ 　　　 ├─────┤ 　　　 │D2500│ 　　　 └─────┘	当 0.01 为 ON 时，对 D2001 和 D2000、D2201 和 D2200 进行 BIN 减法运算，结果输出到 D2501 和 D2500。

6.2.6　带符号和 CY 标志 BIN 减法/带符号和 CY 标志 BIN 倍长减法

指　令	梯　形　图	指　令　描　述	参数说明	指　令　说　明
−C	┌─────┐ │ −C │ ├─────┤ │ S1 │ ├─────┤ │ S2 │ ├─────┤ │ D │ └─────┘	对 S1 和 S2 所指定的数据进行包括进位（CY）标志在内的 BIN 减法运算，将结果输出到 D。当结果为负数时，以二进制补码形式输出到 D。	S1：被减数。 S2：减数。 D：运算结果通道编号。	（1）使用区域：块程序区域、工序步进程序区域、子程序区域、中断任务程序区域。 （2）指令执行时，将 ER 标志置于 OFF。 （3）若减法运算结果 D 的内容为 0000H，＝标志为 ON。 （4）若减法运算结果有借位，CY 标志为 ON。 （5）若正数−负数−CY 标志的结果位于负数范围（8000H～FFFFH）内，OF 标志为 ON。 （6）若负数−正数−CY 标志的结果位于正数范围（0000H～7FFFH）内，UF 标志为 ON。 （7）若减法运算结果 D 的内容中最高位为 1，N 标志为 ON。
−CL	┌─────┐ │ −CL │ ├─────┤ │ S1 │ ├─────┤ │ S2 │ ├─────┤ │ D │ └─────┘	将 S1+1 和 S1 与 S2+1 和 S2 所指定的数据作为倍长数据，进行包括进位（CY）标志在内的 BIN 减法运算，将结果输出到 D+1 和 D。当结果转成负数时，以二进制补码形式输出到 D+1 和 D。	S1：被减数低位通道编号。 S2：减数低位通道编号。 D：运算结果低位通道编号。	（1）使用区域：块程序区域、工序步进程序区域、子程序区域、中断任务程序区域。 （2）指令执行时，将 ER 标志置于 OFF。 （3）若减法运算结果 D+1 和 D 的内容为 00000000H，＝标志为 ON。 （4）若减法运算结果 D+1 的内容中有借位，进位（CY）标志为 ON。 （5）若正数−负数−CY 标志的结果位于负数范围（80000000H～FFFFFFFFH）内，OF 标志为 ON。 （6）若负数−正数−CY 标志的结果位于正数范围（00000000H～7FFFFFFFH）内，UF 标志为 ON。 （7）若减法运算结果 D+1 和 D 的内容中最高位为 1，N 标志为 ON。

【应用范例】带符号和 CY 标志 BIN 减法/带符号和 CY 标志 BIN 倍长减法指令应用实例

梯形图程序	程序说明
 0.01 ├┤├── ┌─────┐ 　　　 │ −C │ 　　　 ├─────┤ 　　　 │D200 │ 　　　 ├─────┤ 　　　 │D210 │ 　　　 ├─────┤ 　　　 │D220 │ 　　　 └─────┘	当 0.01 为 ON 时，从 D200 中减去 D210 与 CY 标志，结果输出到 D220。
 0.01 ├┤├── ┌─────┐ 　　　 │ −CL │ 　　　 ├─────┤ 　　　 │D2000│ 　　　 ├─────┤ 　　　 │D2100│ 　　　 ├─────┤ 　　　 │D2200│ 　　　 └─────┘	当 0.01 为 ON 时，从 D2000 和 D2001 中减去 D2101 和 D2100、CY 标志，结果输出到 D2201 和 D2200。

6.2.7　无 CY 标志 BCD 减法/无 CY 标志 BCD 倍长减法

指　令	梯　形　图	指　令　描　述	参　数　说　明	指　令　说　明
–B	–B S1 S2 D	对 S1 和 S2 所指定的数据进行 BCD 减法运算，将结果输出到 D。当结果为负数时，以十进制补码形式输出到 D。	S1：被减数。 S2：减数。 D：运算结果通道编号。	（1）使用区域：块程序区域、工序步进程序区域、子程序区域、中断任务程序区域。 （2）若 S1 或 S2 的类型不为 BCD，将发生错误，ER 标志为 ON。 （3）若减法运算结果 D 的内容为 0000H，=标志为 ON。 （4）若减法运算结果有借位，进位（CY）标志为 ON。
–BL	–BL S1 S2 D	将 S1+1 和 S1 与 S2+1 和 S2 所指定的数据作为倍长数据，进行 BCD 减法运算，将结果输出到 D+1 和 D。当结果为负数时，以十进制补码形式输出到 D+1 和 D。	S1：被减数低位通道编号。 S2：减数低位通道编号。 D：运算结果低位通道编号。	（1）使用区域：块程序区域、工序步进程序区域、子程序区域、中断任务程序区域。 （2）若 S1+1 和 S1 或 S2+1 和 S2 的类型不为 BCD，将发生错误，ER 标志为 ON。 （3）若减法运算结果 D+1 和 D 的内容为 00000000H，=标志为 ON。 （5）若减法运算结果 D+1 的内容中有借位，进位（CY）标志为 ON。

【应用范例】无 CY 标志 BCD 减法/无 CY 标志 BCD 倍长减法指令应用实例

梯形图程序	程　序　说　明
0.01 　–C 　D200 　D210 　D220	当 0.01 为 ON 时，从 D200 中减去 D210，结果输出到 D220。
0.01 　–BL 　D2000 　D2100 　D2200	当 0.01 为 ON 时，从 D2001 和 D2000 中减去 D2101 和 D2100，结果输出到 D2201 和 D2200。

6.2.8　带 CY 标志 BCD 减法/带 CY 标志 BCD 倍长减法

指　令	梯　形　图	指　令　描　述	参　数　说　明	指　令　说　明
–BC	–BC S1 S2 D	对 S1 和 S2 所指定的数据进行包括进位（CY）标志在内的 BCD 减法运算，将结果输出到 D。当结果为负数时，以十进制补码形式输出到 D。	S1：被减数。 S2：减数。 D：运算结果通道编号。	（1）使用区域：块程序区域、工序步进程序区域、子程序区域、中断任务程序区域。 （2）若 S1 或 S2 的类型不为 BCD，将发生错误，ER 标志为 ON。 （3）若减法运算结果 D 的内容为 0000H，=标志为 ON。 （4）若减法运算结果有借位，CY 标志为 ON。
–BCL	–BCL S1 S2 D	将 S1+1 和 S1 与 S2+1 和 S2 所指定的数据作为倍长数据，进行包括进位（CY）标志在内的 BCD 减法运算，将结果输出到 D+1 和 D。当结果为负数时，以十进制补码形式输出到 D+1 和 D。	S1：被减数低位通道编号。 S2：减数低位通道编号。 D：运算结果低位通道编号。	（1）使用区域：块程序区域、工序步进程序区域、子程序区域、中断任务程序区域。 （2）若 S1+1 和 S1 或 S2+1 和 S2 的内容不为 BCD，将发生错误，ER 标志为 ON。 （3）若减法运算结果 D+1 和 D 的内容为 00000000H，=标志为 ON。 （4）若减法运算结果 D+1 的内容中有借位，CY 标志为 ON。

续表

【应用范例】带 CY 标志 BCD 减法/带 CY 标志 BCD 倍长减法指令应用实例

梯形图程序	程 序 说 明
0.01 ─┤├─ −BC D200 D210 D220	当 0.01 为 ON 时，从 D200 中减去 D210 与 CY 标志，结果输出到 D220。
0.01 ─┤├─ −BCL D2000 D2100 D2200	当 0.01 为 ON 时，从 D2001 和 D2000 中减去 D2101 和 D2100、CY 标志，结果输出到 D2201 和 D2200

6.2.9　带符号 BIN 乘法/带符号 BIN 倍长乘法

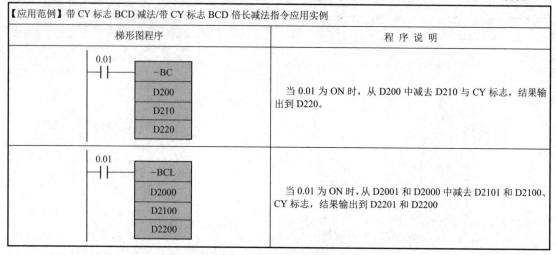

指 令	梯 形 图	指 令 描 述	参 数 说 明	指 令 说 明
*	* S1 S2 D	对 S1 和 S2 所指定的数据进行带符号 BIN 乘法运算，将结果输出到 D+1 和 D。	S1：被乘数。 S2：乘数。 D：运算结果低位通道编号。	（1）使用区域：块程序区域、工序步进程序区域、子程序区域、中断任务程序区域。 （2）指令执行时，将 ER 标志置于 OFF。 （3）若乘法运算结果 D+1 和 D 的内容为 00000000H，=标志为 ON。 （4）若乘法运算结果 D+1 的内容中最高位为 1，N 标志为 ON。
*L	*L S1 S2 D	将 S1+1 和 S1 与 S2+1 和 S2 所指定的数据作为倍长数据，进行带符号 BIN 乘法运算，将结果输出到 D+3～D。	S1：被乘数低位通道编号。 S2：乘数低位通道编号。 D：运算结果低位通道编号。	（1）使用区域：块程序区域、工序步进程序区域、子程序区域、中断任务程序区域。 （2）指令执行时，将 ER 标志置于 OFF。 （3）若乘法运算结果 D+3～D 的内容为 0000000000000000H，=标志为 ON。 （4）若乘法运算结果 D+3 的内容中最高位为 1，N 标志为 ON。

【应用范例】带符号 BIN 乘法/带符号 BIN 倍长乘法指令应用实例

梯形图程序	程 序 说 明
0.01 ─┤├─ * D200 D210 D200	当 0.01 为 ON 时，对 D200 和 D210 进行带符号 BIN 乘法运算，结果输出到 D221 和 D220。
0.01 ─┤├─ *L D300 D310 D320	当 0.01 为 ON 时，对 D301 和 D300 与 D311 和 D310 进行带符号 BIN 乘法运算，结果输出到 D323～D320。

6.2.10 无符号 BIN 乘法/无符号 BIN 倍长乘法

指 令	梯 形 图	指 令 描 述	参 数 说 明	指 令 说 明
*U	*U S1 S2 D	对 S1 和 S2 所指定的数据进行 BIN 乘法运算,将结果输出到 D+1 和 D。	S1:被乘数。 S2:乘数。 D:运算结果低位通道编号。	(1)使用区域:块程序区域、工序步进程序区域、子程序区域、中断任务程序区域。 (2)指令执行时,将 ER 标志置于 OFF。 (3)若乘法运算结果 D+1 和 D 的内容为 00000000H,=标志为 ON。 (4)若乘法运算的结果中 D+1 的内容中最高位为 1,N 标志为 ON。
*UL	*UL S1 S2 D	将 S1+1 和 S1 与 S2+1 和 S2 所指定的数据作为倍长数据,进行无符号 BIN 乘法运算,将结果输出到 D+3～D。	S1:被乘数低位通道编号。 S2:乘数低位通道编号。 D:运算结果低位通道编号。	(1)使用区域:块程序区域、工序步进程序区域、子程序区域、中断任务程序区域。 (2)指令执行时,将 ER 标志置于 OFF。 (3)若乘法运算结果 D+3～D 的内容为 0000000000000000H,=标志为 ON。 (4)若乘法运算结果 D+3 的内容中最高位为 1,N 标志为 ON。

【应用范例】无符号 BIN 乘法/无符号 BIN 倍长乘法指令应用实例

梯形图程序	程 序 说 明
0.01 　┤├　　*U 　　　　D200 　　　　D210 　　　　D220	当 0.01 为 ON 时,对 D200 和 D210 进行无符号 BIN 乘法运算,结果输出到 D221 和 D220。
0.01 　┤├　　*UL 　　　　D300 　　　　D310 　　　　D320	当 0.01 为 ON 时,对 D301 和 D300、D311 和 D310 进行无符号 BIN 乘法运算,结果输出到 D323～D320。

6.2.11 BCD 乘法/BCD 倍长乘法

指 令	梯 形 图	指 令 描 述	参 数 说 明	指 令 说 明
*B	*B S1 S2 D	对 S1 和 S2 所指定的数据进行 BCD 乘法运算,将结果输出到 D+1 和 D。	S1:被乘数。 S2:乘数。 D:运算结果低位通道编号。	(1)使用区域:块程序区域、工序步进程序区、子程序区、中断任务程序区域。 (2)若 S1 或 S2 的类型不为 BCD,将发生错误,ER 标志为 ON。 (3)若乘法运算结果 D+1 和 D 的内容为 00000000H,=标志为 ON。
*BL	*BL S1 S2 D	将 S1+1 和 S1 与 S2+1 和 S2 指定的数据作为倍长数据进行 BCD 乘法运算,将结果输出到 D+3～D。	S1:被乘数低位通道编号。 S2:乘数低位通道编号。 D:运算结果低位通道编号。	(1)使用区域:块程序区域、工序步进程序区、子程序区、中断任务程序区域。 (2)若 S1+1 和 S1 或 S2+1 和 S2 的类型不为 BCD,将发生错误,ER 标志为 ON。 (3)若乘法运算结果 D+3～D 的内容为 0000000000000000H,=标志为 ON。

续表

【应用范例】BCD 乘法/BCD 倍长乘法指令应用实例

梯形图程序	程序说明
	当 0.01 为 ON 时，对 D200 和 D210 进行 BCD 乘法运算，结果输出到 D221 和 D220。
	当 0.01 为 ON 时，对 D301 和 D300、D311 和 D310 进行 BCD 乘法运算，结果输出到 D323～D320。

6.2.12　带符号 BIN 除法/带符号 BIN 倍长除法

指令	梯形图	指令描述	参数说明	指令说明
/	/ S1 S2 D	作为带符号 BIN 数据（16 位），计算 S1÷S2，将商（16 位）输出到 D，将余数（16 位）输出到 D+1。	S1：被除数低位通道编号。 S2：除数低位通道编号。 D：运算结果低位通道编号。	（1）使用区域：块程序区域、工序步进程序区域、子程序区域、中断任务程序区域。 （2）8000H～FFFF H 的运算结果不确定。 （3）若 S2 为 0，会发生出错，ER 标志为 ON。 （4）若除法运算结果 D 的内容为 0000H，= 标志为 ON。 （5）若除法运算结果 D 的内容中最高位为 1，N 标志为 ON。
/L	/L S1 S2 D	作为带符号 BIN 数据（32 位），计算（S1+1 和 S1）÷（S2+1 和 S2），将商（32 位）输出到 D+1 和 D，将余数（32 位）输出到 D+3 和 D+2。	S1：被除数低位通道编号。 S2：除数低位通道编号。 D：运算结果低位通道编号。	（1）使用区域：块程序区域、工序步进程序区域、子程序区域、中断任务程序区域。 （2）80000000 H～FFFFFFFF H 的运算结果不确定。 （3）若 S2+1 和 S2 为 0，将发生错误，ER 标志为 ON。 （4）若除法运算结果 D+1 和 D 的内容为 00000000H，=标志为 ON。 （5）若除法运算结果 D+1 的内容中最高位为 1，N 标志为 ON。

【应用范例】带符号 BIN 除法/带符号 BIN 倍长除法指令应用实例

梯形图程序	程序说明
0.01 / D200 D210 D220	当 0.01 为 ON 时，对 D200 和 D210 进行带符号 BIN 除法运算，将商输出到 D220，余数输出到 D221。
0.01 /L D300 D310 D320	当 0.01 为 ON 时，对 D301 和 D300、D311 和 D310 进行带符号 BIN 除法运算，将商输出到 D321 和 D320，余数输出到 D323 和 D322。

6.2.13 无符号 BIN 除法/无符号 BIN 倍长除法

指 令	梯 形 图	指 令 描 述	参 数 说 明	指 令 说 明
/U	/U S1 S2 D	作为无符号 BIN 数据（16 位），计算 S1÷S2，将商（16 位）输出到 D，将余数（16 位）输出到 D+1。	S1：被除数低位通道编号。 S2：除数低位通道编号。 D：运算结果低位通道编号。	（1）使用区域：块程序区域、工序步进程序区域、子程序区域、中断任务程序区域。 （2）若 S2 为 0，将发生错误，ER 标志为 ON。 （3）若除法运算结果 D 的内容为 0000H，=标志为 ON。 （4）若除法运算结果 D+1 的内容中最高位为 1，N 标志为 ON。
/UL	/UL S1 S2 D	作为无符号 BIN 数据（32 位），计算（S1+1 和 S1）÷（S2+1 和 S2），将商（32 位）输出到 D+1 和 D，将余数（32 位）输出到 D+3 和 D+2。	S1：被除数低位通道编号。 S2：除数低位通道编号。 D：运算结果低位通道编号。	（1）使用区域：块程序区域、工序步进程序区域、子程序区域、中断任务程序区域。 （2）若 S2+1 和 S2 为 0，将发生错误，ER 标志为 ON。 （3）若除法运算结果 D+1 和 D 的内容为 00000000H，=标志为 ON。 （4）若除法运算结果 D+1 的内容中最高位为 1，N 标志为 ON。

【应用范例】无符号 BIN 除法/无符号 BIN 倍长除法指令应用实例

梯形图程序	程 序 说 明

0.01
  /U
  D200
  D210
  D220
	当 0.01 为 ON 时，对 D200 和 D210 进行无符号 BIN 除法运算，将商输出到 D220，余数输出到 D221。

0.01
  /UL
  D300
  D310
  D320
	当 0.01 为 ON 时，对 D301 和 D300、D311 和 D310 进行无符号 BIN 除法运算，将商输出到 D321 和 D320，余数输出到 D323 和 D322。

6.2.14 BCD 除法/BCD 倍长除法

指 令	梯 形 图	指 令 描 述	参 数 说 明	指 令 说 明
/B	/B S1 S2 D	作为 BCD 数据（16 位），计算 S1÷S2，将商（16 位）输出到 D，将余数（16 位）输出到 D+1。	S1：被除数低位通道编号。 S2：除数低位通道编号。 D：运算结果低位通道编号。	（1）使用区域：块程序区域、工序步进程序区域、子程序区域、中断任务程序区域。 （2）若 S1 或 S2 的类型不为 BCD，或除法运算数据 S2 为 0，将发生错误，ER 标志为 ON。 （3）若除法运算结果 D 的内容为 0000H，=标志为 ON。
/BL	/BL S1 S2 D	作为 BCD 数据（32 位），计算（S1+1 和 S1）÷（S2+1 和 S2），将商（32 位）输出到 D+1 和 D，将余数（32 位）输出到 D+3 和 D+2。	S1：被除数低位通道编号。 S2：除数低位通道编号。 D：运算结果低位通道编号。	（1）使用区域：块程序区域、工序步进程序区域、子程序区域、中断任务程序区域。 （2）若 S1+1 和 S1 或 S2+1 和 S2 的类型不为 BCD，或者 S2+1 和 S2 为 0，将发生错误，ER 标志为 ON。 （3）若除法运算结果 D+1 和 D 的内容为 00000000H，=标志为 ON。

续表

【应用范例】BCD 除法/BCD 倍长除法指令应用实例

梯形图程序	程序说明
0.01 ──┤├──　/B 　　　　　D200 　　　　　D210 　　　　　D220	当 0.01 为 ON 时，对 D200 和 D210 进行 BCD 除法运算，将商输出到 D220，余数输出到 D221。
0.01 ──┤├──　/BL 　　　　　D300 　　　　　D310 　　　　　D320	当 0.01 为 ON 时，对 D301 和 D300、D311 和 D310 进行 BCD 除法运算，将商输出到 D321 和 D320，余数输出到 D323 和 D322。

6.3   逻辑运算指令

6.3.1   字与/双字与

指　令	梯　形　图	指　令　描　述	参　数　说　明	指　令　说　明
ANDW	ANDW S1 S2 D	对 S1 和 S2 所指定的数据进行逐位逻辑与运算，结果输出到 D。	S1：运算数据 1。 S2：运算数据 2。 D：运算结果通道编号。	（1）使用区域：块程序区域、工序步进程序区域、子程序区域、中断任务程序区域。 （2）指令执行时，ER 标志置于 OFF。 （3）若运算结果 D 的内容为 0000H，=标志为 ON。 （4）若运算结果 D 的内容中最高位为 1，N 标志为 ON。
ANDL	ANDL S1 S2 D	将 S1+1 和 S1 与 S2+1 和 S2 所指定的数据作为倍长数据，对其进行逐位逻辑与运算，结果输出到 D+1 和 D。	S1：运算数据 1 低位通道编号。 S2：运算数据 2 低位通道编号。 D：运算结果低位通道编号。	（1）使用区域：块程序区域、工序步进程序区域、子程序区域、中断任务程序区域。 （2）指令执行时，ER 标志置于 OFF。 （3）若运算结果 D+1 和 D 的内容为 00000000H，=标志为 ON。 （4）若运算结果 D+1 的内容中最高位为 1，N 标志为 ON。

【应用范例】双字与指令应用实例

梯形图程序	程序说明
0.01 ──┤├──　ANDL 　　　　　2000 　　　　　3000 　　　　　D300	当 0.01 为 ON 时，对通道 2001 和通道 2000 与通道 3001 和通道 3000 的对应位逐位进行逻辑与运算，结果输出到 D301 和 D300 的对应位。

6.3.2　字或/双字或

指　令	梯　形　图	指 令 描 述	参 数 说 明	指 令 说 明
ORW	ORW S1 S2 D	对 S1 和 S2 所指定的数据进行逐位逻辑或运算，将结果输出到 D。	S1：运算数据1。 S2：运算数据2。 D：运算结果通道编号。	（1）使用区域：块程序区域、工序步进程序区域、子程序区域、中断任务程序区域。 （2）指令执行时，ER 标志置于 OFF。 （3）若运算结果 D 的内容为 0000 H，=标志为 ON。 （4）若运算结果 D 的内容中最高位为1，N 标志为 ON。
ORWL	ORWL S1 S2 D	将 S1+1 和 S1 与 S2+1 和 S2 所指定的数据作为倍长数据，对其进行逐位逻辑或运算，将结果输出到 D+1 和 D。	S1：运算数据1低位通道编号。 S2：运算数据2低位通道编号。 D：运算结果输出低位通道编号。	（1）使用区域：块程序区域、工序步进程序区域、子程序区域、中断任务程序区域。 （2）指令执行时，ER 标志置于 OFF。 （3）若运算结果 D+1 和 D 的内容为 00000000 H，=标志为 ON。 （4）若运算结果 D+1 内容中最高位为1，N 标志为 ON。

【应用范例】双字或指令应用实例

梯形图程序	程 序 说 明
0.01 ORWL 2000 3000 D300	当 0.01 为 ON 时，对通道 2001 和通道 2000 与通道 3001 和通道 3000 的对应位逐位进行逻辑或运算，结果输出到 D301 和 D300 的对应位。

6.3.3　字异或/双字异或

指　令	梯　形　图	指 令 描 述	参 数 说 明	指 令 说 明
XORW	XORW S1 S2 D	对 S1 和 S2 所指定的数据进行逐位异或运算，将结果输出到 D。	S1：运算数据1。 S2：运算数据2。 D：运算结果通道编号。	（1）使用区域：块程序区域、工序步进程序区域、子程序区域、中断任务程序区域。 （2）指令执行时，ER 标志置于 OFF。 （3）若运算结果 D 的内容为 0000H，=标志为 ON。 （4）若运算结果 D 的内容中最高位为1，N 标志为 ON。
XORL	XORL S1 S2 D	将 S1+1 和 S1 与 S2+1 和 S2 所指定的数据作为倍长数据，对其进行逐位异或运算，将结果输出到 D+1 和 D。	S1：运算数据1低位通道编号。 S2：运算数据2低位通道编号。 D：运算结果低位通道编号。	（1）使用区域：块程序区域、工序步进程序区域、子程序区域、中断任务程序区域。 （2）指令执行时，ER 标志置于 OFF。 （3）若运算结果 D+1 和 D 的内容为 00000000H，=标志为 ON。 （4）若运算结果 D+1 内容中最高位为1，N 标志为 ON。

【应用范例】双字异或指令应用实例

梯形图程序	程 序 说 明
0.01 XORL 1000 D2000 D2200	当 0.01 为 ON 时，对通道 1001 和通道 1000 与通道 2001 和通道 2000 的对应位逐位进行异或运算，结果输出到 D2201 和 D2200 的对应位。

6.3.4　字同或/双字同或

指　令	梯　形　图	指　令　描　述	参　数　说　明	指　令　说　明
XNRW	XNRW S1 S2 D	对 S1 和 S2 所指定的数据进行逐位同或运算，将结果输出到 D。	S1：运算数据 1。 S2：运算数据 2。 D：运算结果通道编号。	（1）使用区域：块程序区域、工序步进程序区域、子程序区域、中断任务程序区域。 （2）指令执行时，ER 标志置于 OFF。 （3）若运算结果 D 的内容为 0000H，=标志为 ON。 （4）若运算结果 D 的内容中最高位为 1 时，N 标志为 ON。
XNRL	XNRL S1 S2 D	将 S1+1 和 S1 与 S2+1 和 S2 所指定的数据作为倍长数据，对其进行逐位同或运算，将结果输出到 D+1 和 D。	S1：运算数据 1 低位通道编号。 S2：运算数据 2 低位通道编号。 D：运算结果低位通道编号。	（1）使用区域：块程序区域、工序步进程序区域、子程序区域、中断任务程序区域。 （2）指令执行时，ER 标志置于 OFF。 （3）若运算结果 D+1 和 D 的内容为 00000000 H，=标志为 ON。 （4）若运算结果 D+1 的内容中最高位为 1，N 标志为 ON。

【应用范例】双字同或指令应用实例

梯形图程序	程　序　说　明
0.01 XNRL 2000 3000 D300	当 0.01 为 ON 时，对通道 2001 和通道 2000 与通道 3001 和通道 3000 的对应位逐位进行同或运算，结果输出到 D301 和 D300 的对应位。

6.3.5　逐位取反/双字逐位取反

指　令	梯　形　图	指　令　描　述	参　数　说　明	指　令　说　明
COM	COM D	对 D 所指定的数据进行逐位取反。	D：取反数据通道编号。	（1）使用区域：块程序区域、工序步进程序区域、子程序区域、中断任务程序区域。 （2）使用 COM 指令时，若输入为 ON，则每个周期执行 1 次。 （3）指令执行时，ER 标志置于 OFF。 （4）若运算结果 D 的内容为 0000 H，=标志为 ON。 （5）若运算结果 D 的内容中最高位为 1，N 标志为 ON。
COML	COML D	将 D+1 和 D 所指定的数据作为倍长数据，对其进行逐位取反。	D：取反数据低位通道编号。	（1）使用区域：块程序区域、工序步进程序区域、子程序区域、中断任务程序区域。 （2）使用 COML 指令时，若输入为 ON，则每个周期执行 1 次。 （3）指令执行时，ER 标志置于 OFF。 （4）若运算结果 D+1 和 D 的内容为 00000000 H，=标志为 ON。 （5）若运算结果中 D+1 的内容中最高位为 1，N 标志为 ON。

【应用范例】逐位取反/双字逐位取反指令应用实例

梯形图程序	程　序　说　明
0.01 COM D200	当 0.01 为 ON 时，将 D200 的各位全部取反。

续表

梯形图程序	程序说明
0.01 —| |— COML D300	当 0.01 为 ON 时，将 D301 和 D300 的各位全部取反。

6.4 特殊运算指令

6.4.1 BIN 平方根运算

指 令	梯 形 图	指令描述	参数说明	指令说明
ROTB	ROTB S D	将指定通道视为带符号 BIN 数据（32 位），如果是正值，则进行平方根运算，输出运算结果的整数部分。对 S 所指定的 BIN 数据（32 位）进行平方根运算，将结果的整数部分输出到 D。	S：运算数据低位通道编号。D：运算结果通道编号。	（1）使用区域：块程序区域、工序步进程序区域、子程序区域、终端任务程序区域。（2）舍去小数点后的数据。（3）输入数据（S+1 和 S）的指定范围为 00000000H～3FFFFFFFH；若为 40000000H～7FFFFFFFH，作为 3FFFFFFFH 进行平方根运算。（4）若 S+1 的最高位为 1，将发生错误，ER 标志为 ON。（5）若运算结果为 0000H，=标志为 ON。（6）若 S+1 和 S 的内容在 40000000H～7FFFFFFFH 的范围内，OF 标志为 ON。（7）指令执行时，UF 标志及 N 标志为 OFF。

【应用范例】BIN 平方根运算指令应用实例

梯形图程序	程序说明
0.01 —| |— ROTB 2000 D200	当 0.01 为 ON 时，对通道 2001 和通道 2000 的数据进行平方根运算，只将整数部分输出到 D200。

6.4.2 BCD 平方根运算

指 令	梯 形 图	指令描述	参数说明	指令说明
ROOT	ROOT S D	将 S 所指定的数据作为 BCD 的倍长数据进行平方根运算，将结果的整数部分作为 BCD 数据输出到 D。	S：运算数据低位通道编号。D：运算结果通道编号。	（1）使用区域：块程序区域、工序步进程序区域、子程序区域、中断任务程序区域。（2）舍去小数点后的数据。（3）若 S+1 和 S 的类型不为 BCD，将发生错误，ER 标志为 ON。（4）若运算结果为 0000H，=标志为 ON。

【应用范例】BCD 平方根运算指令应用实例

梯形图程序	程序说明
0.01 —| |— ROOT D200 D300	当 0.01 为 ON 时，求取 D201 和 D200 的数据的平方根，结果输出到 D300。

6.4.3　数值转换

指　令	梯 形 图	指　令　描　述	参　数　说　明	指　令　说　明
APR	APR C S D	通过控制数据（C）指定 sin 计算、cos 计算、折线近似计算（BCD、16/32 位 BIN、单精度浮点数据）。 • 指定 sin 计算（C=0000 H）/cos 计算（C=0001 H）：计算对于 S 指定的角度数据（$\times 10^{-1}$ 的 BCD 码）0000～0900（0°～90°）的 sin 值/cos 值，将结果作为表示为小数点以下 4 位的 BCD 数据 0000～9999（0.0000～0.9999）并输出到 D。小数点以下第 5 位后部分舍去。 • 折线近似计算指定（C=通道指定）：根据下述转换式，以 C 指定的折线数据（X_n, Y_n）为基础，对 S 指定的输入数据进行近似计算，将结果输出到 D 指定的通道。 ① 当 $S<X_0$ 时，转换结果=Y_0。 ② 当 $X_0 \leqslant S \leqslant X_{max}$ 时，若 $X_n<S<X_{n+1}$，转换结果 =$Y_n+[\{Y_{n+1}-Y_n\}/\{X_{n+1}-X_n\}]\times\{$输入数据 $S-X_n\}$。 ③ 当 $X_{max}<S$ 时，转换结果=Y_{max}。 此外，在折线表格数据中最多可以保存 256 个数据。	C：控制数据 S：数据转换输入数据。 D：数值转换结果通道编号	（1）使用区域：块程序区域、工序步进程序区域、子程序区域、中断任务程序区域。 （2）sin/cos 计算： • 指定常数时，若 C 的内容不在 0000H～0001H 范围内，将发生错误，ER 标志为 ON。 • 对于 sin90°及 cos0°的运算结果为 1.0000，输出 9999（=0.9999）。 • 若输入数据如果超过#0900（90°），ER 变为 ON。 • 若 S 的数据不为 0000～0900 的 BCD 数据，ER 标志为 ON。 （3）折线近似计算： • 若 C 的内容不为 $X_1<X_2<\cdots<X_m$，将发生错误，ER 标志为 ON。 • 若指定输入种类 BCD，而 S 的内容不为 BCD 数据，ER 标志为 ON。 • 若运算结果 D 的内容中最高位为 1，N 标志为 ON。

【应用范例】 数值转换指令应用实例

梯形图程序	程序说明
0.01 APR #0000 D0 D200	控制数据 C 设定为#0000，说明要进行 sin 运算。当 0.01 为 ON 时，将 D0 中的数据的正弦值输出到 D200。

6.4.4　BCD 浮点除法

指　令	梯 形 图	指　令　描　述	参　数　说　明	指　令　说　明
FDIV	FDIV S1 S2 D	将 S1 和 S2 指定的数据作为指数部分 1 位+尾数部分 BCD 7 位的浮点数据（32 位 BCD）进行除法运算，将商作为浮点数据输出到 D+1 和 D。	S1：被除数低位通道编号。 S2：除数低位通道编号。 D：除法运算结果低位通道编号。	（1）使用区域：块程序区域、工序步进程序区域、子程序区域、中断任务程序区域。 （2）S1+1、S2+1 的最高位转换成指数位（0～F 有效），其他位转换成 BCD。 （3）S1+1、S2+1、D+1 不能超过使用区域。 （4）商输出的有效数字为 7 位，8 位以后舍去。

【应用范例】 BCD 浮点除法指令应用实例

梯形图程序	程序说明
0.01 FDIV D200 300 D400	当 0.01 为 ON 时，用 301 和 300 的内容除 D201 和 D200 的内容，将得到的商输出到 D401 和 D400。

6.4.5　位计数

指　令	梯　形　图	指　令　描　述	参　数　说　明	指　令　说　明
BCNT	BCNT W S D	从 S 指定的计数低位通道编号开始到指定通道数（W）的数据，对"1"的位的总数进行计数，将结果以 BIN 值输出到 D。	W：计数通道编号。 S：计数低位通道编号。 D：计数结果通道编号。	（1）使用区域：块程序区域、工序步进程序区域、子程序区域、中断任务程序区域。 （2）若 W 的数据不在 0001H～FFFFH 范围内，将发生错误，ER 标志为 ON。 （3）若计数结果 D 的内容超过 FFFFH，也将发生错误，ER 标志为 ON。 （4）若计数结果 D 的内容为 0000H，=标志为 ON。 （5）计数结束通道的 S+（W−1）不得超出 S 指定的区域种类的最大范围。

【应用范例】位计数指令应用实例

梯形图程序	程　序　说　明
0.01 ┤├　BCNT 　　&20 　　300 　　D2000	当 0.01 为 ON 时，计算从通道 300 到通道 319 的数据中"1"的个数，将其以 BIN 值保存到 D2000。

6.5　浮点转换及运算指令

6.5.1　浮点→16 位 BIN 转换

指　令	梯　形　图	指　令　描　述	参　数　说　明	指　令　说　明
FIX	FIX S D	将 S 所指定的单精度浮点数据（32 位）的整数部分转换为带符号 16 位 BIN 数据，将结果输出到 D。	S：浮点数据低位通道编号。 D：转换结果通道编号。	（1）使用区域：块程序区域、工序步进程序区域、子程序区域、中断任务程序区域。 （2）若 S 的内容不为浮点数据，会发生错误，ER 标志为 ON。 （3）若 S+1 和 S 的内容不在−32768～+32767 范围内时，会发生错误，ER 标志为 ON。 （4）若转换结果 D 的内容为 0000H，=标志为 ON。 （5）若转换结果 D 的内容中最高位为 1，N 标志为 ON。

6.5.2　浮点→32 位 BIN 转换

指　令	梯　形　图	指　令　描　述	参　数　说　明	指　令　说　明
FIXL	FIXL S D	将 S 所指定的单精度浮点数据（32 位）的整数部分转换为带符号 32 位 BIN 数据，将结果输出到 D+1、D。	S：浮点数据低位通道编号。 D：转换结果低位通道编号。	（1）使用区域：块程序区域、工序步进程序区域、子程序区域、中断任务程序区域。 （2）若 S 的内容不为浮点数据，会发生错误，ER 标志为 ON。 （3）若 S+1 和 S 的内容不在−2147483648～+2147483647 范围内，会发生错误，ER 标志为 ON。 （4）若转换结果 D+1 和 D 的内容为 00000000H，=标志为 ON。 （5）若转换结果 D+1 的内容中最高位为 1，N 标志为 ON。

6.5.3　16 位 BIN→浮点转换

指　令	梯　形　图	指　令　描　述	参　数　说　明	指　令　说　明
FLT	FLT S D	将 S 所指定的带符号 BIN 数据（16 位）转换为单精度浮点数据（32 位），将结果输出到 D+1 和 D。浮点数据在小数点后变为 1 位的 0。	S：BIN 数据。 D：转换结果低位通道编号。	（1）使用区域：块程序区域、工序步进程序区域、子程序区域、中断任务程序区域。 （2）在 S 中可以指定–32768～+32767 范围内的 BIN 数据。 （3）指令执行时，ER 标志为 OFF。 （4）若转换结果为 0，=标志为 ON。 （5）若转换结果为负数，N 标志为 ON。

6.5.4　32 位 BIN→浮点转换

指　令	梯　形　图	指　令　描　述	参　数　说　明	指　令　说　明
FLTL	FLTL S D	将 S 所指定的带符号 BIN 数据（32 位）转换为单精度浮点数据（32 位），将结果输出到 D+1 和 D。浮点数据在小数点后变为 1 位的 0。	S：BIN 倍长数据低位通道编号。 D：转换结果低位通道编号。	（1）使用区域：块程序区域、工序步进程序区域、子程序区域、中断任务程序区域。 （2）在 S 中可以指定–2147483648～+2147483647 范围内的 BIN 倍长数据。 （3）浮点的有效位数为 24 位。因此，对超过 16777215（24 位～最大值）的值通过 FLTL 指令进行转换时，转换结果会产生误差。 （4）指令执行时，ER 标志为 OFF。 （5）若转换结果为 0，=标志为 ON。 （6）若转换结果为负数，N 标志为 ON。

6.5.5　浮点加法

指　令	梯　形　图	指　令　描　述	参　数　说　明	指　令　说　明
+F	+F S1 S2 D	将 S1 和 S2 所指定的数据作为单精度浮点数据（32 位）进行加法运算，结果输出到 D+1 和 D。	S1：浮点被加数低位通道编号。 S2：浮点加数低位通道编号。 D：运算结果低位通道编号。	（1）使用区域：块程序区域、工序步进程序区域、子程序区域、中断任务程序区域。 （2）若 S1 或 S2 不为浮点数据，出错标志（ER）为 ON，不执行指令。 （3）若运算结果的绝对值比浮点数据能够表示的最大值还大，溢出标志（OF）为 ON。此时，运算结果为±∞。 （4）若运算结果的绝对值比浮点数据能够表示的最小值还小，下溢标志（UF）为 ON。此时，运算结果作为浮点数据 0 输出。 （5）若转换结果为 0，=标志为 ON。 （6）若转换结果为负数，N 标志为 ON。

6.5.6　浮点减法

指　令	梯　形　图	指　令　描　述	参　数　说　明	指　令　说　明
–F	–F S1 S2 D	作为单精度浮点数据（32 位），从 S1 所指定的数据中减去 S2 所指定的数据，将结果输出到 D+1 和 D。	S1：浮点被减数低位通道编号。 S2：浮点减数低位通道编号。 D：运算结果低位通道编号。	（1）使用区域：块程序区域、工序步进程序区域、子程序区域、中断任务程序区域。 （2）若 S1 或 S2 不为浮点数据，出错标志（ER）为 ON。 （3）若运算结果的绝对值比浮点数据能够表示的最大值还大，溢出标志（OF）为 ON。此时，运算结果作为±∞输出。 （4）若运算结果的绝对值比浮点数据能够表示的最小值还小，下溢标志（UF）为 ON。此时，运算结果为浮点数据 0。

6.5.7　浮点乘法

指　令	梯　形　图	指　令　描　述	参　数　说　明	指　令　说　明
*F	*F S1 S2 D	将 S1 和 S2 所指定的数据作为单精度浮点数据（32 位）进行乘法运算，将结果输出到 D+1 和 D。	S1：浮点被乘数低位通道编号。 S2：浮点乘数低位通道编号。 D：运算结果低位通道编号。	（1）使用区域：块程序区域、工序步进程序区域、子程序区域、中断任务程序区域。 （2）若 S1 或 S2 不为浮点数据，出错标志（ER）为 ON，不执行指令。 （3）若运算结果的绝对值比浮点数据能够表示的最大值还大，溢出标志（OF）为 ON。此时，运算结果为±∞。 （4）若运算结果的绝对值比浮点数据能够表示的最小值还小，下溢标志（UF）为 ON。此时，运算结果为浮点数据 0。

6.5.8　浮点除法

指　令	梯　形　图	指　令　描　述	参　数　说　明	指　令　说　明
/F	/F S1 S2 D	将 S1 和 S2 所指定的数据作为单精度浮点数据（32 位）进行除法运算，将结果输出到 D+1 和 D。	S1：浮点被除数低位通道编号。 S2：浮点除数低位通道编号。 D：运算结果低位通道编号。	（1）使用区域：块程序区域、工序步进程序区域、子程序区域、中断任务程序区域。 （2）若 S1 或 S2 不为浮点数据，出错标志（ER）为 ON，不执行指令。 （3）若运算结果的绝对值比浮点数据能够表示的最大值还大，溢出标志（OF）为 ON。此时，运算结果为±∞。 （4）若运算结果的绝对值比浮点数据能够表示的最小值还小，下溢标志（UF）为 ON。此时，运算结果为浮点数据 0。

6.5.9　角度→弧度转换

指　令	梯　形　图	指　令　描　述	参　数　说　明	指　令　说　明
RAD	RAD S D	将用 S 所指定的单精度浮点数据（32 位）表示的角度数据由度单位转换为弧度单位，并将结果输出到 D+1 和 D。	S：度（°）数据低位通道编号。 D：转换结果低位通道编号。	（1）使用区域：块程序区域、工序步进程序区域、子程序区域、中断任务程序区域。 （2）若 S 不为浮点数据，出错标志（ER）为 ON，不执行指令。 （3）若转换结果的绝对值比浮点数据能够表示的最大值还大，溢出标志（OF）为 ON。此时，转换结果为±∞。 （4）若转换结果的绝对值比浮点数据能够表示的最小值还小，下溢标志（UF）为 ON。此时，转换结果为浮点数据 0。

6.5.10　弧度→角度转换

指　令	梯　形　图	指　令　描　述	参　数　说　明	指　令　说　明
DEG	DEG S D	将用 S 所指定的单精度浮点数据（32 位）所表示的角度数据由弧度单位转换为度单位，并将结果输出到 D+1 和 D。	S：角度（rad）数据低位通道编号。 D：转换结果低位通道编号。	（1）使用区域：块程序区域、工序步进程序区域、子程序区域、中断任务程序区域。 （2）若 S 不为浮点数据，出错标志（ER）为 ON，不执行指令。 （3）若转换结果的绝对值比浮点数据能够表示的最大值还大，溢出标志（OF）为 ON。此时，转换结果为±∞。 （4）若转换结果的绝对值比浮点数据能够表示的最小值还小，下溢标志（UF）为 ON。此时，转换结果为浮点数据 0。

6.5.11　sin 运算

指　令	梯 形 图	指 令 描 述	参 数 说 明	指 令 说 明
SIN	SIN S D	计算 S 所指定的单精度浮点数据（32 位）所表示的角度（弧度单位）的正弦（sin）值，并将结果输出到 D+1 和 D。	S：角度（rad）数据低位通道编号。 D：运算结果低位通道编号。	（1）使用区域：块程序区域、工序步进程序区域、子程序区域、中断任务程序区域。 （2）角度数据的范围为−65535～+65535。若指定了−65535～+65535 范围外的数据，出错标志（ER）为 ON，不执行指令。

6.5.12　cos 运算

指　令	梯 形 图	指 令 描 述	参 数 说 明	指 令 说 明
COS	COS S D	计算 S 所指定的单精度浮点数据（32 位）所表示的角度（弧度单位）的余弦（cos）值，将结果输出到 D+1 和 D。	S：角度（rad）数据低位通道编号。 D：运算结果低位通道编号。	（1）使用区域：块程序区域、工序步进程序区域、子程序区域、中断任务程序区域。 （2）角度数据的范围为−65535～+65535。若指定了−65535～+65535 范围外的数据，出错标志（ER）为 ON，不执行指令。

6.5.13　tan 运算

指　令	梯 形 图	指 令 描 述	参 数 说 明	指 令 说 明
TAN	TAN S D	计算 S 所指定的单精度浮点数据（32 位）所表示的角度（弧度单位）的正切（tan）值，将结果输出到 D+1 和 D。	S：角度（rad）数据低位通道编号。 D：运算结果低位通道编号。	（1）使用区域：块程序区域、工序步进程序区域、子程序区域、中断任务程序区域。 （2）角度数据的范围为−65535～+65535。若指定了−65535～+65535 范围外的数据时，出错标志（ER）为 ON，不执行指令。 （3）若运算结果的绝对值比浮点数据能够表示的最大值还大，溢出标志（OF）为 ON。此时，运算结果为±∞。

6.5.14　arcsin 运算

指　令	梯 形 图	指 令 描 述	参 数 说 明	指 令 说 明
ASIN	ASIN S D	计算用 S 所指定的单精度浮点数据（32 位）所表示的正弦（sin）值的角度（弧度单位），将结果输出到 D+1 和 D。	S：正弦数据低位通道编号。 D：运算结果低位通道编号。	（1）使用区域：块程序区域、工序步进程序区域、子程序区域、中断任务程序区域。 （2）正弦数据应在−1.0～+1.0 范围内。若指定了−1.0～+1.0 范围外的数据，出错标志（ER）为 ON，不执行指令。若正弦数据不为浮点数据，也会发生错误。 （3）运算结果为$-\pi/2 \sim \pi/2$ 范围内的角度（弧度单位）数据。

6.5.15　arccos 运算

指　令	梯 形 图	指 令 描 述	参 数 说 明	指 令 说 明
ACOS	ACOS S D	计算用 S 所指定的单精度浮点数据（32 位）所表示的余弦（cos）值的角度（弧度单位），将结果输出到 D+1 和 D。	S：余弦数据低位通道编号。 D：运算结果低位通道编号。	（1）使用区域：块程序区域、工序步进程序区域、子程序区域、中断任务程序区域。 （2）余弦数据应在−1.0～+1.0 范围内。若指定了−1.0～+1.0 范围外的数据，出错标志（ER）为 ON，不执行指令。若余弦数据不为浮点数据，也会发生错误。 （3）运算结果为$0 \sim \pi$ 的范围内的角度（弧度单位）数据。

6.5.16 arctan 运算

指 令	梯 形 图	指 令 描 述	参 数 说 明	指 令 说 明
ATAN	ATAN S D	计算用 S 所指定的单精度浮点数据（32 位）所表示的正切（tan）值的角度（弧度单位），将结果输出到 D+1 和 D。	S：正切数据低位通道编号。 D：运算结果低位通道编号。	（1）使用区域：块程序区域、工序步进程序区域、子程序区域、中断任务程序区域。 （2）若正切数据不为浮点数据，出错标志（EF）为 ON，不执行指令。 （3）运算结果为 $-\pi/2 \sim \pi/2$ 范围内的角度（弧度单位）数据。

6.5.17 平方根运算

指 令	梯 形 图	指 令 描 述	参 数 说 明	指 令 说 明
SQRT	SQRT S D	计算 S 所指定的单精度浮点数据（32 位）的平方根，将结果输出到 D+1 和 D。	S：输入数据低位通道编号。 D：运算结果低位通道编号。	（1）使用区域：块程序区域、工序步进程序区域、子程序区域、中断任务程序区域。 （2）若输入数据为负数，出错标志（ER）为 ON，不执行指令。若输入数据不为浮点数据，也会出错。 （3）若运算结果的绝对值比浮点数据能够表示的最大值还大，溢出标志（OF）为 ON。此时，运算结果为 $+\infty$。

6.5.18 以 e 为底的指数运算

指 令	梯 形 图	指 令 描 述	参 数 说 明	指 令 说 明
EXP	EXP S D	计算用 S 所指定的单精度浮点数据（32 位）的指数（以 e 为底），将结果输出到 D+1 和 D。	S：输入数据低位通道编号。 D：运算结果低位通道编号。	（1）使用区域：块程序区域、工序步进程序区域、子程序区域、中断任务程序区域。 （2）若输入数据不为浮点数，出错标志（ER）为 ON，不执行指令。 （3）若运算结果的绝对值比浮点数据能够表示的最大值还大，溢出标志（OF）为 ON。此时，运算结果为 $+\infty$。 （4）若运算结果的绝对值比浮点数据能够表示的最小值还小，下溢标志（UF）为 ON。此时，运算结果为浮点数据 0。

6.5.19 自然对数运算

指 令	梯 形 图	指 令 描 述	参 数 说 明	指 令 说 明
LOG	LOG S D	计算用 S 所指定的单精度浮点数据（32 位）的自然对数，将结果输出到 D+1 和 D。	S：输入数据低位通道编号。 D：运算结果低位通道编号。	（1）使用区域：块程序区域、工序步进程序区域、子程序区域、中断任务程序区域。 （2）若输入数据为负数，出错标志（ER）为 ON，不执行指令。若输入数据不为浮点数据，也会出错。 （3）若运算结果的绝对值比浮点数据能够表示的最大值还大，溢出标志（OF）为 ON。此时，运算结果为 $\pm\infty$。

6.5.20　指数运算

指 令	梯 形 图	指 令 描 述	参 数 说 明	指 令 说 明
PWR	PWR S1 S2 D	以 S1 所指定的数据为底，对 S2 所指定的数据（32 位单精度浮点数据）进行指数运算，将结果输出到 D+1 和 D。	S1：底数数据低位通道编号。 S1：指数数据低位通道编号。 D：运算结果低位通道编号。	（1）使用区域：块程序区域、工序步进程序区域、子程序区域、中断任务程序区域。 （2）若底数数据 S1 或指数数据 S2 的内容不为浮点数据，会发生错误，ER 标志为 ON。 （3）若运算结果为浮点数 0，=标志为 ON。 （4）若运算结果的绝对值比浮点数据能够表示的最大值还大，溢出标志（OF）为 ON。 （5）若运算结果的绝对值比浮点数据能够表示的最小值还小，下溢标志（UF）为 ON。 （6）若运算结果为负数，N 标志为 ON。

6.5.21　单精度浮点数据比较

指 令	梯 形 图	指 令 描 述	参 数 说 明	指 令 说 明
=F <>F <F <=F >F >=F	LD（加载）连接型 　符号选项 　S1 　S2 AND（串联）连接型 　符号选项 　S1 　S2 OR（并联）连接型 　符号选项 　S1 　S2	对 S1 和 S2 所指定的单精度浮点数据（32 位）进行比较，若比较结果为真，连接到下一段之后。 连接类型分为 LD（加载）连接、AND（串联）连接、OR（并联）连接 3 种。与 LD、AND、OR 指令同样处理，在各指令之后继续对其他指令进行编程。其中，LD 连接型和 OR 连接型可以直接连接在母线上，AND 连接型不可直接连接在母线上。	S1：比较数据 1。 S2：比较数据 2。	（1）使用区域：块程序区域、工序步进程序区域、子程序区域、中断任务程序区域。 （2）比较指令根据符号和选项的组合用 18 种助记符表示。 （3）应在本指令的最后段上附加输出指令（OUT 指令及除下一段连接型指令以外的应用指令）。 （4）不可用于回路的最终段。

【应用范例】单精度浮点数据比较指令应用实例

梯形图程序	程序说明
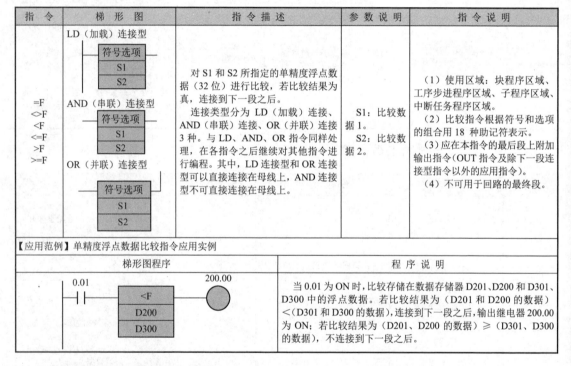	当 0.01 为 ON 时，比较存储在数据存储器 D201、D200 和 D301、D300 中的浮点数据。若比较结果为（D201 和 D200 的数据）＜（D301 和 D300 的数据），连接到下一段之后，输出继电器 200.00 为 ON；若比较结果为（D201、D200 的数据）≥（D301、D300 的数据），不连接到下一段之后。

6.5.22　浮点→字符串转换

指 令	梯 形 图	指 令 描 述	参 数 说 明	指 令 说 明
FSTR	FSTR S C D	将 S 所指定的单精度浮点数据（32 位）根据 C～C+2 的内容，以小数点形式或指数形式表示，然后将其转换为字符串（ASCII 代码），并将结果输出到 D 所指定的通道。 ● 通过 C 来指定用小数点形式或指数形式来表示 S+1 和 S 的浮点数据。小数点形式即将实数用整数部分和小数部分表现的形式，如 124.56；指数形式即将实数用整数部分、小数部分及指数部分表现的形式，如 $1.2456E-2(1.2456 \times 10^{-2})$。	S：浮点数据低位通道编号。 C：控制数据。 D：转换结果输出目的地通道编号。	（1）使用区域：块程序区域、工序步进序区域、子程序区域、中断任务程序区域。 （2）对转换后的字符串位数有限制，若不满足限制，ER 标志为 ON。 ● 对全位数（全字符串位数）的限制：若转换后的字符串为小数点形式（C=0000 H），当小数部分位数为 0 时，2≤全位数≤24；否则，（小数部分位数+3）≤全位数≤24。若转换后的字符串为指数形式（C=0001 H），当小数部分位数为 0 时，6≤全位数≤24；否则，（小数部分位数+7）≤全位数≤24。

续表

指 令	梯 形 图	指令描述	参数说明	指令说明
		• 用 C+1 来指定转换后的字符串位数（包括符号、数值、小数点、半角空格）。 • 用 C+2 来指定转换后字符串的小数部分位数（字符数）。		• 对整数部分位数的限制：若转换后的字符串为小数点形式（C=0000H），当小数部分位数为 0 时，1≤整数部分位数≤24；否则，1≤整数部分位数≤（24–小数部分位数–2）。若转换后的字符串为指数形式（C=0001H），固定为 1。 • 对小数部分位数的限制：若转换后的字符串为小数点形式（C=0000H），小数部分位数不大于 7 且不大于（全位数–3）。若转换后的字符串为指数形式（C= 0001 H），小数部分位数不大于 7 且不大于（全位数–7）。

【应用范例】浮点→字符串转换指令应用实例

梯形图程序	程 序 说 明
0.01 FSTR D0 D20 D200 D20：0000H D21：0007H D22：0003H	当 0.01 为 ON 时，将存储在 D1 和 D0 中的浮点数据转换为小数点形式的字符串，根据存储在 D20 之后的控制数据的内容（小数点形式，全位数为 7，小数部分位数为 3），将转换的字符串存储在 D200 之后。
0.01 FSTR D0 D20 D200 D20：0001H D21：000BH D22：0003H	当 0.01 为 ON 时，将存储在 D1 和 D0 中的浮点数据转换为指数形式的字符串，根据存储在 D20 之后的控制代码的内容（指数形式，全位数为 11，小数部分位数为 3），将转换后的字符串存储到 D200 之后。

6.5.23　字符串→浮点转换

指 令	梯 形 图	指 令 描 述	参数说明	指令说明
FVAL	FVAL S D	将 S 所指定的通道中存储的字符串数据（ASCII 代码）转换为单精度浮点数据（32 位），并将结果输出到 D 所指定的通道。 作为转换对象的字符串数据可以采用小数点形式或指数形式表示，字符串数据形式可以自动判别出来。	S：字符串数据存储通道编号。 D：转换结果输出通道编号。	（1）使用区域：块程序区域、工序步进程序区域、子程序区域、中断任务程序区域。 （2）小数点形式和指数形式的字符串转换条件不同。

【应用范例】字符串→浮点转换指令应用实例

梯形图程序	程 序 说 明
0.01 FVAL D0 D200	当 0.01 为 ON 时，将存储在 D0 之后的字符串转换为浮点数据，将转换后的浮点数据存储到 D200 之后。

6.6 双精度浮点转换及运算指令

6.6.1 双精度浮点→16 位 BIN 转换

指 令	梯 形 图	指 令 描 述	参 数 说 明	指 令 说 明
FIXD	FIXD S D	将 S 所指定的双精度浮点数据（64 位）的整数部分转换为 16 位带符号 BIN 数据，并将结果输出到 D；小数点之后舍去。	S：浮点数据低位通道编号。 D：转换结果通道编号。	（1）使用区域：块程序区域、工序步进程序区域、子程序区域、中断任务程序区域。 （2）若 S 的内容不为浮点数据，会发生错误，ER 标志为 ON。 （3）若 S+3～S 的内容不在-32768～+32767 范围内，会发生错误，ER 标志为 ON。 （4）若转换结果 D 的内容为 0000H，=标志为 ON。 （5）若转换结果 D 的内容中最高位为 1，N 标志为 ON。

6.6.2 双精度浮点→32 位 BIN 转换

指 令	梯 形 图	指 令 描 述	参 数 说 明	指 令 说 明
FIXLD	FIXLD S D	将 S 所指定的双精度浮点数据（64 位）的整数部分转换为 32 位带符号 BIN 数据，并将结果输出到 D+1 和 D；小数点之后舍去。	S：浮点数据低位通道编号。 D：转换结果低位通道编号。	（1）使用区域：块程序区域、工序步进程序区域、子程序区域、中断任务程序区域。 （2）若 S 的内容不为浮点数据，会发生错误，ER 标志为 ON。 （3）若 S+3～S 的内容不在-2147483648～+2147483647 范围内，会发生错误，ER 标志为 ON。 （4）若转换结果 D+1 和 D 的内容为 00000000H，=标志为 ON。 （5）若转换结果 D+1 的内容中最高位为 1，N 标志为 ON。

6.6.3 16 位 BIN→双精度浮点转换

指 令	梯 形 图	指 令 描 述	参 数 说 明	指 令 说 明
DBL	DBL S D	将 S 所指定的 16 位带符号 BIN 数据转换为浮点数据（64 位），并将结果输出到 D+3～D；转换结果的小数点之后 1 位为 0。 S 的取值范围为 -32768～+32767 的 BIN 数据。	S：BIN 数据通道编号。 D：转换结果低位通道编号。	（1）使用区域：块程序区域、工序步进程序区域、子程序区域、中断任务程序区域。 （2）指令执行时，ER 标志置于 OFF。 （3）若转换结果为 0，=标志为 ON。 （4）若转换结果为负数，N 标志为 ON。

6.6.4 32 位 BIN→双精度浮点转换

指 令	梯 形 图	指 令 描 述	参 数 说 明	指 令 说 明
DBLL	DBLL S D	将 S 所指定的 BIN 数据（32 位）转换为双精度浮点数据（64 位），并将结果输出到 D+3～D；结果的小数点之后 1 位为 0。 S 的取值范围为 -2147483648～+2147483647 的 BIN 倍长数据。	S：BIN 倍长数据低位通道编号。 D：转换结果低位通道编号。	（1）使用区域：块程序区域、工序步进程序区域、子程序区域、中断任务程序区域。 （2）指令执行时，ER 标志置于 OFF。 （3）若转换结果为 0，=标志为 ON。 （4）若转换结果为负数，N 标志为 ON。

6.6.5 双精度浮点加法

指 令	梯 形 图	指 令 描 述	参 数 说 明	指 令 说 明
+D	+D S1 S2 D	对 S1 和 S2 所指定的双精度浮点数据(64 位)进行加法运算,并将结果输出到 D+3～D。	S1:浮点被加数低位通道编号。 S2:浮点加数低位通道编号。 D:运算结果低位通道编号。	(1)使用区域:块程序区域、工序步进程序区域、子程序区域、中断任务程序区域。 (2)若 S1 或 S2 不为浮点数据,出错标志(ER)为 ON,不执行指令。 (3)若运算结果的绝对值比浮点数据所能表示的最大值还大,溢出标志(OF)为 ON。此时,运算结果为±∞。 (4)若运算结果的绝对值比浮点数据所能表示的最小值还小,下溢标志(UF)为 ON。此时,运算结果为浮点数据 0。 (5)若运算结果为负数,N 标志为 ON。

6.6.6 双精度浮点减法

指 令	梯 形 图	指 令 描 述	参 数 说 明	指 令 说 明
–D	–D S1 S2 D	对 S1 和 S2 所指定的双精度浮点数据(64 位)进行减法运算,将结果输出到 D+3～D。	S1:浮点被减数低位通道编号。 S2:浮点减数低位通道编号。 D:运算结果低位通道编号。	(1)使用区域:块程序区域、工序步进程序区域、子程序区域、中断任务程序区域。 (2)若 S1 或 S2 不为浮点数据,出错标志(ER)为 ON。 (3)若运算结果的绝对值比浮点数据所能表示的最大值还大,溢出标志(OF)为 ON。此时,运算结果为±∞。 (4)若运算结果的绝对值比浮点数据所能表示的最小值还小,下溢标志(UF)为 ON。此时,运算结果为浮点数据 0。

6.6.7 双精度浮点乘法

指 令	梯 形 图	指 令 描 述	参 数 说 明	指 令 说 明
*D	*D S1 S2 D	对 S1 和 S2 所指定的双精度浮点数据(64 位)进行乘法运算,并将结果输出到 D+3～D。	S1:浮点被乘数低位通道编号。 S2:浮点乘数低位通道编号。 D:运算结果低位通道编号。	(1)使用区域:块程序区域、工序步进程序区域、子程序区域、中断任务程序区域。 (2)若 S1 或 S2 不为浮点数据,出错标志(ER)为 ON,不执行指令。 (3)若运算结果的绝对值比浮点数据所能表示的最大值还大,溢出标志(OF)为 ON。此时,运算结果为±∞。 (4)若运算结果的绝对值比浮点数据所能表示的最小值还小,下溢标志(UF)为 ON。此时,运算结果为浮点数据 0。

6.6.8 双精度浮点除法

指 令	梯 形 图	指 令 描 述	参 数 说 明	指 令 说 明
/D	/D S1 S2 D	对 S1 和 S2 所指定的双精度浮点数据(64 位)进行除法运算,并将结果输出到 D+3～D。	S1:浮点被除数低位通道编号。 S2:浮点除数低位通道编号。 D:运算结果低位通道编号。	(1)使用区域:块程序区域、工序步进程序区域、子程序区域、中断任务程序区域。 (2)若 S1 或 S2 不为浮点数据,出错标志(ER)为 ON,不执行指令。 (3)若运算结果的绝对值比浮点数据所能表示的最大值还大,溢出标志(OF)为 ON。此时,运算结果为±∞。 (4)若运算结果的绝对值比浮点数据所能表示的最小值还小,下溢标志(UF)为 ON。此时,运算结果为浮点数据 0。

6.6.9　双精度角度→弧度转换

指　令	梯 形 图	指 令 描 述	参 数 说 明	指 令 说 明
RADD	RADD S D	将 S 所指定的双精度浮点数据（64 位）所表示的角度数据从度单位转换为弧度单位，并将结果输出到 D+3～D。	S：度（°）数据低位通道编号。 D：转换结果低位通道编号。	（1）使用区域：块程序区域、工序步进程序区域、子程序区域、中断任务程序区域。 （2）若 S 不为浮点数据，出错标志（ER）为 ON，不执行指令。 （3）若转换结果的绝对值比浮点数据所能表示的最大值还大，溢出标志（OF）为 ON。此时，转换结果为±∞。 （4）若转换结果的绝对值比浮点数据所能表示的最小值还小，下溢标志（UF）为 ON。此时，转换结果为浮点数据 0。

6.6.10　双精度弧度→角度转换

指　令	梯 形 图	指 令 描 述	参 数 说 明	指 令 说 明
DEGD	DEGD S D	将 S 所指定的双精度浮点数据（64 位）所表示的角度数据从弧度单位转换为度单位，并将结果输出到 D+3～D。	S：弧度（rad）数据低位通道编号。 D：转换结果低位通道编号。	（1）使用区域：块程序区域、工序步进程序区域、子程序区域、中断任务程序区域。 （2）若 S 不为浮点数据，出错标志（ER）为 ON，不执行指令。 （3）若转换结果的绝对值比浮点数据所能表示的最大值还大，溢出标志（OF）为 ON。此时，转换结果为±∞。 （4）若转换结果的绝对值比浮点数据所能表示的最小值还小，下溢标志（UF）为 ON。此时，转换结果为浮点数据 0。

6.6.11　双精度 sin 运算

指　令	梯 形 图	指 令 描 述	参 数 说 明	指 令 说 明
SIND	SIND S D	计算 S 所指定的双精度浮点数据（64 位）所表示的角度（弧度单位）的正弦（sin）值，将结果输出到 D+3～D。	S：角度（rad）数据低位通道编号。 D：运算结果低位通道编号。	（1）使用区域：块程序区域、工序步进程序区域、子程序区域、中断任务程序区域。 （2）若角度数据的绝对值大于 65536，出错标志（ER）为 ON，不执行指令。

6.6.12　双精度 cos 运算

指　令	梯 形 图	指 令 描 述	参 数 说 明	指 令 说 明
COSD	COSD S D	计算 S 所指定的双精度浮点数据（64 位）所表示的角度（弧度单位）的余弦（cos）值，将结果输出到 D+3～D。	S：角度（rad）数据低位通道编号。 D：运算结果低位通道编号。	（1）使用区域：块程序区域、工序步进程序区域、子程序区域、中断任务程序区域。 （2）若角度数据的绝对值大于 65536，出错标志（ER）为 ON，不执行指令。

6.6.13　双精度 tan 运算

指　令	梯　形　图	指　令　描　述	参　数　说　明	指　令　说　明
TAND	TAND S D	计算 S 所指定的双精度浮点数据（64 位）所表示的角度（弧度单位）的正切（tan）值，将结果输出到 D+3～D。	S：角度（rad）数据低位通道编号。 D：运算结果低位通道编号。	（1）使用区域：块程序区域、工序步进程序区域、子程序区域、中断任务程序区域。 （2）若角度数据的绝对值大于 65536，出错标志（ER）为 ON，不执行指令。 （3）若运算结果的绝对值比浮点数据所能表示的最大值还大，溢出标志（OF）为 ON。此时，运算结果为 ±∞ 。

6.6.14　双精度 arcsin 运算

指　令	梯　形　图	指　令　描　述	参　数　说　明	指　令　说　明
ASIND	ASIND S D	计算 S 所指定的双精度浮点数据（64 位）所表示的正弦（sin）值的角度（弧度单位），将结果输出到 D+3～D。	S：正弦数据低位通道编号。 D：运算结果低位通道编号。	（1）使用区域：块程序区域、工序步进程序区域、子程序区域、中断任务程序区域。 （2）正弦数据应在 −1.0～+1.0 范围内指定。若指定 −1.0～+1.0 范围外的数据，出错标志（ER）为 ON，不执行指令。若正弦数据不为浮点数据，也会出错。 （3）运算结果为 −π/2～π/2 范围内的角度（弧度单位）数据。

6.6.15　双精度 arccos 运算

指　令	梯　形　图	指　令　描　述	参　数　说　明	指　令　说　明
ACOSD	ACOSD S D	计算 S 所指定的双精度浮点数据（64 位）所表示的余弦（cos）值的角度（弧度单位），将结果输出到 D+3～D。	S：余弦数据低位通道编号。 D：运算结果低位通道编号。	（1）使用区域：块程序区域、工序步进程序区域、子程序区域、中断任务程序区域。 （2）余弦数据应在 −1.0～+1.0 范围内指定。若指定了 −1.0～+1.0 范围外的数据，出错标志（ER）为 ON，不执行指令。若余弦数据不为浮点数据，也会出错。 （3）运算结果为 0～π 范围内的角度（弧度单位）数据。

6.6.16　双精度 arctan 运算

指　令	梯　形　图	指　令　描　述	参　数　说　明	指　令　说　明
ATAND	ATAND S D	计算用 S 所指定的双精度浮点数据（64 位）所表示的正切（tan）值的角度（弧度单位），将结果输出到 D+3～D。	S：正切数据低位通道编号。 D：运算结果低位通道编号。	（1）使用区域：块程序区域、工序步进程序区域、子程序区域、中断任务程序区域。 （2）若正切数据不为浮点数据，出错标志（EF）为 ON，不执行指令。 （3）运算结果为 −π/2～π/2 范围内的角度（弧度单位）数据。

6.6.17　双精度平方根运算

指　令	梯　形　图	指　令　描　述	参　数　说　明	指　令　说　明
SQRTD	SQRTD S D	计算 S 所指定的双精度浮点数据（64 位）所表示的输入数据的平方根，将结果输出到 D+3～D。	S：输入数据低位通道编号。 D：运算结果低位通道编号。	（1）使用区域：块程序区域、工序步进程序区域、子程序区域、中断任务程序区域。 （2）若输入数据为负数，出错标志（ER）为 ON，不执行指令。若输入数据不为浮点数据，也会出错。 （3）若运算结果的绝对值比浮点数据所能表示的最大值还大，溢出标志（OF）为 ON。此时，运算结果为 +∞。

6.6.18　以 e 为底的双精度指数运算

指　令	梯　形　图	指　令　描　述	参　数　说　明	指　令　说　明
EXPD	EXPD S D	计算 S 所指定的双精度浮点数据（64 位）所表示的输入数据的指数（以 e 为底），将结果输出到 D+3～D。	S：输入数据低位通道编号。 D：运算结果低位通道编号。	（1）使用区域：块程序区域、工序步进程序区域、子程序区域、中断任务程序区域。 （2）若输入数据不为浮点数据，出错标志（ER）为 ON，不执行指令。 （3）若运算结果的绝对值比浮点数据所能表示的最大值还大，溢出标志（OF）为 ON。此时，运算结果为 +∞。 （4）若运算结果的绝对值比浮点数据所能表示的最小值还小，下溢（UF）为 ON。此时，运算结果为浮点数据 0。

6.6.19　双精度自然对数运算

指　令	梯　形　图	指　令　描　述	参　数　说　明	指　令　说　明
LOGD	LOGD S D	计算 S 所指定的双精度浮点数据（64 位）表示的输入数据的自然对数，将结果输出到 D+3～D。	S：输入数据低位通道编号。 D：运算结果低位通道编号。	（1）使用区域：块程序区域、工序步进程序区域、子程序区域、中断任务程序区域。 （2）若输入数据为负数，出错标志（ER）为 ON，不执行指令。若输入数据不为浮点数据，将发生错误。 （3）若运算结果的绝对值比浮点数据所能表示的最大值还大，溢出标志（OF）为 ON。此时，运算结果为 ±∞。

6.6.20　双精度指数运算

指　令	梯　形　图	指　令　描　述	参　数　说　明	指　令　说　明
PWRD	PWRD S1 S2 D	对 S1 和 S2 所指定的双精度浮点数据（64 位）进行幂运算，将结果输出到 D+3～D。	S1：底数低位通道编号。 S2：指数低位通道编号。 D：运算结果低位通道编号。	（1）使用区域：块程序区域、工序步进程序区域、子程序区域、中断任务程序区域。 （2）若底数 S1 或指数 S2 的内容不为浮点数据，会发生错误，ER 标志为 ON。 （3）若运算结果为浮点数 0，=标志为 ON。 （4）若运算结果的绝对值比浮点数据所能表示的最大值还大，OF 标志为 ON。 （5）若运算结果的绝对值比浮点数据所能表示的最小值还小，UF 标志为 ON。 （6）若转换结果为负数，N 标志为 ON。 （7）若底数为 0 且指数为负数，ER 标志为 ON。 （8）若底数为负且指数不为整数，ER 标志为 ON。

6.6.21　双精度浮点数据比较

指　令	梯　形　图	指　令　描　述	参数说明	指　令　说　明
=D <>D <D <=D >D >=D	LD（加载）连接型 符号选项 S1 S2 AND（串联）连接型 符号选项 S1 S2 OR（并联）连接型 符号选项 S1 S2	对 S1 和 S2 所指定的双精度浮点数据（64 位）进行比较，若比较结果为真，连接到下一段之后。 　　连接类型分为 LD 连接型、AND 连接型、OR 连接型 3 种。无法进行与常数的比较。 　　与 LD、AND、OR 指令同样处理，在各指令之后继续对其他指令进行编程。其中，LD 连接型和 OR 连接型可以直接连接到母线，AND 连接型不能直接连接到母线。	S1：比较数据 1。 S2：比较数据 2。	（1）使用区域：块程序区域、工序步进程序区域、子程序区域、中断任务程序区域。 　　（2）比较指令通过符号与选项的组合，表示为 18 种助记符。 　　（3）应在本指令的最终段上附加输出指令（OUT 指令及除下一段连接型指令外的应用指令）。 　　（4）不能用于回路的最终段。

【应用范例】双精度浮点数据比较指令应用实例

梯形图程序	程序说明
0.01　　　　　200.00 　┤├　<D 　　　　D200 　　　　D300	当 0.01 为 ON 时，对 D200～D203 和 D300～D303 中所存储的浮点数据进行比较。若比较结果为（D200～D203 的数据）＜（D200～D203 的数据），连接到下一段之后，输出继电器 200.00 为 ON；若比较结果为（D200～D203 的数据）≥（D300～D303 的数据），不连接到下一段之后。

6.7　典型入门范例

【范例 1】BCD 数据的加/减运算范例

1．范例实现要求

计算（23＋56×2＋25）的值，并将运算结果存储在数据寄存器 D100 中。

2．具体实现

从范例要求分析，可以明确本范例为典型的算术运算，只要应用四则运算指令即可完成。

3．梯形图程序

图 6.7.1 所示的是范例 1 梯形图程序。

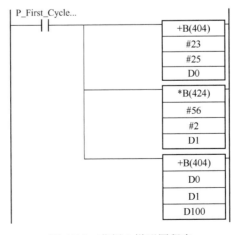

图 6.7.1　范例 1 梯形图程序

4. 在线模拟

范例 1 在线模拟运行结果如图 6.7.2 所示。

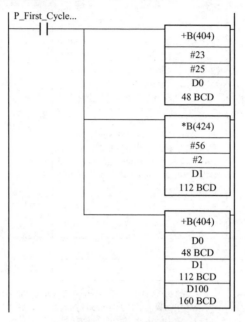

图 6.7.2   范例 1 在线模拟运行结果

【范例 2】BIN 数据的递增/递减范例

1. 范例实现要求

将数据寄存器 D0 中存入数据#30，D1 存入数据#20，然后将 D0 内的数据递增 1 次，与 D1 中的数据相加，将所得数据存入 D2，再将 D2 中的数据递减 1 次。

2. 具体实现

可以使用传送类指令 MOV 对所用寄存器进行相应赋值，再使用二进制自加减指令进行运算。

3. 梯形图程序

图 6.7.3 和图 6.7.4 所示为范例 2 的赋值程序段梯形图和运算程序段梯形图。

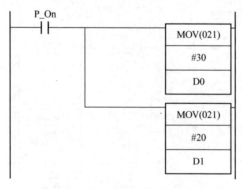

图 6.7.3   范例 2 赋值程序段梯形图

I:0.00
++(590)
D0
+(400)
D0
D1
D2
--(592)
D2

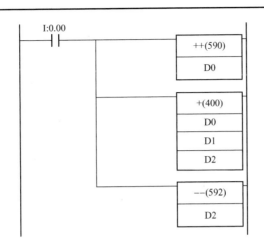

图 6.7.4　范例 2 运算程序段梯形图

4．程序编译

图 6.7.5 所示为范例 2 在线模拟结果。

D

首地址: 2　开　Off　设置值

改变顺序　强制置On　强制置Off　强制取消

	+0	+1	+2	+3	+4	+5	+6	+7	+8
D00000	0031	0020	0050	0000	0000	0000	0000	0000	0000
D00010	0000	0000	0000	0000	0000	0000	0000	0000	0000
D00020	0000	0000	0000	0000	0000	0000	0000	0000	0000
D00030	0000	0000	0000	0000	0000	0000	0000	0000	0000

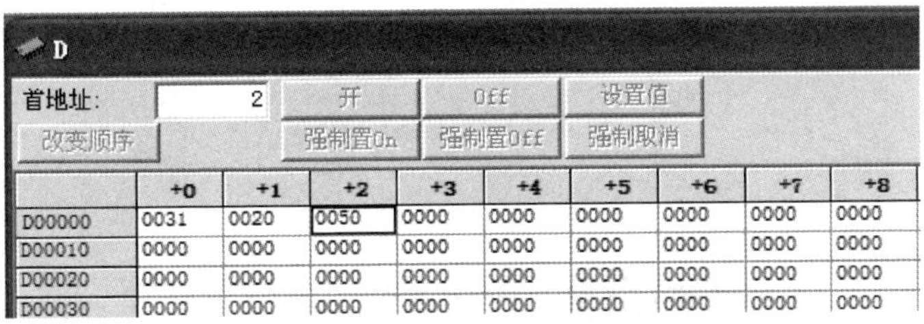

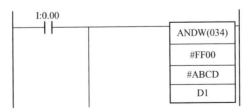

图 6.7.5　范例 2 在线模拟结果

【范例 3】逻辑运算范例

1．范例实现要求

将数据寄存器 D0 内存入立即数#ABCD，应用本节指令及前面所学的数据交换指令，将 D0 的高 8 位数据与低 8 位数据交换，然后将结果存放在 D100 中。

2．具体实现

在数据交换指令中，不存在通道内部本身位块的交换。对于本实例，可以考虑先将 D0 中的数据用字逻辑与指令（ANDW）与#FF00 和#00FF 分别进行逻辑与运算，并将结果分别存储在 D1 和 D2 中；然后使用 NASR 指令将 D1 中的数据向右移动 8 位，使用 NASL 指令将 D2 中的数据左移 8 位，最后将 D1 和 D2 利用字逻辑或指令（ORW）进行逻辑或运算，将结果存在 D100 中。

3．梯形图程序

图 6.7.6 所示为范例 3 梯形图程序。为了使程序简化，可以省略数据寄存器 D0，而直接对立即数进行操作。

I:0.00
ANDW(034)
#FF00
#ABCD
D1

图 6.7.6　范例 3 梯形图程序

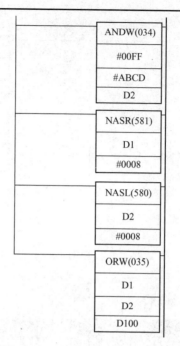

图 6.7.6　范例 3 梯形图程序（续）

4. 程序结果

图 6.7.7 所示为在线模拟数据寄存器 D100 的内部数据。

图 6.7.7　在线模拟数据寄存器 D100 的内部数据

第7章　子程序及中断控制指令

子程序指令一览表

指令名称	助记符	FUN编号	指令名称	助记符	FUN编号
子程序调用	SBS	091	全局子程序调用	GSBS	750
宏	MCRO	099	全局子程序进入	GSBN	751
子程序进入	SBN	092	全局子程序返回	GRET	752
子程序返回	RET	093			

中断控制指令一览表

指令名称	助记符	FUN编号	指令名称	助记符	FUN编号
中断控制设置	MSKS	690	中断任务禁止	DI	693
中断控制读取	MSKR	692	解除中断任务禁止	EI	694
中断记忆控制	CLI	691			

7.1　子程序指令

7.1.1　子程序调用

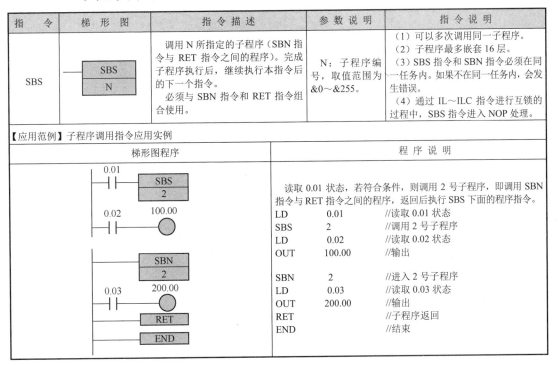

指　令	梯形图	指令描述	参数说明	指令说明
SBS	SBS N	调用 N 所指定的子程序（SBN 指令与 RET 指令之间的程序）。完成子程序执行后，继续执行本指令后的下一个指令。 必须与 SBN 指令和 RET 指令组合使用。	N：子程序编号，取值范围为 &0～&255。	（1）可以多次调用同一子程序。 （2）子程序最多嵌套 16 层。 （3）SBS 指令和 SBN 指令必须在同一任务内。如果不在同一任务内，会发生错误。 （4）通过 IL～ILC 指令进行互锁的过程中，SBS 指令进入 NOP 处理。

【应用范例】子程序调用指令应用实例

梯形图程序	程序说明
0.01 —[ ]— SBS 2 0.02 —[ ]— 100.00 ○ SBN 2 0.03 —[ ]— 200.00 ○ RET END	读取 0.01 状态，若符合条件，则调用 2 号子程序，即调用 SBN 指令与 RET 指令之间的程序，返回后执行 SBS 下面的程序指令。 LD　　　0.01　　　//读取 0.01 状态 SBS　　　2　　　　//调用 2 号子程序 LD　　　0.02　　　//读取 0.02 状态 OUT　　100.00　　//输出 SBN　　　2　　　　//进入 2 号子程序 LD　　　0.03　　　//读取 0.03 状态 OUT　　200.00　　//输出 RET　　　　　　　//子程序返回 END　　　　　　　//结束

7.1.2　宏

指　令	梯　形　图	指　令　描　述	参　数　说　明	指　令　说　明
MCRO	MCRO N S D	调用 N 所指定的子程序（SBN 指令与 RET 指令之间的程序）。 必须与 SBN 指令、RET 指令组合使用。	N：子程序编号，取值范围为&0～&255。 S：参数数据低位通道编号。 D：返参数据低位通道编号。	（1）与 SBS 指令不同，MCRO 指令通过 S 所指定的参数数据和 D 所指定的返参数据，可以实现与子程序之间的数据传递。 （2）MCRO 指令可以嵌套。但因参数数据需要使用 A600～A603、返参数据需要使用 A604～A607，所以嵌套时，必须设计数据退避处理程序。

【应用范例】宏指令应用实例

梯形图程序	程序说明
0.01 ┤├─ MCRO 　　　　2 　　　　200 　　　　300 0.02　　100.00 ┤├─────○ SBN 2 0.03　　200.00 ┤├─────○ RET END	读取 0.01 状态，若符合条件，则调用 2 号子程序，并将 200～203 通道的数据作为参数传递，执行子程序后，将返参数据保存到 300～303 通道，最后再返回 MCRO 下面的程序指令继续执行。 LD　　　0.01　　　//读取 0.01 状态 MCRO　　2　　　　//调用 2 号子程序 　　　　200　　　//参数数据低位通道编号 　　　　300　　　//返参数据低位通道编号 LD　　　0.02　　　//读取 0.02 状态 OUT　　100.00　　//输出 SBN　　　2　　　　//进入 2 号子程序 LD　　　0.03　　　//读取 0.03 状态 OUT　　200.00　　//输出 RET　　　　　　　//子程序返回 END　　　　　　　//结束

7.1.3　子程序进入/子程序返回

指　令	梯　形　图	指　令　描　述	参　数　说　明	指　令　说　明
SBN	SBN N	表示指定编号的子程序开始。子程序只能通过 SBS 指令或 MCRO 指令执行。	N：子程序编号，取值范围为&0～&255。	（1）必须将子程序区域配置在各任务中的常规程序之后、END 指令之前。 （2）子程序区域必须配置在同一编号的 SBS 指令或 MCRO 指令的同一程序（任务）内。超越任务时，无法执行子程序。 （3）可以将子程序区域配置在中断任务中。 （4）工序步进指令（STEP 指令、SNXT 指令）无法在子程序区域内使用。
RET	RET	结束子程序的执行，返回 SBS 指令或 MCRO 指令后的下一个指令。		

7.1.4　全局子程序调用

指　　令	梯　形　图	指　令　描　述	参　数　说　明	指　令　说　明
GSBS	GSBS N	调用指定编号的全局子程序，执行程序。 可以从多个任务中调用同一个全局子程序。 必须与 GSBN 指令和 GRET 指令组合使用。	N：全局子程序编号，取值范围为&0～&255。	（1）在子程序区域、全局子程序区域内统一记忆 SBS 指令或 GSBS 指令，可以嵌套子程序及全局子程序（最多嵌套 16 层）。 （2）全局子程序进入（GSBN）及全局子程序返回（GRET）指令必须在中断任务 0 内，否则在 GSBS 指令执行时会发生错误。 （3）全局子程序程序（GSBN 指令～GRET 指令之间的程序）不能通过 SBS 指令进行调用。 （4）全局子程序区域内不进行互锁。 （5）可以多次调用同一个全局子程序区域。 （6）若在同一周期内多次执行同一个全局子程序，全局子程序内输出微分型指令的动作不确定。

【应用范例】全局子程序调用指令应用实例

梯形图程序	程　序　说　明
0.01 —┤├— GSBS / 2 0.02 —┤├— ○ 100.00 GSBN / 2 0.03 —┤├— ○ 200.00 GRET END 0.04 —┤├— GSBS / 2 0.05 —┤├— ○ 300.00 END	第一段程序： LD　　　　0.01　　//读取 0.01 状态 GSBS　　　2　　　//调用 2 号子程序 LD　　　　0.02　　//读取 0.02 状态 OUT　　　100.00　//输出 GSBN　　　2　　　//进入 2 号子程序 LD　　　　0.03　　//读取 0.03 状态 OUT　　　200.00　//输出 GRET　　　　　　//子程序返回至 GSBS END　　　　　　 //结束 第二段程序： LD　　　　0.04　　//读取 0.04 状态 GSBS　　　2　　　//调用 2 号子程序 LD　　　　0.05　　//读取 0.05 状态 OUT　　　300.00　//输出 END　　　　　　 //结束

7.1.5　全局子程序进入/全局子程序返回

指　　令	梯　形　图	指　令　描　述	参　数　说　明	指　令　说　明
GSBN	GSBN N	表示全局子程序的开始。 全局子程序只能通过 GSBS 指令执行。	N：全局子程序编号，取值范围为&0～&255。	（1）不执行全局子程序时，进行 NOP 处理。 （2）全局子程序必须配置在分配于中断任务0中常规程序之后、END 指令之前。 （3）工序步进指令（STEP 指令、SNXT 指令）无法在全局子程序区域内使用。
GRET	GRET	结束全局子程序的执行，返回 GSBS 指令后的下一个指令。		

7.2　中断控制指令

7.2.1　中断控制设置

指　令	梯　形　图	指　令　描　述	参　数　说　明	指　令　说　明
MSKS	MSKS N S	对是否能执行 I/O 中断任务或定时中断任务进行控制。 在初始状态下，I/O 中断和定时中断均被屏蔽。	N：控制数据 1。 S：控制数据 2。 当执行 I/O 中断任务时，N 用于指定 I/O 中断编号，S 用于设定动作。 当执行定时中断任务时，N 用于指定定时中断编号和启动方法，S 用于指定定时中断时间。	（1）必须将定时中断任务的执行时间设置得比定时中断时间短。 （2）通过 N 值来指定是 I/O 中断，还是定时中断：I/O 中断时，N=100～107、110～117 或 6～13；定时中断时，N=4、14。 （3）若指定 I/O 中断，S 的内容不在 0000H～0003 H 的范围内。 （4）若指定定时中断，S 的内容不在 0000H～270F H 范围内。

【应用范例】中断控制设置指令应用实例

梯形图程序	程　序　说　明
0.01 ├┤├──┬── MSKS 　　　　　　110 　　　　　#0001 　　　　　├── MSKS 　　　　　　100 　　　　　#0001 0.01 ├┤├── MSKS 　　　　　14 　　　　　&100	（1）当 0.01 为 ON 时，对 I/O 中断 0（中断任务 140）检出下降沿，启动中断任务，并解除编号为 100 的任务。 （2）当 0.01 为 ON 时，将定时中断 0（中断任务 2）的中断时间设定为 10ms（100×0.1=10ms），重置内部定时器，启动计时。 第一段程序： LD　　　　　0.01　　　//读取 0.01 状态 MSKS　　　110　　　//指定输入中断编号 　　　　　#0001　　　//设定动作检测下降沿 LD　　　　　0.01　　　//读取 0.01 状态 MSKS　　　100　　　//指定解除中断的编号 　　　　　#0001　　　//中断任务 第二段程序： LD　　　　　0.01　　　//读取 0.01 状态 MSKS　　　14　　　//指定定时中断编号，并复位计时 　　　　　&100　　　//设定定时中断时间

7.2.2　中断控制读取

指　令	梯　形　图	指　令　描　述	参　数　说　明	指　令　说　明
MSKR	MSKR N D	读取通过 MSKR 指令指定的中断控制的设定	N：控制数据。 D：输出通道编号。 当执行 I/O 中断任务时，N 用于指定 I/O 中断编号，D 用于读取设置内容。 当执行定时中断任务时，N 用于指定定时中断编号和读取数据的种类，在 D 中指定包括该值在内的数据。	（1）通过 N 值来指定是 I/O 中断，还是定时中断：I/O 中断时，N=100～107、110～117 或 6～13；定时中断时，N=4、14。 （2）定时中断时，将用 N 指定的定时中断时间（设定值）或内部计时器的当前值以十六进制的形式向 D 输出。 （3）该指令无论在周期执行任务内或在中断任务内均可使用。

续表

【应用范例】中断控制读取指令应用实例	
梯形图程序	程　序　说　明
 0.01 ┤├──┤MSKR├ 　　　101 　　　D110 0.01 ┤├──┤MSKR├ 　　　4 　　　D100	（1）当 0.01 为 ON 时，读取 I/O 中断 1（中断任务 141）的中断控制状态，并保存在 D110 中。 （2）当 0.01 为 ON 时，读取定时中断 0（中断任务 2）的中断时间，并保存在 D100 中。 第一段程序： 　LD　　　　0.01　　　//读取 0.01 状态 　MSKR　　　101　　　//指定输入中断编号 　　　　　　D110　　　//读取相关内容并存储在 D110 中 第二段程序： 　LD　　　　0.01　　　//读取 0.01 状态 　MSKR　　　4　　　　//指定定时中断编号和读取数据种类 　　　　　　D100　　　//存储在 D100 中

7.2.3　中断记忆控制

指　令	梯形图	指令描述	参数说明	指令说明
CLI	 ┤CLI├ │ N │ │ S │	读取通过 MSKS 指令指定的中断控制的状态。	N：控制数据 1。 S：控制数据 2。 当执行 I/O 中断任务时，N 用于指定 I/O 中断编号，S 用于指定动作。 当执行定时中断任务时，N 用于指定定时中断编号，S 用于指定初次中断开始时间。 当执行高速计数器中断时，N 用于指定高速计数器中断编号，S 用于指定动作。	（1）根据 N 值来指定是进行 I/O 中断记忆的解除/保持，还是进行定时中断的初次中断开始时间设定，或是高速计数器中断记忆的解除/保持：I/O 中断时，N=100～107 或 6～9；定时中断时，N＝4；高速计数器中断时，N=10～13。 （2）对于同一 I/O 中断，不会重复记忆。此外，由于中断记忆在相对应的中断任务执行终止前将一直保持，所以在执行过程中，再次发生同一编号中断条件时也将被忽略。

【应用范例】中断记忆控制指令应用实例	
梯形图程序	程　序　说　明
 0.01 ┤├──┤CLI├ 　　　101 　　　#0001 0.01 ┤├──┤CLI├ 　　　4 　　　#0100 0.01 ┤├──┤CLI├ 　　　11 　　　#0001	（1）当 0.01 为 ON 时，解除 I/O 中断 1（中断任务 141）记忆。 （2）当 0.01 为 ON 时，对定时中断 0（中断任务 2）的中断时间进行设定。 （3）当 0.01 为 ON 时，高速计数器中断 1 记忆将被解除。 第一段程序： 　LD　　　　0.01　　　//读取 0.01 状态 　CLI　　　　101　　　//指定 I/O 中断编号 　　　　　　#0001　　//中断记忆解除 第二段程序： 　LD　　　　0.01　　　//读取 0.01 状态 　CLI　　　　4　　　　//指定定时中断编号 　　　　　　#0100　　//指定初次中断开始时间 第三段程序： 　LD　　　　0.01　　　//读取 0.01 状态 　CLI　　　　11　　　//指定高速计数器中断编号 　　　　　　#0001　　//中断记忆解除

7.2.4　中断任务禁止

指　　令	梯　形　图	指 令 描 述	参 数 说 明	指 令 说 明
DI	DI	所有中断任务禁止执行。		（1）在周期执行任务中使用，禁止所有中断任务的执行。 （2）在执行解除中断任务禁止（EI）指令前的时间段内，可以暂时停止中断任务的执行。 （3）该指令在中断任务内无法执行。在中断任务内执行时，将表示出错，ER 标志为 ON。

【应用范例】中断任务禁止指令应用实例

梯形图程序	程 序 说 明
0.01 —[DI] 0.02 —[MSKS / 14 / &100] 0.03 —(100.00)	读取 0.01 状态，若 0.01 为 ON，则 DI 指令后的所有中断任务都将被禁止，如程序中的 MSKS 指令将不被执行。 LD　　　　0.01　　　//读取 0.01 状态 DI　　　　　　　　　//中断任务禁止执行 LD　　　　0.02　　　//读取 0.02 状态 MSKS　　 14　　　//指定定时中断编号，并复位计时 　　　　　&100　　　//设定定时中断时间 LD　　　　0.03　　　//读取 0.03 状态 OUT　　　100.00　//输出

7.2.5　解除中断任务禁止

指　　令	梯　形　图	指 令 描 述	参 数 说 明	指 令 说 明
EI	ET	解除通过 DI 指令设定的所有中断任务禁止。		（1）在周期执行任务内使用，可以解除通过 DI 指令设置的所有中断任务禁止。 （2）该指令不需要输入条件。 （3）该指令在中断任务内无法执行。在中断任务内执行时，将表示出错，ER 标志为 ON。

【应用范例】解除中断任务禁止指令应用实例

梯形图程序	程 序 说 明
0.01 —[DI] 0.02 —[MSKS / 14 / &100] 0.03 —(100.00) [EI] 0.04 —[MSKS / 14 / &100]	读取 0.01 状态，若 0.01 为 ON，则 DI 与 EI 之间的所有中断任务都将被禁止，EI 之后的中断任务继续被执行，如程序中的第 1 个 MSKS 指令将不被执行，但第 2 个 MSKS 指令会被执行。 LD　　　　0.01　　　//读取 0.01 状态 DI　　　　　　　　　//中断任务禁止执行 LD　　　　0.02　　　//读取 0.02 状态 MSKS　　 14　　　//指定定时中断编号，并复位计时 　　　　　&100　　　//设定定时中断时间 LD　　　　0.03　　　//读取 0.03 状态 OUT　　　100.00　//输出 EI　　　　　　　　　//解除中断任务禁止 LD　　　　0.04　　　//读取 0.04 状态 MSKS　　 14　　　//指定定时中断编号，并复位计时 　　　　　&100　　　//设定定时中断时间

第8章　I/O 单元用指令和高速计数/脉冲输出指令

I/O 单元用指令一览表

指 令 名 称	助 记 符	FUN 编号
I/O 刷新	IORF	097
7 段解码	SDEC	078
数字式开关	DSW	210
10 键输入	TKY	211
16 键输入	HKY	212
矩阵输入	MTR	213
7 段显示	7SEG	214
智能 I/O 读出	IORD	222
智能 I/O 写入	IOWR	223
CPU 总线单元 I/O 刷新	DLNK	226

高速计数/脉冲输出指令一览表

指 令 名 称	助 记 符	FUN 编号
动作模式控制	INI	880
脉冲当前值读取	PRV	881
脉冲频率转换	PRV2	883
比较表登录	CTBL	882
快速脉冲输出	SPED	885
脉冲量设置	PULS	886
定位	PLS2	887
频率加/减速控制	ACC	888
原点检索/复位	ORG	889
PWM 输出	PWM	891

8.1　I/O 单元用指令

8.1.1　I/O 刷新

指　令	梯　形　图	指　令　描　述	参　数　说　明	指　令　说　明
IORF	IORF D1 D2	刷新从由 D1 指定的刷新低位通道编号开始到由 D2 指定的刷新高位通道编号为止的 I/O 通道数据。	D1：刷新低位通道编号，涉及 I/O 继电器区域（0000～0199 通道）和高功能 I/O 单元继电器区域（2000～2959 通道）。 D2：刷新高位通道编号，涉及 I/O 继电器区域（0000～0199 通道）和高功能 I/O 单元继电器区域（2000～2959 通道）。	（1）对于 CPU 单元内置的 I/O 区域，IORF 指令无效，必须使用带每次刷新选项的指令。 （2）对于 CPU 单元内置的模拟信号 I/O（只有 XA 型）区域，由 IORF 指令及带每次刷新选项指令的刷新无效。 （3）若超出 I/O 继电器区域（0000～0199 通道）和高功能 I/O 单元继电器区域（2000～2959 通道）的范围，会提示出错。 （4）若 D1>D2，或者 D1 和 D2 不是同一区域的种类，会提示出错，ER 标志为 ON。

【应用范例】I/O 刷新指令应用实例

梯形图程序	程　序　说　明
0.01 ┤├──　IORF 　　　　2900 　　　　2949	读取 0.01 状态，若 0.01 为 ON，刷新 2900～2949 通道高功能 I/O 单元继电器区域。 LD　　　　0.01　　　//读取 0.01 状态 IORF　　　2900　　　//刷新低位通道编号 　　　　　　2949　　　//刷新高位通道编号

8.1.2　7 段解码

指　令	梯　形　图	指　令　描　述	参　数　说　明	指　令　说　明
SDEC	SDEC S K D	将通道数据指定位的各 4 位内容（0H～FH）转换为 8bit 的 7 段数据，输出指定通道之后的高位或低位（各 8bit 数据）。	S：变换数据通道编号。 K：转换位数。 D：变换结果低位通道编号。	（1）由转换位数（K）指定位数进行转换时，转换按从开始位向高位的顺序进行（位 3 以下置为 0）。 （2）转换结果按由 D 的输出位置开始向高位通道侧（8bit 为单位）的顺序进行保存。在转换结果通道的数据中，不是输出对象位置的数据不发生变化。 （3）若 K 的内容在范围外，会提示出错，ER 标志为 ON。

【应用范例】7 段解码指令应用实例

梯形图程序	程　序　说　明
0.02 ┤├──　SDEC 　　　　D101 　　　　1100 　　　　D110	读取 0.02 状态，若 0.02 为 ON，将 D101 的通道当作 4 位的十六进制数，从 1100 通道的 bit 0～bit 3 所指定的位置中，把由 bit4～bit7 所指定的位数变换成 7 段数据，从 D110 的指定位置开始进行保存。 LD　　　　0.02　　　//读取 0.02 状态 SDEC　　　D101　　　//指定变换数据的通道编号 　　　　　　1100　　　//指定位数为 1100 　　　　　　D110　　　//指定变换结果输出低位通道编号

8.1.3 数字式开关

指　令	梯 形 图	指 令 描 述	参 数 说 明	指 令 说 明
DSW	DSW I O D C1 C2	读取与 I/O 单元连接的外部数字开关或拨码开关的设定值，在指定的通道之后作为 4bit 或 8bit 的数值进行保存。	I：数据线输入（D0～D3）通道编号。 O：控制信号（CS/RD）输出通道编号。 D：数据保存开始通道编号。 C1：位数指定开始通道编号。 C2：工作区域开始通道编号。	（1）第一次执行该指令后，如果不刷新连接数字开关或拨码开关的 I/O 单元，就不能正常动作。 （2）该指令在 16 时钟周期中读取 4bit 或 8bit 的数据。 （3）开始执行本指令时（与指令执行停止时的状态无关），不断地从最初的周期开始读取。 （4）该指令在程序内没有使用次数的限制。

【应用范例】数字式开关指令应用实例

梯形图程序	程 序 说 明
0.01 ——∥——— DSW 　　　　　 1 　　　　　 101 　　　　　 D0 　　　　　 D30000　D30000:0001H 　　　　　 D30001	读取 0.01 状态，若为 ON，则从连接在通道 1 和通道 101 的数字开关中不断地读取 8bit 的数值，并将其保存到 D0～D3 中。 LD　　　　0.01　　　//读取 0.01 状态 DSW　　　1　　　　//数据线输入，将 D1 接到该输入单元 　　　　　101　　　//指定输出单元分配通道 　　　　　D0　　　//指定保存外部数字开关设定值的开始通道编号 　　　　　D30000　//从指定的外部数字开关中读取 　　　　　D30001　//工作区域

8.1.4 10 键输入

指　令	梯 形 图	指 令 描 述	参 数 说 明	指 令 说 明
TKY	TKY I D1 D2	从外部 10 键区（数字键）中顺序读取数值，在指定的通道后作为最大 8 位的数值（BCD 数据）进行保存。 在这个指令中，需要 10 点以上的输入单元。	I：数据线输入（0～9）通道编号。 D1：数据保存开始通道编号。 D2：键输入信息保存通道编号。	（1）第一次执行本指令后，如果不刷新连接 10 键区的 I/O 单元，则不能正常动作。 （2）从 10 键区中输入一个数值时，被保存的数值就逐位（4bit BIN）向高位移位，在最低位中保存最后输入的数值。从 10 键区中输入 8 位以上的数值时，最高位溢出。 （3）开始执行本指令时（与指令执行停止时的状态无关），总是从最初的周期开始读取。 （4）在有键按下的状态下，不能进行其他键的输入。

【应用范例】10 键输入指令应用实例

梯形图程序	程 序 说 明
0.02 ——∥——— TKY 　　　　　 1 　　　　　 100 　　　　　 D1	读取 0.02 状态，若为 ON，则从与通道 1 连接的 10 键区中不断读取 8 位的数值，并将其保存到 100～101 通道中。 LD　　　　0.02　　　//读取 0.02 状态 TKY　　　1　　　　//指定数据线输入通道编号 　　　　　100　　　//指定数据保存开始通道编号 　　　　　D1　　　//键输入信息保存通道编号

8.1.5　16 键输入

指　令	梯 形 图	指 令 描 述	参 数 说 明	指 令 说 明
HKY	HKY I O D C	从与 I/O 连接的外部 16 键区中按顺序读取数值，将最大 8 位的数值（十六进制数据）保存在指定通道之后。	I：数据线输入（0～3）通道编号。 O：选择控制信号输出通道编号。 D：数据保存开始通道编号。 C：工作区域开始通道编号。	（1）第一次执行本指令后，如果不刷新连接 16 键区的 I/O 单元，则不能正常动作。 （2）从 16 键区中输入一个数值时，被保存的数值逐位（4bit BIN）向高位移位，在最低位中保存最后输入的数值。从 16 键区中输入 8 位以上的数值时，最高位溢出。 （3）开始执行本指令时（与指令执行停止时的状态无关），总是从最初的周期开始读取。 （4）在有键按下的状态下，不能进行其他键的输入。

【应用范例】16 键输入指令应用实例

梯形图程序	程 序 说 明
0.02 HKY 2 102 D0 D32000	读取 0.02 状态，若为 ON，则从与通道 2 和通道 102 相连接的 16 键区中不断读取 8 位数值，并将其保存到 D0～D1 中（以 D32000 为工作区域）。 LD　　　0.02　　　//读取 0.02 状态 HKY　　　2　　　//指定数据线输入通道编号 　　　　102　　　//指定输出继电器的输出单元分配通道 　　　　D0　　　//指定数据保存开始通道编号 　　　　D32000　　　//工作区域开始通道编号

8.1.6　矩阵输入

指　令	梯 形 图	指 令 描 述	参 数 说 明	指 令 说 明
MTR	MTR I O D C	从与 I/O 单元相连接的外部 8 行×8 列的接点（矩阵）中顺序读取 64 点，作为 64 点（4 通道）数据，保存在指定通道之后。	I：数据线输入通道编号。 O：数据选择信号输出通道编号。 D：输入数据保存开始通道编号。 C：工作区域开始通道编号。	（1）将选择信号输出到由 O 指定的通道的 bit 0～bit 7，从由 I 指定的通道内的 bit 0～bit 7 中顺序读取数据，作为 16 点数据（4 通道）保存在 D 之后。该指令在 CPU 单元的 24 个周期中执行 1 次，读取 1 个矩阵的状态。 （2）不要用其他指令来读/写由 C 指定的工作区域的通道 1，否则该指令就不能正常地动作。 （3）第一次执行该指令后，如果不刷新外部矩阵的 I/O 单元，则不能正常动作。 （4）在该指令执行开始时（与指令执行停止时的状态无关），始终从最初的周期中开始读取。

【应用范例】矩阵输入指令应用实例

梯形图程序	程 序 说 明
0.02 MTR 2 102 W0 D32000	读取 0.02 状态，若为 ON，则从连接在通道 2 和通道 102 的 8 行×8 列的接点（矩阵）中不断读取 64 点数据，并将其保存在 W0～W3 通道中（以 D32000 为工作区域）。 LD　　　0.02　　　//读取 0.02 状态 MTR　　　2　　　//数据线输入通道编号 　　　　102　　　//数据选择信号输出通道编号 　　　　W0　　　//输入数据保存开始通道编号 　　　　D32000　　　//工作区域开始通道编号

8.1.7　7 段显示

指　令	梯　形　图	指 令 描 述	参 数 说 明	指 令 说 明
7SEG	7SEG S O C D	将 4 位或 8 位 BCD 数据转换成 7 段显示器用数据，输出到指定的通道之后。	S：数据保存开始通道编号。 O：数据输出/锁定输出保存通道编号。 C：表示位数、输出逻辑选择数据。 D：工作区域开始通道编号。	（1）第一次执行该指令后，如果不刷新与 7 段显示器连接的输出单元，则不能正常动作。 （2）不要用其他指令来读/写由 D 指定的工作区域通道，否则 7SEG 指令就不能正常动作。 （3）该指令在 12 个周期中输出 4 位或 8 位的数据。 （4）即使连接的 7 段显示器的位数比 4 位或 8 位少，也输出 4 位或 8 位长度的数据。

【应用范例】7 段显示指令应用实例

梯形图程序	程 序 说 明
0.01 ┤├──7SEG 　　　 D101 　　　 102 　　　 #0003 　　　 D32000	读取 0.01 状态，若符合条件，则将 D101 中的 8 位 BCD 数据始终显示在与通道 102 相连接的 7 段显示器中（以 D32000 为工作区域）。 LD　　 0.01　　 //读取 0.01 状态 7SEG　 D101　　 //数据保存开始通道编号 　　　 102　　　 //将 7 段显示器连接到该输出单元 　　　 #0003　　 //数据保存开始编号 　　　 D32000　 //工作区域开始通道编号

8.1.8　智能 I/O 读出

指　令	梯　形　图	指 令 描 述	参 数 说 明	指 令 说 明
IORD	IORD C W D	读取由 CJ 单元适配器连接的 CJ 系列高功能 I/O 单元或 CPU 高功能单元内存区域的内容。	C：控制数据。 W：传送号机编号（或元件编号）和传送通道数。若为高功能 I/O 单元，由 0000H~005FH 来指定 0~95 号机；若为 CPU 高功能单元，由单元编号+8000H 来指定单元编号。 D：传送对象低位通道编号。	（1）执行该指令时，执行结果被反映在条件标志中。 （2）若高功能 I/O 单元或 CPU 高功能单元在繁忙状态下，不能执行读取指令。 （3）条件标志配置必须紧接在 IORD 指令之后。 （4）若 W 指定的传送通道数不在 0001H~0080H 范围内，或者 W 指定的号机编号或单元编号既不在 0000H~005FH 范围内也不在 8000H~800FH 范围内，会提示出错，ER 标志为 ON。

【应用范例】智能 I/O 读出指令应用实例

梯形图程序	程 序 说 明
0.01 ┤├──IORD 　　　 #0100 　　　 #000A0001 　　　 D100	读取 0.01 状态，若为 ON，从 1 号机的高功能 I/O 元件中读取 10 通道的数据，将其保存到 D100~D109。 LD　　 0.01　　　　 //读取 0.01 状态 IORD　 #0100　　　　 //继电器编号 　　　 #000A0001　　 //指定 1 号机，读取 10 通道数据 　　　 D100　　　　　 //传送对象低位通道编号

8.1.9　智能 I/O 写入

指　　令	梯　形　图	指　令　描　述	参　数　说　明	指　令　说　明
IOWR	IOWR C S W	将 CPU 单元 I/O 内存区域的内容输出到连接 CJ 单元适配器的 CJ 系列高功能 I/O 单元或 CPU 高功能单元。	C：控制数据。 S：传送源低位通道编号。 W：传送对象号机编号或元件编号和传送通道数。若为高功能 I/O 单元，由 0000H～005FH 指定 0～95 号机；若为 CPU 高功能单元，由单元编号+8000H 指定单元编号。	（1）若指定传送通道数（W+1）为 0001，可以将 S 的数据指定为常数；若传送通道数不为 0001，在 S 中指定为常数时会出错。 （2）执行该指令时，执行结果被反映在条件标志中。 （3）当高功能 I/O 单元或 CPU 高功能单元为繁忙状态时，不执行写入指令。 （4）条件标志的配置必须紧接在 IOWR 指令的后面。

【应用范例】智能 I/O 写入指令应用实例

梯形图程序	程序说明
0.01 ─┤├─ IOWR 　　　　 #0100 　　　　 D100 　　　　 #000A0001	读取 0.01 状态，若为 ON，将 D100～D109 中的数据写入 1 号机的高功能 I/O 元件中。 LD　　　　0.01　　　　//读取 0.01 状态 IOWR　　 #0100　　　//继电器编号 　　　　　D100　　　　//传送源低位通道编号 　　　　　#000A0001　//传送对象为 1 号机，传送 10 通道数据

8.1.10　CPU 总线单元 I/O 刷新

指　　令	梯　形　图	指　令　描　述	参　数　说　明	指　令　说　明
DLNK	DLNK N	对在 CJ 单元适配器中连接的 CJ 系列 CPU 总线单元进行 I/O 刷新。	N：元件编号。CJ 系列 CPU 高功能单元的单元编号为 0000H～000FH 或&0～&15。	（1）CPU 总线单元在更新/交换数据时，不执行该指令。 （2）对于发生 CPU 总线单元异常或 CPU 总线单元设定异常的单元，不进行 I/O 刷新处理。 （3）在本指令执行过程中，若总线发生异常，停止 I/O 刷新处理。

【应用范例】CPU 总线单元 I/O 刷新指令应用实例

梯形图程序	程序说明
0.01 ─┤├─ DLNK 　　　　 &2	读取 0.01 状态，若为 ON，则对编号 2 的 CPU 总线元件执行 I/O 刷新。 LD　　　　0.01　　　//读取 0.01 状态 DLNK　　 &2　　　　//指定编号 2 的总线元件

8.2　高速计数/脉冲输出指令

8.2.1　动作模式控制

指　令	梯　形　图	指　令　描　述	参　数　说　明	指　令　说　明
INI	INI C1 C2 S	对于内置 I/O 执行以下的动作：开始或停止与高速计数器比较表比较；变更高速计数器、中断输入（计数模式）或脉冲输出当前值；停止脉冲输出。	C1：端口指定。0000H～0003H，脉冲输出 0～3；0010H～0013H，高速计数器输入 0～3；0100H～0107H，中断输入 0～7；1000H～1001H，PWM 输出 0～1。 C2：控制数据。0000H，比较开始；0001H，比较停止；0002H，变更当前值；0003H，停止脉冲输出。 S：变更数据保存低位通道编号。	（1）对于由 C1 指定的端口，进行由 C2 指定的控制。 （2）当 C2=0000H 时，通过比较表登录（CTBL）指令，开始进行比较表与高速计数器当前值之间的比较；当 C2=0001H 时，停止比较。 （3）当 C2=0002H 时，变更当前值。将要变更的值设定在 S+1 和 S 中。脉冲输出变更范围为 80000000H～7FFFFFFF H，高速计数器输入范围为 00000000H～FFFFFFFF H。

【应用范例】动作模式控制指令应用实例

梯形图程序	程序说明
0.01 ├┤├──@SPED 　　　　#0001 　　　　#0000 　　　　D100 0.02 ├┤├──@INI 　　　　#0001 　　　　#0003 　　　　D100	读取 0.01 状态，当 0.01 为 OFF→ON 时，通过 SPED 指令，采用连续模式，开始从脉冲输出 1 中输出 500Hz 的脉冲。当 0.02 为 OFF→ON 时，通过 INI 指令停止脉冲输出。 LD　　　　0.01　　　//读取 0.01 状态 @SPED　　#0001　　//脉冲输出 1 　　　　　#0000　　//CW 连续模式 　　　　　D100　　 //低位通道编号 LD　　　　0.02　　　//读取 0.02 状态 @INI　　　#0001　　//脉冲输出 1 　　　　　#0003　　//停止脉冲输出 　　　　　D100　　 //未使用

8.2.2　脉冲当前值读取

指　令	梯　形　图	指　令　描　述	参　数　说　明	指　令　说　明
PRV	PRV C1 C2 D	读取以下内置 I/O 的数据：当前值（高速计数器当前值、脉冲输出当前值、中断输入当前值）；状态信息；带域比较结果；脉冲输出频率（脉冲输出为 0～3）；高速计数频率（只有高速计数器输入 0）。	C1：端口指定。0000H～0003H，脉冲输出 0～3；0010H～0013H，高速计数器输入 0～3；0100H～0107H，中断输入 0～7；1000H～1001H，PWM 输出 0～1。 C2：控制数据。0000 H，读取当前值；0001 H，读取状态；0002 H，读取带域比较结果；0013 H，高频率（对应 10ms）采样方式；0023 H，高频率（对应 100ms）采样方式；0033 H，高频率（对应 1s）采样方式。 D：当前值保存低位通道编号。	（1）对于由 C1 指定的端口，读取由 C2 指定的数据。 （2）当 C2=0000H 时，读取当前值并将其保存到 D+1 和 D。脉冲输出读取范围为 80000000H～7FFFFFFFH；高速计数输入读取结果范围为 80000000H～7FFFFFFFH（线性模式）或00000000H～FFFFFFFFH（环型模式）。 （3）当 C2=0001H 时，读取脉冲输出、高速计数器输入、PWM 输出的状态。 （4）当 C2=0002H 时，读取带域比较结果。通过带域比较型对高速计数进行比较时，读取 PRV 指令执行时的比较结果，并将其保存到 D。

【应用范例】脉冲当前值读取指令应用实例

梯形图程序	程序说明
0.01 ├┤├──PRV 　　　　#0011 　　　　#0003 　　　　D100	当 0.01 为 ON 时，通过 PRV 指令，在该状态下读取输入到高速计数器输入 1 中的脉冲频率，由十六进制数输出到 D101 和 D100 中。 LD　　　　0.01　　　//读取 0.01 状态 PRV　　　 #0011　　//高速计数器输入 1 　　　　　#0003　　//通常方式 　　　　　D100　　 //当前值保存低位通道编号

8.2.3 脉冲频率转换

指　令	梯　形　图	指　令　描　述	参　数　说　明	指　令　说　明
PRV2	PRV2 C1 C2 D	读取输入到高速计数器中的脉冲频率，将其转换成旋转速度（旋转数）；或者将计数器的当前值转换成累计旋转数，用 8 位十六进制数来输出结果。只能在高速计数器 0 中使用。	C1：控制数据。0*?0H，频率转换为旋转速度（*为单位，?为指定频率计算方式）；0001H，计数当前值转换为累计旋转数。 C2：系数指定，0001H～FFFFH 为旋转 1 次的脉冲数。 D：转换结果保存低位通道 编号。	（1）使用由 C2 指定的系数，采用 C1 设定的转换方法，将输入到高速计数器 0 中的脉冲频率输出到 D。 （2）频率转换为旋转速度：*=0H 时，单位为 r/min；*=1H 时，单位为 r/s；*=2H 时，单位为 r/h。 （3）计数当前值转换为累计旋转数：转换结果＝计数当前值/每旋转一次的脉冲数。

【应用范例】脉冲频率转换指令应用实例

梯形图程序	程　序　说　明
0.01 ┤├　PRV2 　　#0001 　　#0003 　　D100	当 0.01 为 ON 时，由 PRV2 指令读取计数器当前值，并将其转换成累计旋转数（十六进制数），然后输出到 D101 和 D100 中。 LD　　　　0.01　　　//读取 0.01 状态 PRV2　　#0001　　//将计数器当前值转换为累计旋转数 　　　　#0003　　//旋转一次的脉冲数设定为 0003H 　　　　D100　　//转换结果保存低位通道编号

8.2.4 比较表登录

指　令	梯　形　图	指　令　描　述	参　数　说　明	指　令　说　明
CTBL	CTBL C1 C2 S	对高速计数器的当前值与目标值进行一致性比较或带域比较。若条件成立，执行中断任务。 只能登录比较表。仅在进行登录时，由 INI 指令开始比较或停止比较。	C1：端口指定。0000H～0003H，高速计数器输入 0～3。 C2：控制数据。0000H，登录目标值一致性比较表并开始比较；0001H，登录带域比较表并开始比较；0002H，仅登录目标一致性比较表；0003H，仅登录带域比较表。 S：比较表低位通道编号。	（1）对于由 C1 指定的端口，按由 C2 指定的方式，开始执行与高速计数器当前值进行比较的表的登录和比较。 （2）进行目标值一致性比较时，能够对相同的中断任务进行多个比较。在与目标值一致的状态下，若计数方向（加法/减法）发生变化，不能取得和在该方向上的下一个目标值的一致性。 （3）进行带域比较时，在比较表中能够登录 8 个带域。带域能够重复指定；若不满 8 个，通过将 FFFFH 指定为中断任务编号，忽略该区域的设定值。

【应用范例】比较表登录指令应用实例

梯形图程序	程　序　说　明
0.01 ┤├　@CTBL 　　#0001 　　#0000 　　D100	当 0.01 为 OFF→ON 时，由 CTBL 指令对高速计数输入 0 进行目标值一致性比较表的登录和比较。 LD　　　　0.01　　　//读取 0.01 状态 @CTBL　#0001　　//高速计数器输入 1 　　　　#0000　　//登录目标值一致性比较表并开始比较 　　　　D100　　//比较表低位通道编号

8.2.5　快速脉冲输出

指　令	梯　形　图	指　令　描　述	参　数　说　明	指　令　说　明
SPED	SPED C1 C2 S	按输出端口指定脉冲频率，输出无加/减速脉冲。可以定位（单独模式）或进行速度控制（连续模式）。 　　定位（单独模式）时，与 PULS 指令组合使用。 　　在脉冲输出中执行该指令时，能够变更当前脉冲输出的目标频率。	C1：端口指定。0000 H～0003 H，脉冲输出 0～3。 　C2：控制数据。bit11～bit8：脉冲输出方式，0H-CW/CCW 方向输出，1H- 脉冲＋方向输出；bit7～bit4：方向指定，0H-CW 方向，1H-CCW 方向；bit3～bit0：模式设定，0H-连续模式，1H-独立模式。 　S：目标频率低位通道编号。	（1）在由 C1 指定的端口中，通过由 C2 指定的方式和由 S 指定的目标频率来执行脉冲输出。 　　（2）执行一次 SPED 指令时，通过指定的条件，执行脉冲输出。因此，基本上在输入微分型或 1 个周期 ON 的输入条件下使用。 　　（3）若在脉冲输出中变更模式，就会出错，不能被执行。

【应用范例】快速脉冲输出指令应用实例

梯 形 图 程 序	程 序 说 明
0.01 　@SPED 　#0001 　#0000 　D100　　D100：01F4H 　　　　　D101：0000H 0.02 　@INI 　#0001 　#0003 　D100	读取 0.01 状态，若 0.01 为 OFF→ON，通过 SPED 指令，采用连续模式，开始从脉冲输出 1 中输出 500 Hz 的脉冲。当 0.02 为 OFF→ON 时，通过 INI 指令停止脉冲输出。 LD　　　0.01　　//读取 0.01 状态 @SPED　#0001　//脉冲输出 1 　　　　#0000　//CW 连续模式 　　　　D100　//目标频率低位通道编号 LD　　　0.02　　//读取 0.02 状态 @INI　　#0001　//脉冲输出 1 　　　　#0003　//停止脉冲输出 　　　　D100　//未使用

8.2.6　脉冲量设置

指　令	梯　形　图	指　令　描　述	参　数　说　明	指　令　说　明
PULS	PULS C1 C2 S	在由本指令设定的脉冲输出量的状态下，通过用单独模式来执行 SPED 指令或 ACC 指令，并输出设定的脉冲量。	C1：端口指定。0000H～0003H，脉冲输出 0～3。 　C2：控制数据。0000 H，相对脉冲指定；0001H，绝对脉冲指定。 　S：脉冲输出量设定低位通道编号。	（1）对于由 C1 指定的端口，设定由 C2 和 S 所指定的方式和脉冲输出量。 　　（2）若在脉冲输出中执行 PULS 指令，会出错，不能进行脉冲输出量的再设定。 　　（3）执行本指令后，即使通过 INI 指令进行脉冲输出当前值的变更，也不能变更计算的移动脉冲量。 　　（4）在由绝对脉冲指定设定移动脉冲量时，无视由 SPED 指令和 ACC 指令的操作数所指定的方向。

【应用范例】脉冲量设置指令应用实例

梯 形 图 程 序	程 序 说 明
0.01 　@PULS 　#0000 　#0000 　D100　　D100：1388H 　　　　　D101：0000H 　@SPED 　#0000 　#0001 　D200　　D200：01F4H 　　　　　D201：0000H	当 0.01 为 OFF→ON 时，通过 PULS 指令，由相对脉冲指定将脉冲输出 0 的脉冲输出量设定为 5000 个脉冲。同时，通过 SPED 指令由 CW/CCW 方式、CW 方向、单独模式开始输出目标频率 500Hz 的脉冲。 LD　　　0.01　　//读取 0.01 状态 @PULS　#0000　//脉冲输出 0 　　　　#0000　//相对脉冲指定 　　　　D100　//脉冲输出量设定低位通道编号 OR　　　　　　　//并联 @SPED　#0000　//脉冲输出 0 　　　　#0001　//CW/CCW 方式、CW 方向、单独模式 　　　　D200　//目标频率低位通道编号

8.2.7　定位

指　令	梯形图	指令描述	参数说明	指令说明
PLS2	PLS2 C1 C2 S1 S2	指定输出端口、脉冲输出量、目标频率、加速比率、减速比率，然后输出脉冲。 在脉冲输出中，若执行本指令，能够变更现有脉冲输出的脉冲输出量、目标频率、加速比率、减速比率。	C1：端口指定。0000 H～0003 H，脉冲输出 0～3。 C2：控制数据。bit11～bit8 和 bit7～bit4 参见 SPED 指令；bit3～bit0，脉冲模式，0H-相对脉冲，1H-绝对脉冲。 S1：设定表低位通道编号。 S2：启动频率低位通道编号。	（1）在由 C1 指定的端口中，用由 C2 指定的方式和由 S2 指定的启动频率，来输出脉冲。 （2）PLS2 指令只能进行定位。

【应用范例】定位指令应用实例

梯形图程序	程序说明
0.01 @PLS2 #0000 #0000 D200 D210 D200: 01F4H D201: 00FAH D202: C350H D203: 0000H D204: 86A0H D205: 0001H D210: 00C8H D211: 0000H	当 0.01 为 OFF→ON 时，通过 PLS2 指令，由相对脉冲指定从脉冲输出 0 开始输出 100000 个脉冲。从 200Hz 启动频率开始，以 500Hz/4ms 的加速比率，加速到目标频率 50kHz 为止；之后从减速点开始，以 250Hz/4ms 的减速比率进行减速，当减速到启动频率的 200Hz 时，停止脉冲输出。 LD　　　0.01　　　//读取 0.01 状态 @PLS2　 #0000　 //脉冲输出 0 　　　　 #0000　 //模式指定 　　　　 D200　　 //设定表低位通道编号 　　　　 D210　　 //启动频率低位通道编号

8.2.8　频率加/减速控制

指　令	梯形图	指令描述	参数说明	指令说明
ACC	ACC C1 C2 S	指定输出端口脉冲频率和加/减速比率，有加/减速的脉冲输出能够进行定位（单独模式）或速度控制（连续模式）。 在脉冲输出中，若执行该指令，能够变更现有脉冲输出的目标频率、加/减速比率。	C1：端口指定。0000H～0003H，脉冲输出 0～3。 C2：控制数据（参见 SPED 指令）。 S：设定表低位通道编号。	（1）从 C1 指定的端口，按 C2 指定的方式，由 S 指定的目标频率和加/减速比率输出脉冲。 （2）在每个脉冲控制周期中，按照由 S 指定的加减速比率，在到达由 S+2 和 S+1 指定的目标频率前，进行频率的加/减速。 （3）若在脉冲输出过程中变更模式，会出错，不能被执行。 （4）在周期执行任务中，若执行控制脉冲输出指令，需要中断；在中断任务内执行该指令时，条件标志为 ON。

【应用范例】频率加/减速控制指令应用实例

梯形图程序	程序说明
0.01 @ACC #0001 #0000 D100 D100: 0014H D101: 01F4H D102: 0000H 0.02 @ACC #0001 #0000 D110 D110: 000AH D111: 03E8H D112: 0000H	当 0.01 为 OFF→ON 时，通过 ACC 指令从脉冲输出 1 端口，用 CW/CCW 方式、CW 方向、连续模式开始进行加/减速比率为 20Hz、目标频率为 500Hz 的脉冲输出。之后，当 0.02 为 OFF→ON 时，再一次通过 ACC 指令变更为加/减速比率为 10Hz、目标频率为 1kHz 的脉冲输出。 LD　　　0.01　　　//读取 0.01 状态 @ACC　　#0001　　//脉冲输出 1 　　　　 #0000　　//CW/CCW 输出，CW 方向，连续模式 　　　　 D100　　 //设定表低位通道编号 LD　　　0.02　　　//读取 0.02 状态 @ACC　　#0001　　//脉冲输出 1 　　　　 #0000　　//CW/CCW 输出，CW 方向，连续模式 　　　　 D110　　 //设定表低位通道编号

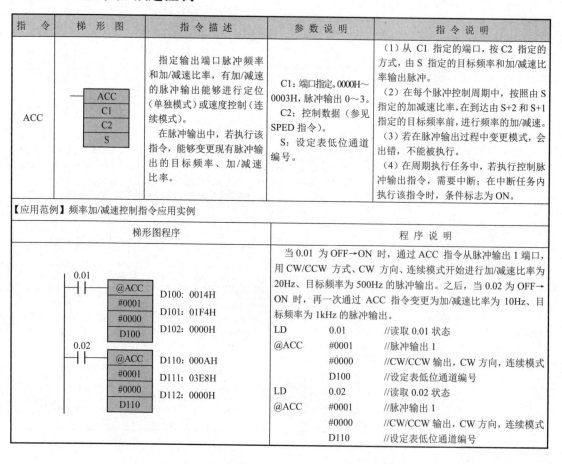

8.2.9　原点检索/复位

指　令	梯　形　图	指令描述	参数说明	指令说明
ORG	ORG C1 C2	进行原点检索或原点复位。 原点检索：根据事先设定的方式，通过输出脉冲来实际启动电动机，使用原点附近的输入信号、原点输入信号来确定原点。 原点复位：从现在的位置向确定的原点位置移动。	C1：端口指定。0000H～0003H，脉冲输出 0～3。 C2：控制数据。bit15～bit12：模式设定，0H-原点检索，1H-原点复位；bit11～bit8：脉冲输出方式，0H-CW/CCW 输出，1H-脉冲+方向输出。	（1）从 C1 指定的端口，用 C2 指定的方式输出脉冲，进行原点检索或原点复位。 （2）在周期执行任务中，若执行控制脉冲输出的指令，需要中断；在中断任务内执行该指令时，条件标志为 ON。 （3）若在原点未确定的状态下指定原点复位，条件标志为 ON，除此之外为 OFF。

【应用范例】原点检索/复位指令应用实例

梯形图程序	程序说明
0.01 ┤├── @ORG 　　　　#0001 　　　　#1000	读取 0.01 状态，若为 ON，根据 ORG 指令，对脉冲输出 1 用 CW/CCW 方式输出脉冲，进行原点复位。随着 PLC 系统的设定，启动速度为 100pps，目标速度为 200pps，加速比率和减速比率为 50Hz/4ms。 LD　　　0.01　　　//读取 0.01 状态 @ORG　 #0001　　//脉冲输出 1 　　　　#1000　　//CW/CCW 方式、原点复位

8.2.10　PWM 输出

指　令	梯　形　图	指令描述	参数说明	指令说明
PWM	PWM C S1 S2	从指定端口输出指定占空比的脉冲。	C：端口指定。××00H，脉冲输出 0；××01H，脉冲输出 1。 S1：频率指定。0001H～FFFFH 对应的频率为 0.1～6553.5Hz，PWM 波形精度为 0.1～1000.0Hz。 S2：占空比指定。0000H～03E8H 对应 0.0%～100.0%，由百分率来指定占空比。	（1）从 C 指定的端口中输出由 S1 指定频率和 S2 指定占空比的脉冲。 （2）无须停止脉冲输出即可变更占空比，但频率变更为无效，不能被执行。 （3）执行一次 PWM 指令时，由指定的条件开始脉冲的输出，因此基本上在输入微分型或 1 周期 ON 的输入条件下使用。

【应用范例】PWM 输出指令应用实例

梯形图程序	程序说明
0.01 ┤├── @PWM 　　　　#0001 　　　　#07D0 　　　　#0019	读取 0.01 状态，若为 OFF→ON，通过 PWM 指令来指定脉冲输出 1 输出频率为 200.0Hz、占空比为 25% 的脉冲。 LD　　　0.01　　　//读取 0.01 状态 @PWM　 #0001　　//脉冲输出 1 　　　　#07D0　　//频率为 200.0Hz 　　　　#0019　　//占空比为 25%

第9章 通信指令

欧姆龙 PLC 的通信指令分为串行通信指令和网络通信指令两大类。

串行通信指令一览表

指令名称	助记符	FUN 编号
协议宏	PMCR	260
串行端口发送	TXD	236
串行端口接收	RXD	235
串行通信单元串行端口发送	TXDU	256
串行通信单元串行端口接收	RXDU	255
串行端口通信设定变更	STUP	237

网络通信指令一览表

指令名称	助记符	FUN 编号
网络发送	SEND	090
网络接收	RECV	098
指令发送	CMND	490
通用 Explicit 信息发送	EXPLT	720
Explicit 读出	EGATR	721
Explicit 写入	ESATR	722
Explicit CPU 单元数据读出	ECHRD	723
Explicit CPU 单元数据写入	ECHWR	724

9.1　串行通信指令

9.1.1　协议宏

指　令	梯 形 图	指 令 描 述	参 数 说 明	指 令 说 明
PMCR	PMCR C1 C2 S D	读出并执行登录在 CJ 系列串行通信单元中的发送/接收序列。	C1：串行端口（对方号机地址）。 C2：发送/接收序列号（控制数据）。 S：发送数据起始通道编号。 D：接收数据保存地址起始通道编号。	（1）对于由 C2 指定的发送/接收序列号，使用由 C1 的 bit 12～bit 15 所指定的通信端口（内部逻辑端口）0～7 中的任意一个，从由 C1 的 bit 0～bit 7 所指定的号机地址（单元）和由 C1 的 bit 8～bit 11 所指定的串行端口（物理端口）开始执行。 （2）若发送消息内的变量由操作数指定，则将来自 S+1 通道的内容作为通道数据在发送区域内使用。 （3）若接收消息内的变量由操作数指定，则在 D+1 通道之后进行接收，并将接收数据的通道数（包括 D）自动保存在 D 中。

【应用范例】协议宏指令应用实例

梯形图程序	程 序 说 明
0.01 ├─┤├── PMCR 　　　　　#6110 　　　　　#0064 　　　　　D100 　　　　　D200	读取 0.01 状态，若为 ON，则对装置编号 0 的串行通信装置端口 1 执行发送/接收序列 100（0064H）。将 D101 中的 2 通道数据作为发送区域来使用；保存 D201 之后接收的数据，接收到的数据的通道数自动保存到 D200 中。 LD　　0.01　　　　//读取 0.01 状态 PMCR　#6110　　//指定通信端口、串行端口和对方号机地址 　　　　#0064　　//接收发送序列 100 　　　　D100　　//发送数据地址通道编号 　　　　D200　　//接收保存地址通道编号

9.1.2　串行端口发送

指　令	梯 形 图	指 令 描 述	参 数 说 明	指 令 说 明
TXD	TXD S C N	通过安装的串行通信选件中的串行端口进行数据发送。	S：发送数据起始通道编号。 C：控制数据。C 的 bit 12～bit 15 为 0H（固定值）；bit 8～bit 11 用于指定串行端口，其中 1H 表示串行端口 1，2H 表示串行端口 2；bit 4～bit 7 指定 ER 信号控制，其中 0H 表示无 RS 和 ER 信号控制，1H 表示有 RS 信号控制，2H 表示有 ER 信号控制，3H 表示有 RS 和 ER 信号控制；bit 0～bit 3 指定保存顺序，其值可以为 0H 或 1H。 N：发送字节数。	（1）根据由 S 指定的发送数据起始通道编号，对由 N 指定的发送字节长度的数据进行无变换发送操作。 （2）最大能发送字节数为 259 字节（包括开始代码、结束代码）。 （3）将串行通信选件安装在选件槽位 1 时，称为串行端口 1；安装在选件槽位 2 时，称为串行端口 2。

【应用范例】串行端口发送指令应用实例

梯形图程序	程 序 说 明
0.01 ├─┤├── TXD 　　　　　D100 　　　　　D200　　D200：0001H 　　　　　&10	读取 0.01 状态，若为 ON，则无变换地将 D100 的低位字节中的 10 字节输出到安装在选件插槽 1 的串行通信选件中。 LD　　0.01　　　　//读取 0.01 状态 TXD　　D100　　//发送数据起始通道编号 　　　　D200　　//不控制 RS 及 ER 信号，保存顺序从低到高 　　　　&10　　　//10 字节

9.1.3 串行端口接收

指 令	梯 形 图	指 令 描 述	参 数 说 明	指 令 说 明
RXD	RXD D C N	在安装的串行通信选装件的串行端口中读出指定字节长度的接收数据。	D：接收数据保存起始通道编号。 C：控制数据。C 的 bit 12～bit 15 为 0 H（固定值）；bit 8～bit 11 用于指定串行端口，其中 1H 表示串行端口 1，2H 表示串行端口 2；bit 4～bit 7 指定 DR 信号的监控，其中 0H 表示无 CS 和 DR 信号监控，1H 表示有 CS 信号监控，2H 表示有 DR 信号监控，3H 表示有 CS 和 DR 信号监控；bit 0～bit 3 指定保存顺序，其值可以为 0H 或 1H。 N：保存字节数。	（1）在串行通信选装件的串行端口（无顺序模式）中，从由 D 指定的接收数据保存起始通道编号开始，输出由 N 指定的相当于保存字节长度的接收数据。当接收的数据达不到由 N 所指定的保存字节长度时，输出实际接收数据。 （2）最大接收字节数为 259 字节（包括开始代码、结束代码）。 （3）在数据接收中，若接收结束标志为 ON，应迅速读出接收数据。

【应用范例】串行端口接收指令应用实例

梯形图程序	程 序 说 明
0.01 RXD D100 D200　D200：0101H &10	读取 0.01 状态，若为 ON，则将串行端口 1 接收的数据从 D100 的低位字节开始保存 10 字节。 LD　　0.01　　//读取 0.01 状态 RXD　D100　//接收数据保存起始通道编号 　　　　D200　//串行端口 1，不监视 CS 及 DR 信号，保存顺序从低到高 　　　　&10　　//10 字节

9.1.4 串行通信单元串行端口发送

指 令	梯 形 图	指 令 描 述	参 数 说 明	指 令 说 明
TXDU	TXDU S C N	将指定字节数的数据通过串行通信单元的串行端口进行发送。	S：发送数据起始通道编号。 C：控制数据起始通道编号。C 的 bit 8～bit 15 为 00 H（固定值）；bit 4～bit 7 指定 RS 和 ER 信号控制，其中 0H 表示无 RS 和 ER 信号控制，1H 表示有 RS 信号控制，2H 表示有 ER 信号控制，3H 表示有 RS 和 ER 信号控制；bit 0～bit 3 指定保存顺序，其值可以为 0H 或 1H。C+1 的 bit 12～bit 15 为 0～7 对应通信端口编号；bit 8～bit 11 指定串行端口 1H 或 2H，不指定时为 0H；bit 0～bit 7 指定对方号机地址。 N：发送字节数。	（1）TXDU 指令和网络通信指令的 SEND/ RECV/CMND 指令及串行通信指令的 PMCR/RXDU 指令一样，使用通信端口 0～7，对串行通信单元发出执行发送序列的指示。因此，当某个通信端口正在被使用时，就不能再使用该通信端口来执行 TXDU 指令。 （2）需要在分配 DM 区域中设定发送延迟时间，调整发送间隔。

【应用范例】串行通信单元串行端口发送指令应用实例

梯形图程序	程 序 说 明
0.01 RXDU D100 D200　D200：0001H &10　　D201：2112H	当 0.01 为 ON、网络通信指令可执行标志为 ON 且 TXDU 指令执行标志为 OFF 时，对从通信端口 2 中的 D100 中低位字节开始的 10 字节数据不变换地发送到与单元编号 2 的串行通信单元的串行端口 1 相连接的通用外部设备。 LD　　　0.01　　//读取 0.01 状态 TXDU　D100　//发送数据起始通道编号 　　　　D200　//通信端口 2，串行端口 1，不控制 RS 　　　　　　　//及 ER 信号，保存顺序从低到高 　　　　&10　　//10 字节

9.1.5　串行通信单元串行端口接收

指　令	梯 形 图	指 令 描 述	参 数 说 明	指 令 说 明
RXDU	RXDU D C N	串行通信单元的指定串行端口按指定的字节数读出接收的数据。 使用不同系列串行通信单元时，需要相应的单元适配器。	D：接收数据起始通道编号。 C：控制数据起始通道编号。C的 bit 8～bit 15 为 00 H（固定值）；bit 4～bit 7 指定 CS 和 DR 信号控制，其中 0H 表示无 CS 和 DR 信号监控，1H 表示有 CS 信号监控，2H 表示有 DR 信号监控，3H 表示有 CS 和 DR 信号监控；bit 0～bit 3 指定保存顺序，其值可以为 0H 或 1H。C+1 的 bit 12～bit 15 为 0～7H，对应通信端口编号；bit 8～bit 11 指定串行端口 1H 或 2H（不指定时为 0H）；bit 0～bit 7 指定对方号机地址。 N：接收字节数。	（1）在由 C+1 的 bit 0～bit 7 所指定的号机地址的串行通信单元和由 C+1 的 bit 8～bit 11 所指定的串行端口（无协议模式）中，从由 D 指定的接收数据保存起始通道编号开始，输出由 N 指定字节长度的接收数据。若接收数据长度小于由 N 所指定的字节长度，输出实际长度的接收数据。 （2）最大接收字节数为 259 字节（包括开始代码、结束代码）。 （3）在数据接收中，若接收结束标志为 ON，需快速读出接收数据。当超过接收缓冲器的容量（260 字节）时，串行端口就为溢出出错状态，停止接收动作。在这个状态中，若要进行复原，需要对端口进行重新启动。

【应用范例】串行通信单元串行端口接收指令应用实例

梯形图程序	程 序 说 明
0.01 RXDU D100 D200　　D200：0001H &10　　D201：2112H	当 0.01 为 ON、网络通信指令可执行标志为 ON 且接收结束标志为 ON 时，对与单元编号 2 的串行通信单元的串行端口 1 相连接的通用外部设备接收的数据不进行变换，使用通信端口 2，从 D100 的低位字节开始保存 10 字节。 LD　　　　0.01　　　//读取 0.01 状态 RXDU　　D100　　　//接收数据保存起始通道编号 　　　　　D200　　　//通信端口 2，串行端口 1，不监视 CS 及 　　　　　　　　　　//DR 信号，保存顺序从低到高 　　　　　&10　　　　//10 字节

9.1.6　串行端口通信设定变更

指　令	梯 形 图	指 令 描 述	参 数 说 明	指 令 说 明
STUP	STUP C S	变更安装在系统中的串行通信选装件、CPU 高功能单元的串行端口中的通信设定，据此在 PLC 运行中能够变更协议模式等。	C：端口指定。C 的 bit 12～bit 15 为 0H（固定值）；bit 8～bit 11 指定端口编号，1H 对应串行端口 1，2H 对应串行端口 2，3H、4H 对应端口预约；bit 0～bit 7 指定对方号机地址。 S：设定数据起始通道编号。	（1）从由 S 指定的设定数据起始通道编号中将 S～S+9 通道的数据保存到指定号机地址单元的通信设定区域。在 S 中指定常数#0000 时，将该端口的通信设定作为默认值。 （2）将串行通信选装件安装在选装槽位 1 时为串行端口 1，安装在选装槽位 2 时为串行端口 2。 （3）在运行中用某个条件变更协议模式等时，需使用本指令。

【应用范例】串行端口通信设定变更指令应用实例

梯形图程序	程 序 说 明
0.01 STUP #0110 D100	读取 0.01 状态，若为 ON，则将装置编号 0 的串行通信装置的串行端口 1 的通信设定变更为 D100～D109 的 10 通道的内容。 LD　　　　0.01　　　//读取 0.01 状态 STUP　　#0110　　//端口 1，CPU 高功能单元编号 0 　　　　　D100　　　//设定数据起始通道编号

9.2 网络通信指令

9.2.1 网络发送

指　令	梯　形　图	指令描述	参数说明	指令说明
SEND	SEND S D C	将数据发送到指定的网络节点。	S：发送源发送起始通道编号。 D：发送目标接收起始通道编号。 C：控制数据低位通道编号。C 的 bit 12～bit 15 为 0H（固定值）；bit 8～bit 11 指定端口编号，其中 1H 对应串行端口 1，2H 对应串行端口 2，3H、4H 对应端口预约；bit 0～bit 7 指定对方号机地址。	（1）从由 S 指定的发送源发送起始通道编号中，通过 CPU 总线或网络，发送指定通道长度的数据。通过由 C 指定的发送对象的网络节点地址，用指定发送对象的单元地址 D 从指定的接收起始通道进行写入。 （2）通信端口编号由网络通信指令和 PMCR 指令共用。因此不能使用相同通信端口编号来同时执行 PMCR 指令和网络通信指令。 （3）由于干扰等因素可能造成发送信息和响应丢失，建议在执行 SEND 指令时，将再发送次数设定为 0 之外的值，这样在响应超过监控时间仍不返回时，可以进行重新发送。

【应用范例】网络发送指令应用实例

梯形图程序	程序说明
0.01 SEND D200 D300 D400 D400: 000AH D401: 0000H D402: 0300H D403: 0703H D404: 0064H	读取 0.01 状态，若为 ON，则将 D200 中的 10 通道数据发送到在己方网络中的节点地址 3 的 CPU 装置的 D300 的 10 通道中。若响应监视时间超过 10s 仍无响应返回，进行最多 3 次的重新发送处理。 LD　　　0.01　　//读取 0.01 状态 SEND　　D200　　//发送源发送起始通道编号 　　　　　D300　　//发送目标接收起始通道编号 　　　　　D400　　//控制数据低位通道编号

9.2.2 网络接收

指　令	梯　形　图	指令描述	参数说明	指令说明
RECV	RECV S D C	对指定的网络节点提出发送要求，接收数据。	S：发送要求对象发送起始通道编号。 D：发送要求源接收起始通道编号。 C：控制数据低位通道编号。C 的 bit 0～bit 15 为接收通道数。C+1 的 bit 12～bit 15 为 00 H（固定值）；bit 8～bit 11 为串行端口编号，其值为 0～4H；bit 0～bit 7 为发送要求对方网络地址。C+2 的 bit 8～bit 15 为己方网络号机地址；bit 0～bit 7 为发送要求对方网络机地址。C+3 的 bit 12～bit 15 为 0H，表示需要响应（固定）；bit 8～bit 11 为通信端口，其值为 0～7H；bit 4～bit 7 为 00H（固定值）；bit 0～bit 3 为再发送次数；C+4 的 bit 0～bit 15 为响应监视时间，其取值范围为 0000H～FFFF H。	（1）若设定为需要响应而在响应监控时间内没有收到响应，按指定的重新发送次数来进行发送，直到有响应为止。 （2）对单元或单元的串行端口均能执行本指令。 （3）能够从 Controller Link 网络、Ethernet 上的 PLC、计算机及在高位链路模式中与串行端口相连接的高位计算机中接收数据。

9.2.3　指令发送

指　令	梯　形　图	指 令 描 述	参 数 说 明	指 令 说 明
CMND	CMND S D C	发布任意的 FINS 指令，接收响应。	S：指令保存地址起始通道编号。 D：响应保存起始通道编号。 C：控制数据低位通道编号。C 和 C+1 的 bit 0～bit 15 均为指令数据字节数。C+2 的 bit 12～bit 15 为 00H（固定值）；bit 8～bit 11 为串行端口编号，其值为 0～4H；bit 0～bit 7 为发送对象网络地址。C+3 的 bit 8～bit 15 为己方号机地址；bit 0～bit 7 为发送要求对方号机网络地址，其值为 00H～FE H。	（1）从由 S 指定的指令保存开头通道号中，通过 CPU 总线或网络，经由 C 指定的网络地址的节点地址，将指定指令数据字节长度的任意的 FINS 指令数据发送到指定的单元地址中。以 D 为起始保存相当于响应数据字节长度的响应数据。 （2）对单元或单元的串行端口均能执行本指令。 （3）若发送对象节点地址为 FF H，发布与指定网络地址的所有节点相同的指令。 （4）在设定为要响应的状态下，若在响应监控时间内没有得到响应，按指定的重新发送次数进行指令发布，直到有响应为止。对于响应不存在的指令，应设定为不需要响应。

【应用范例】指令发送指令应用实例

梯形图程序	程序说明
0.01 CMND D200 D300 D400 D200: 0101H D201: 8200H D202: 0A00H D203: 000AH D400: 0008H D401: 0018H D402: 0000H D403: 0300H D404: 0703H D405: 0064H	读取 0.01 状态，若为 ON，则将 D200 中的 10 通道数据发送到己方网络中的节点地址 3 的 CPU 装置的 D300 的 10 通道中。若响应监视时间超过 10s 仍无响应返回，进行最多 3 次的重新发送。 LD　　　　0.01　　　　//读取 0.01 状态 CMND　　D200　　　//指令保存地址起始通道编号 　　　　　D300　　　//响应保存起始通道编号 　　　　　D400　　　//控制数据设定

9.2.4　通用 Explicit 信息发送

指　令	梯　形　图	指 令 描 述	参 数 说 明	指 令 说 明
EXPLT	EXPLT S D C	发送任意服务代码的 Explicit 信息。	S：发送信息保存地址起始通道编号。 D：接收信息保存地址起始通道编号。 C：控制数据。	（1）通过由 C+1 bit 0～bit 7 指定的 FINS 号机地址的通信单元，把到 S+2～S+最终通道为止的通用 Explicit 指令发布到由 S+1 指定网络的节点地址中。将接收到的 Explicit 响应保存在 D+2 之后。 （2）保存源数据的顺序为 Explicit 信息的帧上的顺序（线路上的数据顺序）。

【应用范例】通用 Explicit 信息发送指令应用实例

梯形图程序	程序说明
0.01 EXPLT D100 D200 D300	读取 0.01 状态，若为 ON，读出遥控 I/O 终端的 ON 累计时间或接点动作次数（参数需按具体情况设定）。 LD　　　　0.01　　　　//读取 0.01 状态 EXPLT　　D100　　　//发送信息保存地址起始通道编号 　　　　　D200　　　//接收信息保存地址起始通道编号 　　　　　D300　　　//控制数据设定

9.2.5 Explicit 读出

指 令	梯 形 图	指令描述	参数说明	指令说明
EGATR	EGATR S D C	用 Explicit 信息读出信息/状态。	S：发送信息保存地址起始通道编号。 D：接收信息保存地址起始通道编号。 C：控制数据。	（1）通过由 C+1 bit 0～bit 7 指定的 FINS 号机址的通信单元，将 S+1～S+3 内的信息/状态读出的 Explicit 指令发布到由 S 指定网络的节点地址中。将接收的 Explicit 响应内的服务数据保存到 D+1 之后。 （2）在 D 中保存的接收字节数为服务数据的字节数。

【应用范例】Explicit 读出指令应用实例

梯形图程序	程序说明
0.01 ┤├── EGATR 　　　　 D100 　　　　 D200 　　　　 D300	读取 0.01 状态，若为 ON，读出遥控 I/O 终端的通用状态（参数需按具体情况设定）。 LD　　　 0.01　　　 //读取 0.01 状态 EGATR　 D100　　 //发送信息保存地址起始通道编号 　　　　 D200　　 //接收信息保存地址起始通道编号 　　　　 D300　　 //控制数据设定

9.2.6 Explicit 写入

指 令	梯 形 图	指令描述	参数说明	指令说明
ESATR	ESATR S C	用 Explicit 信息进行信息写入。	S：发送信息保存起始通道编号。 C：控制数据。	（1）通过由 C bit 0～bit 7 指定的 FINS 号机址的通信单元，把 S+2～S+最终通道内的信息写入由 C 指定网络的节点地址中。另外，由 C bit 12～bit 15 指定服务数据的保存在 S+5 之后的数据保存顺序。 （2）保存源数据的顺序为 Explicit 信息的帧上的顺序（线路上的数据顺序）。

【应用范例】Explicit 写入指令应用实例

梯形图程序	程序说明
0.01 ┤├── ESATR 　　　　 D100 　　　　 D200	读取 0.01 状态，若为 ON，写入遥控 I/O 终端的输入相应编号接点动作次数的设定值（参数需按具体情况设定）。 LD　　　 0.01　　　 //读取 0.01 状态 ESATR　 D100　　 //发送信息保存起始通道编号 　　　　 D200　　 //相应控制参数输入

9.2.7 Explicit CPU 单元数据读出

指 令	梯 形 图	指令描述	参数说明	指令说明
ECHRD	ECHRD S D C	将与 Explicit 信息对应的网络中 CPU 单元的数据读到己方 CP1H 中。	S：对方 CPU 单元读取起始通道编号。 D：写入 CP1 H 的起始通道编号。 C：控制数据。	通过由网络中 C 指定的节点地址的 CPU 单元，从由 S 指定的读出起始通道中读出由 C+1 指定发送通道长度的数据，保存到己方 CP1H 的 D 之后。

【应用范例】Explicit CPU 单元数据读出指令应用实例

梯形图程序	程序说明
0.01 ┤├── ECHRD 　　　　 D100 　　　　 D200 　　　　 D300	读取 0.01 状态，若为 ON，读出网络中的相应节点地址，读出 CPU 单元的 D100～D102 中的数据，保存到己方 CP1H 的 D200～D202 中（参数需按具体情况设定）。 LD　　　 0.01　　　 //读取 0.01 状态 ECHRD　 D100　　 //对方 CPU 单元读取起始通道编号 　　　　 D200　　 //保存读出数据的己方 CP1H 的起始通道 　　　　　　　　 //编号 　　　　 D300　　 //控制数据设定

9.2.8 Explicit CPU 单元数据写入

指　令	梯　形　图	指　令　描　述	参　数　说　明	指　令　说　明
ECHWR	ECHWR S D C	从己方 CP1H 向与 Explicit 信息对应的网络中的 CPU 单元进行数据的写入。	S：写入源的己方 CP1H 起始通道编号。 D：写入对方的 CPU 单元起始通道编号。 C：控制数据。	从由己方 CP1H 的 S 指定的写入源起始通道中，把由 C+1 指定通道长度的数据写入到由 D 指定的写入起始通道后。

【应用范例】Explicit CPU 单元数据写入指令应用实例

梯形图程序	程序说明
0.01 ├┤├── ECHWR 　　　　　D100 　　　　　D200 　　　　　D300	读取 0.01 状态，若为 ON，读出己方的 D100～D102 中的数据，保存到网络中相应节点的 CPU 单元 D200～D202 中（参数需按具体情况设定）。 LD　　　　0.01　　　//读取 0.01 状态 ECHWR　　D100　　//己方读取起始通道编号 　　　　　D200　　//对方 CPU 单元起始通道编号 　　　　　D300　　//控制数据设定

第 10 章 块 指 令

欧姆龙 PLC 的块指令是具有灵活性的一类指令，利用块指令可以简化程序设计，提高可操作性。

块指令一览表

指令名称	助 记 符	FUN 编号
块程序开始	BPRG	096
块程序结束	BEND	801
块程序暂停	BPPS	811
块程序重启	BPRS	812
带条件结束	EXIT	806
带条件非结束	EXIT NOT	806
条件分支块	IF	802
条件非分支块	IF NOT	802
条件分支伪块	ELSE	803
条件分支块结束	IEND	804
条件等待	WAIT	805
条件非等待	WAIT NOT	805
BCD 定时等待	TIMW	813
BIN 定时等待	TIMWX	816
BCD 计数等待	CNTW	814
BIN 计数等待	CNTWX	818
BCD 高速定时等待	TMHW	815
BIN 高速定时等待	TMHWX	817
循环块	LOOP	809
循环块结束	LEND	810
循环块结束非	LEND NOT	810
变量类别获取	GETID	286

10.1 块程序指令

10.1.1 块程序开始/块程序结束

指　令	梯　形　图	指　令　描　述	参　数　说　明	指　令　说　明
BPRG	BPRG N	BPRG 指令和 BEND 指令作为一组指令来使用。 当 BPRG 指令的输入条件为 ON 时，执行由 N 所指定的块程序区域，从 BPRG 指令到 BEND 指令之间的各个指令在输入条件为 ON 的状态下（无条件）被执行。	N：块编号，其范围为 0～127（十进制数）。	（1）当 BPRG 指令的输入条件为 OFF 时，不能执行由 N 所指定的编号的块程序区域。 （2）对于块程序区域，即使其执行条件为 ON，也可以利用其他程序区域内的 BPPS 指令使其停止执行。
BEND	BEND			

【应用范例】块程序开始/块程序结束指令应用实例

梯形图程序	程　序　说　明
0.01 — BPRG 1 0.02 — 100.00 ○ BEND 0.03 — 101.00 ○	读取 0.01 状态，若为 ON，则执行从 BPRG 指令到 BEND 指令的块程序（块 1）；若 0.01 为 OFF，则不执行块程序。 LD　　　0.01　　//读取 0.01 状态 BPRG　　1　　　//指定块程序编号为 1 LD　　　0.02　　//读取 0.02 状态 OUT　　100.00　//输出 BEND　　　　　　//块程序结束 LD　　　0.03　　//读取 0.03 状态 OUT　　101.00　//输出

10.1.2 块程序暂停/块程序重启

指　令	梯　形　图	指　令　描　述	参　数　说　明	指　令　说　明
BPPS	BPPS N	BPPS 指令和 BPRS 指令作为一组指令来使用。 BPPS 指令用于暂停指定块程序的执行；BPRS 指令用于重新启动暂停的块程序。	N：块编号，其范围为 0～127（十进制数）。	（1）若不在块程序区域中，或者 N 的数据不在 0～127 的范围内，会出错，ER 标志为 ON。 （2）该组指令可在子程序区域、中断任务程序区域的块程序内使用。
BPRS	BPRS N			

【应用范例】块程序暂停/块程序重启指令应用实例

梯形图程序	程　序　说　明
0.01 — BPRG 1 BPPS 1 0.02 — 100.00 ○ BPRS 1 0.03 — 101.00 ○ BEND	读取 0.01 状态，若为 ON，则执行从 BPRG 指令到 BEND 指令的块程序（块 1）；若 0.01 为 OFF，则不执行块程序。其中，BPPS 指令与 BPRS 指令之间的 100.00 块被暂停执行。 LD　　　0.01　　//读取 0.01 状态 BPRG　　1　　　//指定块程序编号为 1 BPPS　　1　　　//暂停起始 LD　　　0.02　　//读取 0.02 状态 OUT　　100.00　//输出 BPRS　　1　　　//重新启动 LD　　　0.03　　//读取 0.03 状态 OUT　　101.00　//输出 BEND　　　　　　//块程序结束

10.1.3　带条件结束/带条件非结束

指　令	梯　形　图	指　令　描　述	参　数　说　明	指　令　说　明
EXIT	不指定操作数时： 输入条件 EXIT 指定操作数时： EXIT　R	不指定操作数时，若输入条件为 ON，不执行从 EXIT 指令到 BEND 指令之间的程序，结束块程序的执行。 指定操作数时，若 R 指定的继电器为 ON（或 OFF），不执	R：指定操作数时，R 为继电器编号。	（1）指定操作数时，若不在块程序区域中，会出错，ER 标志为 ON。 （2）该指令可在子程序区域、中断任务程序区域的块程序内使用。
EXIT NOT	指定操作数时： EXIT NOT　R	行从 EXIT 指令到 BEND 指令之间的程序，结束块程序的执行。		

10.1.4　条件分支块/条件非分支块/条件分支伪块/条件分支块结束

指　令	梯　形　图	指　令　描　述	参　数　说　明	指　令　说　明
IF	不指定操作数时： 输入条件 IF 指定操作数时： IF　R	不指定操作数时，在 IF 指令前设定输入条件，若输入条件为 ON，执行下一个指令之后（IF 与 ELSE 之间）的指令；若输入条件为 OFF，执行 ELSE 指令之后（ELSE 与 IEND 之间）的指令。 指定操作数时，作为 IF 指令（或 IF NOT 指令）的操作数指定接点 R。若由 R 指定的接点为 ON（或 OFF），则执行下一个指令之后（IF 与 IEND 之间）的指令；否则，执行 ELSE 指令之后（ELSE 与 IEND 之间）的指令。	R：指定操作数时，R 为继电器编号。	（1）输入条件必须从 LD 指令开始。 （2）在块程序内，各指令被无条件执行。在根据输入条件进行执行/非执行的切换时，使用本指令。 取程序 A 与 B 的分支时： IF A ELSE B IEND 进行程序 A 与"无"的切换时： IF A IEND （3）最大嵌套层数为 253。若在块程序中没有或条件分支的嵌套层数大于 253，会出错，ER 标志为 ON。 （4）该指令可在子程序区域、中断任务程序区域的块程序内使用。
IF NOT	指定操作数时： IF NOT　R			
ELSE	ELSE			
IEND	IEND			

【应用范例】条件分支块/条件非分支块/条件分支伪块/条件分支块结束指令应用实例

梯形图程序	程　序　说　明
0.01 ┤├──BPRG 1 　　　　IF 0.01 0.02　100.00 ┤├──（　） 　　　　ELSE 0.03　101.00 ┤├──（　） 　　　　IEND 　　　　BEND	读取 0.01 状态，若为 ON，则执行从 BPRG 指令到 BEND 指令之间的块程序（块1）；若 0.01 为 OFF，则不执行块程序。其中，若 0.01 为 ON，则读取 0.02 状态并输出 100.00；为其他状态，则直接读取 0.03 状态并输出 101.00。IF 指令与 IFND 指令构成条件分支。 LD　　　　0.01　　　//读取 0.01 状态 BPRG　　　1　　　　//指定块程序编号为 1 IF　　　　0.01　　　//输入条件 LD　　　　0.02　　　//读取 0.02 状态 OUT　　　100.00　//输出 ELSE　　　　　　　//选择另一分支 LD　　　　0.03　　　//读取 0.03 状态 OUT　　　101.00　//输出 IEND　　　　　　　//条件分支指令结束 BEND　　　　　　　//块程序结束

10.1.5　条件等待/条件非等待

指　令	梯　形　图	指　令　描　述	参　数　说　明	指　令　说　明
WAIT	不指定操作数时： 输入条件 WAIT 指定操作数时： WAIT　R	不指定操作数时，若输入条件为 ON，执行从 WAIT 指令到 BEND 指令之间的程序；若输入条件为 OFF，转移到 BEND 指令的下一个指令。从下一个扫描周期不执行块程序内的程序，仅执行 WAIT 指令的输入条件的条件判断。	R：指定操作数时，R 为继电器编号。	（1）该指令可在子程序区域、中断任务程序区域的块程序内使用。 （2）当 WAIT 指令的输入条件为 OFF 时，将存储 WAIT 指令的程序地址（有操作数）或输入条件的开始程序地址（无操作数）；当输入条件为 ON 时，继续执行 WAIT 指令之后的指令。但是，根据外围工具等进行联机编辑时，WAIT 状态会被清除，将再次从块程序区域开始执行。
WAIT NOT	指定操作数时： WAIT NOT　R	指定操作数时，若 R 指定的输入条件为 ON（或 OFF），执行从 WAIT 指令到 BEND 指令之间的程序；否则转移到 BEND 指令的下一个指令。从下一个扫描周期不执行块程序内的程序，仅执行 WAIT 指令的接点的 ON/OFF 内容判断。		

【应用范例】条件等待/条件非等待指令应用实例

梯形图程序	程序说明
0.01 ┤├──BPRG 　　　　1 0.02　100.00 ┤├──○ 　　　WAIT 0.03　101.00 ┤├──○ 　　　BEND 0.04　102.00 ┤├──○	读取 0.01 状态，若为 ON，则执行从 WAIT 指令到 BEND 指令之间的程序；若为 OFF，则转移到 BEND 指令的下一个指令。从下一个扫描周期开始不执行块程序内的程序，仅执行 WAIT 指令的输入条件的判断。 LD　　　　0.01　　　//读取 0.01 状态 BPRG　　　1　　　　//指定块程序编号为 1 LD　　　　0.02　　　//读取 0.02 状态 OUT　　　100.00　//输出 WAIT　　　　　　　　//扫描等待 LD　　　　0.03　　　//读取 0.03 状态 OUT　　　101.00　//输出 BEND　　　　　　　　//块程序结束 LD　　　　0.04　　　//读取 0.04 状态 OUT　　　102.00　//输出

10.1.6　BCD 定时等待/BIN 定时等待

指　令	梯　形　图	指　令　描　述	参　数　说　明	指　令　说　明
TIMW	TIMW　N 　　　　S	在指定的时间到期限之前，不执行本指令以外的块程序内的指令；到期限时，执行下一个指令之后的指令。	N：时间编号，取值范围为 0～4095（十进制数）。 S：设定值。BCD 方式时，其范围为 #0000～#9999（BCD）；BIN 方式时，其范围为 #0000～#FFFF（十六进制数）。	（1）减法式，延迟 100ms 时间。 （2）该指令即相当于 WAIT 指令的输入条件为时间的指令，能够用于根据时间的工序步进程序中。 （3）时间编号在时间指令、高速时间指令、超高速时间指令、累计时间指令以及块程序的定时等待指令、高速定时等待指令中为共用。若用这些指令同时操作相同的时间编号，会产生误动作。
TIMWX	TIMWX　N 　　　　S			

续表

【应用范例】BCD 定时等待指令应用实例	
梯形图程序	程 序 说 明
0.01 ├┤├ BPRG 1 TIMW 1 / #0100 0.02 ├┤├ 101.00 ○ BEND 0.03 ├┤├ 102.00 ○	读取 0.01 状态，若为 ON，则等待 10s 后，再执行从 TIMW 指令到 BEND 指令之间的程序。 LD　　　　　0.01　　　　//读取 0.01 状态 BPRG　　　　1　　　　　//指定块程序编号为 1 TIMW　　　　1　　　　　//时间编号 1 　　　　　　#0100　　　//等待时间 100ms×100=10s LD　　　　　0.02　　　　//读取 0.02 状态 OUT　　　　　101.00　　//输出 BEND　　　　　　　　　　//块程序结束 LD　　　　　0.03　　　　//读取 0.03 状态 OUT　　　　　102.00　　//输出

10.1.7　BCD 计数等待/BIN 计数等待

指　令	梯 形 图	指 令 描 述	参 数 说 明	指 令 说 明
CNTW	CNTW N S R	在指定计数器计数结束之前，不执行本指令以外的块程序内的指令；计数结束时，执行下一个指令之后的指令。	N：计数器编号，取值范围为 0~4095（十进制数）。 S：设定值。BCD 方式时，其范围为 #0000~#9999（BCD）；BIN 方式时，其范围为 #0000~#FFFF（十六进制数）。 R：计数输入。	（1）该指令为 WAIT 指令的输入条件为计数器时的指令，能够用于通过计数器的工序步进程序中。 （2）计数器编号在计数器指令、可逆计数器指令、块程序计数器等待指令中共用。如果在这些指令中同时操作相同的计数器编号，会产生误动作。
CNTWX	CNTWX N S R			

【应用范例】BCD 计数等待指令应用实例	
梯形图程序	程 序 说 明
0.01 ├┤├ BPRG 1 0.02 ├┤├ 101.00 ○ CNTW 1 / #5000 / 1.00 0.03 ├┤├ 102.00 ○ BEND	读取 0.01 状态，若为 ON，则执行块程序。计数设定值被预置到计数器 1 中，计数 5000 次。 LD　　　　　0.01　　　　//读取 0.01 状态 BPRG　　　　1　　　　　//指定块程序编号为 1 LD　　　　　0.02　　　　//读取 0.02 状态 OUT　　　　　101.00　　//输出 CNTW　　　　1　　　　　//计数器编号 1 　　　　　　#5000　　　//计数次数 5000 次 LD　　　　　0.03　　　　//读取 0.03 状态 OUT　　　　　102.00　　//输出 BEND　　　　　　　　　　//块程序结束

10.1.8　BCD 高速定时等待/BIN 高速定时等待

指　令	梯 形 图	指 令 描 述	参 数 说 明	指 令 说 明
TMHW	TMHW N / S	指定的时间到期限之前，不执行本指令以外的块程序内的指令；到期限时，执行下一个指令之后的指令。	N：时间编号，取值范围为 0～4095（十进制数）。 S：设定值。BCD 方式时，其范围为 #0000～#9999（BCD）；BIN 方式时，其范围为 #0000～#FFFF（十六进制数）。	（1）减法式，延迟 10ms 时间。 （2）该指令为 WAIT 指令的输入条件为时间的指令，能够用于根据时间的工程步进区域中。 （3）时间编号在时间指令、高速时间指令、超高速时间指令、累计时间指令、块程序的定时等待指令、高速定时等待指令中为共用。若用这些指令同时操作相同的时间编号，则会产生误动作。
TMHWX	TMHWX N / S			

【应用范例】BCD 高速定时等待指令应用实例

梯形图程序	程 序 说 明

读取 0.01 状态，若为 ON，则等待 1s 后，执行从 TMHW 指令到 BEND 指令之间的程序。

```
0.01
 ┤├        BPRG
            1

TMHW        1
           #0100

0.02       101.00
 ┤├          ○

            BEND

0.03       102.00
 ┤├          ○
```

LD	0.01	//读取 0.01 状态
BPRG	1	//指定块程序编号为 1
TMHW	1	//时间编号 1
	#0100	//等待时间 10ms×100=1s
LD	0.02	//读取 0.02 状态
OUT	101.00	//输出
BEND		//块程序结束
LD	0.03	//读取 0.03 状态
OUT	102.00	//输出

10.1.9　循环块/循环块结束/循环块结束非

指　令	梯 形 图	指 令 描 述	参 数 说 明	指 令 说 明
LOOP	LOOP	不指定 LEND 指令的操作数时，若 LEND 指令的输入条件为 OFF，回到 LOOP 指令的下一个指令，在 LOOP～LEND 之间进行循环。否则结束循环块，执行下一个指令之后的指令。 指定 LEND 指令的操作数时，若在 R 中指定的接点为 OFF（或 ON），则回到 LOOP 指令的下一个指令，在 LOOP～LEND 之间进行循环；否则不回到 LOOP 指令的下一个指令，结束循环块，执行下一个指令之后的指令。	R：指定操作数时，R 为继电器编号。	（1）在 LOOP～LEND 之间进行循环时，应根据需要使用 I/O 更新指令。此外，应注意不要超出循环时间。 （2）不能对循环块进行嵌套。 （3）不能对 LOOP 和 LEND 进行逆向运行。 （4）当 LOOP 指令不被执行时，LEND 指令作为 NOP 处理。 （5）在 LOOP～LEND 之间对条件分支块进行嵌套时，须在 LOOP～LEND 之间完成嵌套。
LEND	不指定操作数时： 输入条件 LEND 指定操作数时： LEND R			
LEND NOT	指定操作数时： LEND NOT R			

续表

【应用范例】循环块/重复块结束指令应用实例

梯形图程序	程　序　说　明
0.01　BPRG　1 0.02　101.00 LOOP 0.03　102.00 LEND　0.01 0.04　103.00 BEND	读取 0.01 状态，若为 ON，则执行块程序，然后执行 LOOP 指令。当 I/O 更新指令后，如果 0.01 为 OFF，则循环执行输出 102.00；如果 0.01 为 ON，则执行输出 103.00，最后结束块程序。 LD　　　　0.01　　　　//读取 0.01 状态 BPRG　　　1　　　　　//指定块程序编号为 1 LD　　　　0.02　　　　//读取 0.02 状态 OUT　　　101.00　　　//输出 LOOP　　　　　　　　//循环起始 LD　　　　0.03　　　　//读取 0.03 状态 OUT　　　102.00　　　//输出 LEND　　　0.01　　　　//判断循环结束 LD　　　　0.04　　　　//读取 0.04 状态 OUT　　　103.00　　　//输出 BEND　　　　　　　　//块程序结束

10.2　功能块特殊指令

变量类别获取

指　　令	梯　形　图	指　令　描　述	参　数　说　明	指　令　说　明
GETID	GETID S D1 D2	输出指定变量 FINS 指令的变量类型代码及通道号，主要在取得功能模块内的变量分配地址时使用。	S：要取得的变量类型和通道编号。 　D1：用 S 的 FINS 指令来保存变量类型代码。 　D2：采用 4 位十六进制数保存 S 的通道号。	（1）采用 4 位十六进制数，将在 S 中所指定的变量或地址的 FINS 指令的变量类型代码输出到 D1，同时用 4 位十六进制数输出通道号到 D2。 　（2）当间接指定高功能装置的扩展参数设定区域时，如果在扩展参数设定区域的开始处使用变量，必须将该变量地址作为反向间接指定进行设定。此时使用该指令取得变量的分配地址，进行反向设定。

第 11 章　字符串处理指令及特殊指令

字符串处理指令一览表

指令名称	助记符	FUN 编号
字符串传送	MOV$	664
字符串连接	+$	656
字符串左侧读出	LEFT$	652
字符串右侧读出	RGHT$	653
字符串指定位置读出	MID$	654
字符串检索	FIND$	660
字符串长度检测	LEN$	650
字符串替换	RPLC$	661
字符串删除	DEL$	658
字符串交换	XCHG$	665
字符串清除	CLR$	666
字符串插入	INS$	657
字符串比较	=$、<>$、<$、<=$、>$、>=$ （LD 连接型、AND 连接型、 OR 连接型）	（670～675）

特殊指令一览表

指令语言	助记符	FUN 编号
设置进位	STC	040
清除进位	CLC	041
循环监视时间设定	WDT	094
条件标志保存	CCS	282
条件标志加载	CCL	283
CV→CS 地址转换	FRMCV	284
CS→CV 地址转换	TOCV	285

11.1　字符串处理指令

11.1.1　字符串传送

指　令	梯 形 图	指 令 描 述	参 数 说 明	指 令 说 明
MOV$	MOV$ S D	将由 S 所指定的字符串数据，原样（包括末尾的 NUL）传送给 D。S 的字符串最大字符数为 4095（0FFF H）。	S：传送字符串数据低位通道编号。 D：传送目标低位通道编号。	（1）使用区域：块程序区域、工序步进程序区域、子程序区域、中断任务程序区域。 （2）若 S 的字符串数超过 4095，会出错，ER 标志转为 ON。 （3）若 0000H 被传送给 D，＝标志为 ON。

【应用范例】字符串传送指令应用实例

梯形图程序	程 序 说 明
├┤├　MOV$ 　　S　D100 　　D　D200	将 S（低位通道编号 D100）所指定的字符串数据，传送给 D（低位通道编号 D200）。 MOV$　　D100　　//传送字符串数据低位通道编号 　　　　　D200　　//传送目标低位通道编号

11.1.2　字符串连接

指　令	梯 形 图	指 令 描 述	参 数 说 明	指 令 说 明
+$	+$ S1 S2 D	连接由 S1 和 S2 所指定的字符串，将结果作为字符串数据（包括在末尾加上 NUL）输出给 D。	S1：字符串数据低位通道编号 1。 S2：字符串数据低位通道编号 2。 D：连接字符串输出低位通道编号。	（1）使用区域：块程序区域、工序步进程序区域、子程序区域、中断任务程序区域。 （2）若 S1、S2 的字符串数据超过 4095 字符，为出错，ER 标志转为 ON。 （3）若向 D 输出 0000 H，＝标志为 ON

【应用范例】字符串连接指令应用实例

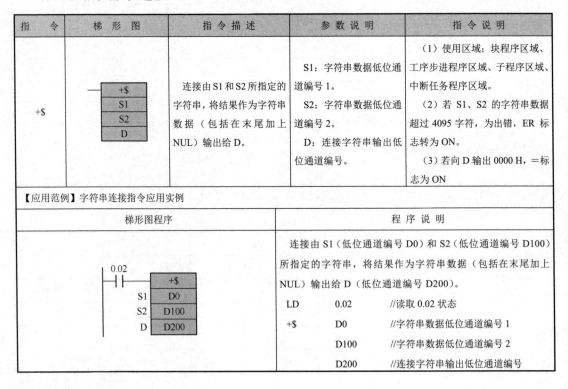

梯形图程序	程 序 说 明
0.02 ├┤├　　+$ 　　S1　D0 　　S2　D100 　　D　D200	连接由 S1（低位通道编号 D0）和 S2（低位通道编号 D100）所指定的字符串，将结果作为字符串数据（包括在末尾加上 NUL）输出给 D（低位通道编号 D200）。 LD　　　0.02　　//读取 0.02 状态 +$　　　D0　　//字符串数据低位通道编号 1 　　　　D100　　//字符串数据低位通道编号 2 　　　　D200　　//连接字符串输出低位通道编号

11.1.3　字符串左侧读出

指　令	梯　形　图	指　令　描　述	参　数　说　明	指　令　说　明
LEFT$	LEFT$ S1 S2 D	从由 S1 所指定的字符串数据低位通道编号到 NUL（00 H）代码为止的字符串左侧（开头），读出由 S2 所指定的字符数，将结果作为字符串数据（在末尾加上 NUL）输出到 D。当读出的字符数超过 S1 的字符数时，输出整个 S1 的字符串。若读出字符数指定为 0（0000 H），向 D 输出相当 2 个字符的 NUL（0000 H）。	S1：字符串数据低位通道编号。 S2：读出字符数数据。 D：字符串输出低位通道编号。	（1）使用区域：块程序区域、工序步进程序区域、子程序区域、中断任务程序区域。 （2）由 S2 所指定的最大读出字符数为 4095（0FFF H），若指定超过最大读出字符数，会出错，ER 标志为 ON。 （3）若向 D 输出 0000H，＝标志为 ON。

【应用范例】字符串左侧读出指令应用实例

梯形图程序	程　序　说　明
LEFT$ S1　D0 S2　D100 D　D200	从由 S1（低位通道编号 D0）所指定的字符串数据低位通道编号到 NUL 代码为止的字符串左侧（开头），读出由 S2（低位通道编号 D100）所指定的字符数，将结果作为字符串数据（在末尾加上 NUL）输出到 D（低位通道编号 D200）。 LEFT$　　　D0　　　//字符串数据低位通道编号 　　　　　　D100　　//读出字符数数据 　　　　　　D200　　//字符串输出低位通道编号

11.1.4　字符串右侧读出

指　令	梯　形　图	指　令　描　述	参　数　说　明	指　令　说　明
RGHT$	RGHT$ S1 S2 D	从由 S1 所指定的字符串数据低位通道编号到 NUL（00 H）代码之间的字符串右侧（末尾），读出由 S2 所指定的字符数，将结果作为字符串数据（在末尾加上 NUL）输出到 D。若读出字符数超过 S1 的字符数，输出整个 S1 的字符串。若读出字符数指定为 0，向 D 输出相当 2 个字符的 NUL（0000 H）。	S1：字符串数据低位通道编号。 S2：读出字符数数据。 D：字符串输出低位通道编号。	（1）使用区域：块程序区域、工序步进程序区域、子程序区域、中断任务程序区域。 （2）由 S2 所指定的最大字符数数据为 4095。若指定超过 4095，会出错，ER 标志为 ON。 （3）若 S2 的内容超过 0FFFH（4095），为出错，ER 标志为 ON。 （4）若向 D 输出 0000H，＝标志为 ON。

【应用范例】字符串右侧读出指令应用实例

梯形图程序	程　序　说　明
RGHT$ S1　D0 S2　D100 D　D200	从由 S1（低位通道编号 D0）所指定的字符串数据低位通道编号到 NUL 代码之间的字符串右侧（末尾），读出由 S2（低位通道编号 D100）所指定的字符数，将结果作为字符串数据（在末尾加上 NUL）输出到 D（低位通道编号 D200）。 RGHT$　　　D0　　　//字符串数据低位通道编号 　　　　　　D100　　//读出字符数数据 　　　　　　D200　　//字符串输出低位通道编号

11.1.5　字符串指定位置读出

指　令	梯 形 图	指 令 描 述	参 数 说 明	指 令 说 明
MID$	MID$ S1 S2 S3 D	从由 S1 所指定的字符串数据低位通道编号开始到 NUL（00 H）代码为止的字符串，在由 S3 所指定的开始位置读出由 S2 所指定的字符数，将结果作为字符串数据（在末尾加上 NUL）输出到 D。若读出字符数超过 S1 字符串的末尾，输出到末尾为止的字符串。	S1：字符串数据低位通道编号。 S2：读出字符数数据。 S3：读出开始位置数据。 D：字符串输出低位通道编号。	（1）使用区域：块程序区域、工序步进程序区域、子程序区域、中断任务程序区域。 （2）由 S3 所指定的开始位置范围为 1～4095（0001H～0FFF H）。若在范围外，为出错，ER 标志为 ON。若开始位置超过 S1 的字符数，也为出错，ER 标志为 ON。 （3）由 S2 所指定的最大读出字符数为 4095（0FFF H），若指定超过范围，为出错，ER 标志为 ON。 （4）若在读出字符数中指定 0（0000 H），向 D 输出相当 2 个字符的 NUL（0000H）。 （5）若向 D 输出 0000 H，＝标志为 ON。

11.1.6　字符串检索

指　令	梯 形 图	指 令 描 述	参 数 说 明	指 令 说 明
FIND$	FIND$ S1 S2 D	在由 S1 所指定的字符串中，检索由 S2 所指定的字符串，用 BIN 数据将结果（从 S1 开始的第几个字符）输出到 D。若无一致的字符串，向 D 输出 0000 H。	S1：被检索字符串数据低位通道编号。 S2：检索字符串数据低位通道编号。 D：检索结果输出通道编号。	（1）使用区域：块程序区域、工序步进程序区域、子程序区域、中断任务程序区域。 （2）S1 和 S2 的字符串最大字符数为 4095（0FFFH）。若超过 4095，为出错，ER 标志为 ON。 （3）若向 D 输出 0000 H，＝标志为 ON。

【应用范例】字符串检索指令应用实例

梯形图程序	程 序 说 明
┤├　FIND$ 　　S1　D0 　　S2　D100 　　D　D200	在由 S1（低位通道编号 D0）所指定的字符串中，检索由 S2（低位通道编号 D100）所指定的字符串，用 BIN 数据将结果输出到 D（通道编号 D200）。 FIND$　　D0　　　//字符串数据低位通道编号 　　　　　D100　　//读出字符数数据 　　　　　D200　　//字符串输出低位通道编号

11.1.7　字符串长度检测

指　令	梯 形 图	指 令 描 述	参 数 说 明	指 令 说 明
LEN$	LEN$ S D	计算从由 S 所指定的字符串数据低位通道编号开始到 NUL 代码（00H）为止的字符数（不包括 NUL 代码本身），将结果作为 BIN 数据输出到 D。若字符串数据的开始为 NUL，计算结果为 0000 H。	S：字符串数据低位通道编号。 D：计算结果输出通道编号。	（1）使用区域：块程序区域、工序步进程序区域、子程序区域、中断任务程序区域 （2）字符数的最大值为 4095（0FFF H）。若超过 4095（到第 4096 个字符为止仍没有 NUL 存在），为出错，ER 标志为 ON。 （3）若向 D 输出 0000 H，＝标志为 ON。

【应用范例】字符串长度检测指令应用实例

梯形图程序	程 序 说 明
┤├　LEN$ 　S　D0 　D　D100	计算从 S（低位通道编号 D0）所指定的字符串数据低位通道编号开始到 NUL 代码为止的字符数（不包括 NUL 代码本身），将结果作为 BIN 数据输出到 D（通道编号 D100）。 LEN$　　D0　　　//字符串数据低位通道编号 　　　　D100　　//计算结果输出通道编号

11.1.8 字符串替换

指　令	梯　形　图	指　令　描　述	参　数　说　明	指　令　说　明
RPLC$	RPLC$ S1 S2 S3 S4 D	根据由 S4 所指定的位置和由 S3 所指定的字符串长度，将 S1 中所对应的字符串替换成由 S2 所指定的字符串，并将结果作为字符串数据（在末尾加上 NUL）输出到 D。	S1：字符串数据低位通道编号。 S2：替换字符串数据低位通道编号。 S3：替换字符数数据。 S4：替换开始位置数据。 D：替换结果输出低位通道编号。	（1）使用区域：块程序区域、工序步进程序区域、子程序区域、中断任务程序区域。 （2）S1 和 S2 的字符串的最大字符数为 4095（0FFFH）。若超过最大字符数（到第 4096 个字符为止仍没有 NUL 存在），为出错，ER 标志为 ON。 （3）替换开始位置（S4）的指定范围为 1～4095（0001H～0FFFH），若在范围外，为出错，ER 标志为 ON。 （4）若替换开始位置超过 S1 的字符数，也为出错，ER 标志为 ON。 （5）若向 D 输出 0000 H，＝标志为 ON。

【应用范例】字符串替换指令应用实例

梯形图程序	程　序　说　明
RPLC$ S1　D0 S2　D100 S3　D200 S4　D400 D　D300	根据由 S4（低位通道编号 D400）所指定的位置和由 S3（低位通道编号 D200）所指定的字符长度，将 S1（低位通道编号 D0）中所对应的字符串替换成由 S2（低位通道编号 D100）所指定的字符串，并将结果作为字符串数据输出到 D（低位通道编号 D300）。 RPLC$　　D0　　　//字符串数据低位通道编号 　　　　　D100　　//替换字符串数据低位通道编号 　　　　　D200　　//替换字符数数据 　　　　　D400　　//替换开始位置数据 　　　　　D300　　//替换结果输出低位通道编号

11.1.9 字符串删除

指　令	梯　形　图	指　令　描　述	参　数　说　明	指　令　说　明
DEL $	DEL$ S1 S2 S3 D	根据由 S3 所指定的删除开始位置和由 S2 指定的字符长度，删除在 S1 中所对应的字符串，并将此结果作为字符串数据（在末尾加上 NUL）输出到 D。	S1：字符串数据低位通道编号。 S2：字符数数据。 S3：删除开始位置数据。 D：删除结果输出低位通道编号。	（1）使用区域：块程序区域、工序步进程序区域、子程序区域、中断任务程序区域。 （2）S1 的字符串的最大字符数为 4095（0FFFH）。若超过最大字符数（到第 4096 个字符为止仍没有 NUL 存在）为出错，ER 标志转为 ON。 （3）删除开始位置（S3）的指定范围为 1～4095（0001H～0FFFH）。若在范围外，为出错，ER 标志为 ON；若超过 S1 的字符数，也为出错，ER 标志为 ON。 （4）若删除字符数超过 S1 的字符串末尾，一直删除到末尾。若指定从 S1 的开始到末尾进行删除，向 D 输出 0000 H。

【应用范例】字符串删除指令应用实例

梯形图程序	程　序　说　明
DEL$ S1　D0 S2　D100 S3　D400 D　D200	根据由 S3（低位通道编号 D400）所指定的删除开始位置和由 S2（低位通道编号 D100）指定的字符长度，删除在 S1（低位通道编号 D0）中所对应的字符串，并将此结果作为字符串数据输出到 D（低位通道号 D200）。 DEL$　　D0　　　//字符串数据低位通道编号 　　　　D100　　//字符数数据 　　　　D400　　//删除开始位置数据 　　　　D200　　//删除结果输出低位通道编号

11.1.10　字符串交换

指　　令	梯　形　图	指　令　描　述	参　数　说　明	指　令　说　明
XCHG$	XCHG$ D1 D2	对由 D1 和 D2 所指定的字符串进行交换。若 D1 和 D2 中的任何一个为 NUL，将相当 2 个字符的 NUL（0000 H）传送给另一方。	S1：交换通道编号 1。 S2：交换通道编号 2。	（1）使用区域：块程序区域、工序步进程序区域、子程序区域、中断任务程序区域。 （2）D1 和 D2 的字符串最大字符数为 4095（0FFF H）。若超过 4095，为出错，ER 标志为 ON。 （3）若 D1 和 D2 的字符串数据区域重叠，为出错，ER 标志为 ON。

【应用范例】字符串交换指令应用实例

梯形图程序	程　序　说　明
XCHG$ D1　D0 D2　D100	对由 D1（低位通道编号 D0）所指定的字符串和由 D2（低位通道编号 D100）所指定的字符串进行交换。 XCHG$　　D0　　//交换通道编号 1 　　　　　　D100　　//交换通道编号 2

11.1.11　字符串清除

指　　令	梯　形　图	指　令　描　述	参　数　说　明	指　令　说　明
CLR$	CLR$ D	用 NUL（00 H）清除从由 D 指定的字符串数据低位通道编号开始到 NUL 代码（00 H）为止的所有数据。清除的最大字符数为 4096。 若到第 4096 个字符为止仍没有 NUL 存在，清除长度为 4096 个字符的数据，在此之后的数据不被清除。	D：字符串数据低位通道编号。	使用区域：块程序区域、工序步进程序区域、子程序区域、中断任务程序区域。

【应用范例】字符串清除指令应用实例

梯形图程序	程　序　说　明
CLR$ D　D200	用 NUL 清除从由 D（低位通道编号 D200）指定的字符串数据低位通道开始到 NUL 代码为止的所有数据。 CLR$　　D200　　//字符串数据低位通道编号

11.1.12　字符串插入

指　　令	梯　形　图	指　令　描　述	参　数　说　明	指　令　说　明
INS$	INS$ S1 S2 S3 D	按照由 S3 指定的开始位置，在 S1 中所对应的字符串后面，插入由 S2 指定的字符串，并将结果作为字符串数据（在末尾加上 NUL）输出到 D。	S1：被插入字符串数据低位通道编号。 S2：插入字符串数据低位通道编号。 S3：插入开始位置数据。 D：插入结果输出低位通道编号。	（1）使用区域：块程序区域、工序步进程序区域、子程序区域、中断任务程序区域。 （2）S1 和 S2 的字符串的最大字符数为 4095（0FFF H）。若超过最大字符数（到第 4096 个字符为止仍没有 NUL 存在），为出错，ER 标志为 ON。 （3）若 S3 的数据不在 0～4095 的范围内，ER 标志为 ON。 （4）若向 D 输出 0000 H，＝标志为 ON。

【应用范例】字符串插入指令应用实例

梯形图程序	程　序　说　明
INS$ S1　D0 S2　D100 S3　D300 D　D200	按照由 S3（低位通道编号 D300）指定的开始位置，在 S1（低位通道编号 D0）中所对应的字符串后面，插入由 S2（低位通道编号 D100）指定的字符串，并将结果作为字符串数据输出到 D（低位通道编号 D200）。 DEL$　　D0　　//被插入字符串数据低位通道编号 　　　　　D100　　//插入字符串数据低位通道编号 　　　　　D300　　//插入开始位置数据 　　　　　D200　　//插入结果输出低位通道编号

11.1.13 字符串比较

指　令	梯　形　图	指 令 描 述	参 数 说 明	指 令 说 明
=$、<>$、<$、<=$、>$、>=$	LD（加载）连接型 符号 S1 S2 AND（串联）连接型 符号 S1 S2 OR（并联）连接型 符号 S1 S2	比较由 S1 和 S2 指定的字符串，若比较结果为真，连接到下段之后。 S1 和 S2 的字符串的最大字符数均为 4095（0FFF H）。 字符串比较指令可以用 18 种助记符来表现。	S1，字符串数据低位通道号 1。 S2，字符串数据低位通道号 2。 连接类型分为 LD、AND、OR 三种。	（1）使用区域：块程序区域、工序步进程序区域、子程序区域、中断任务程序区域。 （2）应在本指令的最终段中加上输出类指令（OUT 类指令及下一段连接型指令之外的应用指令）。 （3）本指令不能在电路的最终段中使用。 （4）比较对象的最大字符数为 4095（0FFF H）。若超过该长度（到 4096 字符为止仍没有 NUL 存在），为出错，ER 标志为 ON，此时比较结果为伪，不连接到下一段。

【应用范例】 字符串比较指令应用实例

梯形图程序	程 序 说 明
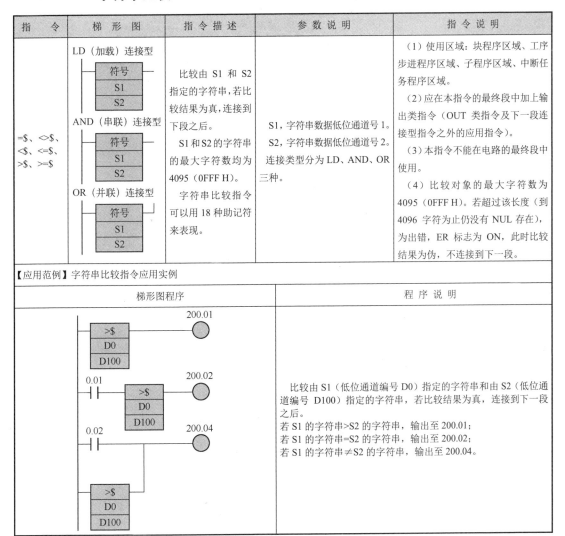	比较由 S1（低位通道编号 D0）指定的字符串和由 S2（低位通道编号 D100）指定的字符串，若比较结果为真，连接到下一段之后。 若 S1 的字符串>S2 的字符串，输出至 200.01； 若 S1 的字符串=S2 的字符串，输出至 200.02； 若 S1 的字符串≠S2 的字符串，输出至 200.04。

11.2　特殊指令

11.2.1　设置进位/清除进位

指　令	梯　形　图	指 令 描 述	参 数 说 明	指 令 说 明
STC	STC	当输入条件为 ON 时，将进位（CY）标志置为 1（ON）。		（1）在加法/减法指令中不包括进位（CY）标志的有以下计算指令：+、+L、+B、+BL、－、－L、－B、－BL。 （2）使用区域：块程序区域、工序步进程序区域、子程序区域和中断任务程序区域。 （3）执行条件：输入条件为 ON 时，每个周期执行；输入条件为 OFF→ON 时，仅在一个周期内执行。
CLC	CLC	当输入条件为 ON 时，将进位（CY）标志置为 0（OFF）。		

11.2.2 　 循环监视时间设定

指　令	梯形图	指令描述	参数说明	指令说明
WDT	WDT S	仅在本指令执行周期中，在用 PLC 系统所设定的指定循环监视时间内，延长由 S 指定的数据×10ms 的时间（0～39990ms）。 临时性处理内容增加循环时间延长时，采用本指令能够防止循环时间溢出。	S：循环监视时间延长数据，其范围为 0000H～0F9FH 或十进制数&0～&3999。	（1）循环监视时间可以根据 PLC 系统设定在 1～40000ms（10ms 为单位）范围内。初始值为 1000ms（1s）。 （2）也可以在一个周期内多次使用本指令，那时为每个延长时间的累加，但累计值不能超过 40000ms（40s）。在准备执行本指令时，若累计值已经达到 40000ms（40s），本指令不被执行。 （3）使用区域：块程序区域、工序步进程序区域、子程序区域和中断任务程序区域。 （4）执行条件：输入条件为 ON 时，每个周期执行；输入条件为 OFF→ON 时，仅在一个周期内执行。

【应用范例】循环监视时间设定指令应用

梯形图程序	程序说明
0.00 　┤├　WDT 　　　　&40	循环监视时间的设定默认值为 1000ms。 当输入继电器 0.00 为 ON 时，根据 WDT 指令，循环监视时间延长 400ms（40×10ms），这时循环监控时的累计值为 1400ms（1000ms+400ms）。

11.2.3 　 条件标志保存/条件标志加载

指　令	梯形图	指令描述	参数说明	指令说明
CCS	CCS	当输入条件为 ON 时，除下述常 ON、常 OFF 条件标志外，将其他所有条件标志状态保存到 CPU 装置内的保存区域中。 条件标志：ER、CY、>、=、<、N、OF、UF、>=、<>、<=。 保存在保存区域的条件标志的恢复（读出）只能依靠 CCL 指令（条件标志加载指令）来实现。		（1）条件标志在各指令中通用，按各指令执行，根据其执行结果在一个周期内进行变化。因此，为了防止条件标志在同一个程序内发生干扰，对其读出位置必须加以注意。当希望在后续的自由位置读出某个指令刚被执行后的条件标志状态时，应使用 CCS 指令/CCL 指令。 （2）条件标志在任务切换时被全部清除，因此如果需要在任务之间（周期执行任务与周期执行任务之间）进行条件标志或周期内条件标志的传递时，应使用 CCS 指令/CCL 指令来保存/恢复条件标志。 （3）使用区域：块程序区域、工序步进程序区域、子程序区域和中断任务程序区域。 （4）执行条件：输入条件为 ON 时，每个周期执行；输入条件为 OFF→ON 时，仅在一个周期内执行。
CCL	CCL	当输入条件为 ON 时，除下述常 ON、常 OFF 条件标志之外，恢复（读出）保存在 CPU 装置中其他所有条件标志状态。 条件标志：ER、CY、>、=、<、N、OF、UF、>=、<>、<=。 向条件标志保存区域的保存只能由 CCS 指令（条件标志保存指令）来实现。		

续表

【应用范例】条件标志保存/条件标志加载指令应用实例	
梯形图程序	程 序 说 明
0.00 ┤├── CMP / D0 / D300 ── CCS	当输入继电器 0.00 为 ON 时，比较 D0 和 D300 的内容，用 CCS 指令保存结果（条件标志）。
┤├── CCL / = ──┤├── MOV / D0 / D200	用 CCL 指令恢复保存的条件标志。当比较结果的 = 标志为 ON 时，执行 MOV 指令。

11.2.4　CV→CS 地址转换

指　令	梯 形 图	指 令 描 述	参 数 说 明	指 令 说 明
FRMCV	FRMCV / S / D	将 CVM1/CV 系列的 I/O 存储器有效地址转换成与之对应的 CS/CJ/CP 系列共通的 I/O 存储器有效地址。 当 FRMCV 指令输入条件为 ON 时，执行以下动作。 （1）先将在 S 中指定的 CVM1/CV 系列的 I/O 存储器有效地址转换成 CVM1/CV 系列的通道编号。 （2）取得与转换的 CVM1/CV 系列的通道编号相同的 CP 系列通道编号相对应的 I/O 存储器有效地址。 （3）将取得的 CP 系列的 I/O 存储器有效地址输出到 D。对于 D 只能指定变址寄存器（IR0～IR15）。	S：CVM1/CV 系列的存储器地址保存方通道编号。 D：转换结果输出方 IR。	（1）使用区域：块程序区域、工序步进程序区域、子程序区域和中断任务程序区域。 （2）执行条件：输入条件为 ON 时，每个周期执行；输入条件为 OFF→ON 时，仅在一个周期内执行。

【应用范例】CV→CS 地址转换指令应用实例	
梯形图程序	程 序 说 明
FRMCV / D0 / IR1 D0 #2004	（1）将 CVM1/CV 系列的 I/O 存储器有效地址转换成 CVM1/CV 系列的通道编号：2001 H→D1。 （2）取得与转换的 CVM1/CV 系列的通道编号相同的 CP 系列的通道编号相对应的 I/O 存储器有效地址：D1→10001 H。 （3）将取得的 CP 系列的 I/O 存储器有效地址输出到 D。

11.2.5　CS→CV 地址转换

指　令	梯 形 图	指 令 描 述	参 数 说 明	指 令 说 明
TOCV	TOCV S D	将 CS/CJ/CP 系列的 I/O 存储器有效地址转换成与之对应的 CVM1/CV 系列共通的 I/O 存储器有效地址。 当 TOCV 指令输入条件为 ON 时，执行以下动作。 （1）先将 S 中指定的 CP 系列的 I/O 存储器有效地址转换成 CP 系列的通道编号。 （2）取得与转换的 CP 系列的通道编号相同的 CVM1/CV 系列通道编号相对应的 I/O 存储器有效地址。 （3）将取得的 CVM1/CV 系列的 I/O 存储器有效地址输出到 D。对于 S 只能指定变址寄存器（IR0～IR15）。	S：保存 CP 系列的 I/O 存储器有效地址的 IR。 D：转换结果输出地址。	（1）使用区域：块程序区域、工序步进程序区域、子程序区域和中断任务程序区域。 （2）执行条件：输入条件为 ON 时，每个周期执行；输入条件为 OFF→ON 时，仅在一个周期内执行。

【应用范例】CS→CV 地址转换指令应用实例

梯 形 图 程 序	程 序 说 明
TOCV IR1 D100 IR1　10001 H	（1）将 CP 系列的 I/O 存储器有效地址转换成 CP 系列的通道编号：10001 H→D1。 （2）取得与转换的 CP 系列的通道编号相同的 CVM1/CV 系列的通道编号相对应的 I/O 存储器有效地址：D1→2001 H。 （3）将取得的 CVM1/CV 系列的 I/O 存储器有效地址输出到 D。

第12章 其他指令

欧姆龙 PLC 指令系统是一个完整而复杂的指令系统，除了前面章节中介绍的指令，还包括一些必需的指令。

其他指令一览表

指 令 名 称	助 记 符	FUN 编号
梯形区域定义	STEP	008
梯形区域步进	SNXT	009
信息显示	MSG	046
日历加法	CADD	730
日历减法	CSUB	731
时分秒→秒转换	SEC	065
秒→时分秒转换	HMS	066
时钟设定	DATE	735
跟踪存储器取样	TRSM	045
故障报警	FAL	006
致命故障报警	FALS	007
故障点检测	FPD	269
任务启动	TKON	820
任务待机	TKOF	821
块传送	XFERC	565
数据分配	DISTC	566
数据提取	COLLC	567
位传送	MOVBC	568
位计数	BCNTC	621

12.1　工序步进控制指令

梯形区域步进/梯形区域定义

指　令	梯　形　图	指　令　描　述	参　数　说　明	指　令　说　明
SNXT	SNXT S	梯形区域步进指令，在 STEP 指令之前配置（若之前有工程，将之前的工程编号进行 ON→OFF 设置），通过对指定的工程编号进行 OFF→ON 设置来控制工程的步进。 　　根据配置位置不同，分为以下 3 种作用。 　　（1）向梯形区域步进（配置在梯形区域整体之前）：对用工程编号 S 指定的继电器进行 OFF→ON 设置，向工程 S（STEP S 指令后）推进。应将输入条件设置为启动微分型。若将 SNXT 指令配置在梯形区域外，则会出现与 SET 指令同样的动作。 　　（2）向下一工程编号步进（配置在梯形区域整体中）：对之前的工程编号（继电器）进行 ON→OFF 设置，对下一工程的工程编号（继电器）S 进行 OFF→ON 设置，向工程 S（STEP S 指令后）推进。 　　（3）向梯形区域结束步进（配置在梯形区域整体最后）：对之前的工程编号（继电器）进行 ON→OFF 设置。用 S 指定的工程编号为虚转接（但是会出现 ON 的情况，所以应指定即使为 ON 也没有问题的继电器）。梯形区域是从 STEP 指令（指定工程编号）到 STEP 指令（无工程编号）为止的区域。	S：工序编号。	（1）在 SNXT / STEP 指令中，可以用工程编号 S 指定的区域种类仅有内部辅助继电器 WR。 　　（2）在 SNXT / STEP 指令中，S 中指定的工程编号地址不可与通常的梯形电路中使用的地址重复。若重复使用，将出现双重使用线圈的错误。 　　（3）若在工程内有子程序调入（SBS）指令，即使工程编号进行 ON→OFF 设置，子程序内的输出也不会变为 IL（互锁状态）。 　　（4）执行条件：输入条件为 ON 时，每个周期执行。 　　（5）使用区域：工序步进程序区域。不能使用在块程序区域、中断任务程序区域和子程序区域。
STEP	STEP S	梯形区域开始指令：在 SNXT 指令之后，各工程之前配置，表示该工程开始（指定工程编号）。 　　已指定工程的开始（配置在各工程之前，指定了 S）：通过 SNXT 指令使工程编号 S 开始进行 OFF→ON 设置时，将从本指令的下一个指令开始执行。同时，将 A200.12 步（梯形 1 周期 ON 标志）设置为 ON。在下一周期之后，到下一工程的迁移条件成立为止，（到通过 SNXT 指令形成的下一工程编号进行 OFF→ON 设置为止），现有的工程都将重复执行。 　　通过 SNXT 指令使工程编号 S 开始进行 OFF→ON 设置时，通过本指令指定的工程编号 S 将被复位（ON→OFF），现有的工程编号 S 的工程将变为 IL（互锁）。 　　根据 STEP 指令指定的工程编号 S 的 ON / OFF 状态，工程编号 S 在工程内的指令及输出如下：工程编号 S 被复位（ON→OFF）时，将出现互锁状态。	S：工序编号。	
	STEP	梯形区域结束指令：在 SNXT 指令之后，梯形区域整体的最后配置，表示梯形区域整体结束（无工程编号）。 　　通过 SNXT 指令，使 SNXT 指令之前的工程编号开始进行 ON→OFF 设置时，梯形区域整体结束。		

【应用范例】梯形区域步进/梯形区域定义指令应用实例

梯形图程序	程 序 说 明
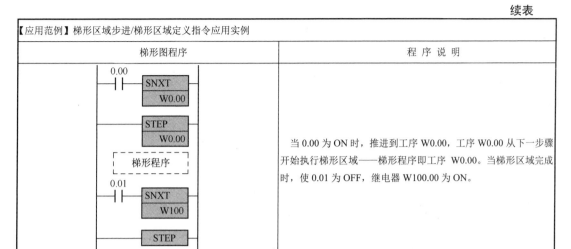	当 0.00 为 ON 时，推进到工序 W0.00，工序 W0.00 从下一步骤开始执行梯形区域——梯形程序即工序 W0.00。当梯形区域完成时，使 0.01 为 OFF，继电器 W100.00 为 ON。

12.2　显示功能用指令

信息显示

指　令	梯　形　图	指　令　描　述	参　数　说　明	指　令　说　明
MSG	MSG N S	读取指定通道输出的 16 通道（字）的消息（ASCII 代码），将其显示在编程工具上。 当输入条件为 ON 时，对于用 N 指定的消息编号，从 S 指定的消息存储低位通道编号中登录 16 通道的 ASCII 代码数据（包括 NUL 在内最多 32 个字）。消息登录后，这些消息将显示在外围工具上。 消息登录后，可通过重写消息存储区域的内容，使显示消息发生变化。若要解除已经登录的消息，可在 N 中指定要解除的消息编号，在 S 中指定常数（或 0000H～FFFFH 中的任何一个），执行本指令。 在程序运行中登录的消息，即使程序停止运行也会被保留。但是，当下一个程序开始运行时，所有消息都将被解除。	N：消息编号，其范围为 0000H～0007H 或十进制数&0～&7。 S：消息存储低位通道编号，消息显示时为通道指定，消息显示解除时为 0000H～FFFFH。	（1）即使消息已经登录，也会优先执行后面的指令，刷新登录。 （2）00H 之后会在外围工具处置换为空格。 （3）消息的显示顺序为高位字节→低位字节。 （4）若 N 的内容不在 0000H～0007H 范围内，将发生错误，ER 标志为 ON。 （5）使用区域：块程序区域、工序步进程序区域、子程序区域和中断任务程序区域。 （6）执行条件：输入条件为 ON 时，每个周期执行；输入条件为 OFF→ON 时，仅在一个周期内执行。

【应用范例】信息显示指令应用实例

梯形图程序	程 序 说 明
0.00 ──┤├── MSG 　　　　 N &8 　　　　 S D200	当 0.00 为 ON 时，作为消息编号，将 D200～D215 的 16 通道的数据视为 32 字符的 ASCII 代码，显示在编程工具上。

12.3　时钟功能用指令

12.3.1　日历加法

指　令	梯　形　图	指　令　描　述	参　数　说　明	指　令　说　明
CADD	CADD S1 S2 D	在时刻数据上加上时间数据，即将 S1 指定的时刻数据和 S2 指定的时间数据相加，并将结果作为时刻数据输出到 D。	S1：被加数据（时刻）低位通道编号。 S2：加法数据（时间）低位通道编号。 　D：计算结果（时刻）低位通道编号。	（1）若 S1 的时刻数据或 S2 的时间数据在范围外，将发生错误，ER 标志为 ON。 （2）使用区域：块程序区域、工序步进程序区域、子程序区域和中断任务程序区域。 （3）执行条件：输入条件为 ON 时，每个周期执行；输入条件为 OFF →ON 时，仅在一个周期内执行。

【应用范例】日历加法指令应用实例

梯形图程序	程　序　说　明
0.00 ├─┤├─　CADD 　　　S1　D100 　　　S2　D200 　　　D　D300	当 0.00 为 ON 时，将 D100～D102 的时刻数据（年·月·日·时·分·秒）与 D200～D201 的时间数据（时·分·秒）相加，存储为 D300～D302 的时刻数据（年·月·日·时·分·秒）。

12.3.2　日历减法

指　令	梯　形　图	指　令　描　述	参　数　说　明	指　令　说　明
CSUB	CSUB S1 S2 D	从时刻数据中减去时间数据，即从 S1 指定的时刻数据中减去 S2 指定的时间数据，将结果作为时刻数据输出到 D。	S1：被减数据（时刻）低位通道编号。 S2：减法数据（时间）低位通道编号。 　D：计算结果（时刻）低位通道编号。	（1）若 S1 的时刻数据或 S2 的时间数据在范围外，将发生错误，ER 标志为 ON。 （2）若减法结果 D 的内容为 0000 H，＝标志为 ON。 （3）使用区域：块程序区域、工序步进程序区域、子程序区域和中断任务程序区域。 （4）执行条件：输入条件为 ON 时，每个周期执行；输入条件为 OFF→ON 时，仅在一个周期内执行。

【应用范例】日历减法指令应用实例

梯形图程序	程　序　说　明
0.00 ├─┤├─　CSUB 　　　S1　D100 　　　S2　D200 　　　D　D300	当 0.00 为 ON 时，从 D100～D102 的时刻数据（年·月·日·时·分·秒）中减去 D200～D201 的时间数据（时·分·秒），存储为 D300～D302 的时刻数据（年·月·日·时·分·秒）。

12.3.3 时分秒→秒转换

指　　令	梯　形　图	指　令　描　述	参　数　说　明	指　令　说　明
SEC	SEC S D	将时分秒数据转换为秒数据，即将S指定的时分秒数据（8位BCD）转换为秒数据（8位BCD），并将结果输出到D+1和D。	S：转换源数据（时分秒）低位通道编号。 D：转换结果（秒）低位通道编号。	（1）若时分秒数据不为BCD数据，或者分、秒数据大于60，ER标志为ON。 （2）时分秒数据的最大值为9999时59分59秒（35999999秒）。 （3）使用区域：块程序区域、工序步程序区域、子程序区域和中断任务程序区域。 （4）执行条件：输入条件为ON时，每个周期执行；输入条件为OFF→ON时，仅在一个周期内执行。

【应用范例】时分秒→秒转换指令应用实例

梯形图程序	程序说明
0.00 ──┤├── SEC 　　　　　S　D100 　　　　　D　D200	当0.00为ON时，将D100～D101的时分秒数据转换为秒数据，并将结果保存在D200～D201中。

12.3.4 秒→时分秒转换

指　　令	梯　形　图	指　令　描　述	参　数　说　明	指　令　说　明
HMS	HMS S D	将秒数据转换为时分秒数据，即将S指定的秒数据（8位BCD）转换为时分秒数据（8位BCD），并将结果输出到D+1和D。	S：转换源数据（秒）低位通道编号。 D：转换结果（时分秒）低位通道编号。	（1）若秒数据不为BCD数据，或者超过35999999，ER标志为ON。 （2）秒数据的最大值为35999999秒（9999时59分59秒）。 （3）若转换结果D的内容为0000H，＝标志为ON。 （4）使用区域：块程序区域、工序步程序区域、子程序区域和中断任务程序区域。 （5）执行条件：输入条件为ON时，每个周期执行；输入条件为OFF→ON时，仅在一个周期内执行。

【应用范例】秒→时分秒转换指令应用实例

梯形图程序	程序说明
0.00 ──┤├── HMS 　　　　　S　D100 　　　　　D　D200	当0.00为ON时，将D100～D101的秒数据转换为时分秒数据，并将结果存储在D200～D201中。

12.3.5 时钟设定

指　　令	梯　形　图	指　令　描　述	参　数　说　明	指　令　说　明
DATE	DATE S	按照指定的时钟数据变更内部时钟的值，即按照用S～S+3指定的时钟数据（4通道），变更内部时钟的值。变更后的值将立即反映在特殊辅助继电器的时钟数据区域（A351～A354通道）中。	S：计时器数据低位通道编号。	（1）即使日期是实际日历中没有的日子，也不会发生错误。 （2）若S+3～S的数据在范围外，将发生错误，ER标志为ON。 （3）若转换结果D的内容为0000H，＝标志为ON。 （4）使用区域：块程序区域、工序步进程序区域、子程序区域和中断任务程序区域。 （5）执行条件：输入条件为ON时，每个周期执行；输入条件为OFF→ON时，仅在一周期内执行。

【应用范例】时钟设定指令应用实例

梯形图程序	程序说明
0.00 ──┤├── DATE 　　　　　S　D100	当0.00为ON时，将内部计时器设置为D100中指定的时间。

12.4　调试处理指令

跟踪存储器取样

指　令	梯　形　图	指　令　描　述	参　数　说　明	指　令　说　明
TRSM	TRSM	每次执行本指令时，对事先具有 CX-programmer 工具指定的 I/O 存储器的接点或通道数据的当前值进行读取，按顺序存储到跟踪存储器中。读取跟踪存储器容量的数据后，结束读取。读取跟踪存储器内的数据时，可通过外围工具进行监视。		（1）本指令的功能仅限在数据跟踪执行时，指定取样时间（取样周期）。其他设定及数据跟踪执行操作均通过编程工具进行。 　　（2）本指令无需输入条件（功率流）。应始终保持 ON 输入使用。 　　（3）输入条件在每个周期为 ON 时，会将每个周期指令执行时的值存储到跟踪存储器中。 　　（4）使用区域：块程序区域、工序步进程序区域、子程序区域和中断任务程序区域。 　　（5）执行条件：输入条件为 ON 时，每个周期执行。

12.5　故障诊断指令

12.5.1　故障报警

指　令	梯　形　图	指　令　描　述	参　数　说　明	指　令　说　明
FAL	FAL N S	（1）登录运转持续异常。 　　N：FAL 编号，其范围为 1～511，与 FALS 编号共用。 　　S：消息保存低位通道编号，无消息时为常数（#0000 ～ #FFFF）。将 S～S+7 的 16 个字符（ASCII 代码）显示在外围工具上。 　　（2）解除运转持续异常。 　　N：FAL 编号，取值为 0。 　　S：消息保存低位通道编号，无消息时为常数（#0000 ～ #FFFF）。其中，FFFF H 表示一并解除；0001H～01FFH 表示解除对象的 FAL 编号；其他值或通道指定表示解除一个最重要的运转持续异常。 　　（3）通过系统登录运转持续异常。 　　N：FAL 编号（=A529 通道的值），其范围为 1～511，与 FALS 编号共用。 　　S：登录故障编号/异常内容：存储低位通道编号。 　　S+1：异常内容设定。	（1）用户定义的运转持续异常的登录：当 N 指定的数据为 1～511，且与特殊辅助继电器 A529 通道（系统异常发生 FAL/FALS 编号）内的值不一致时，如果输入条件成立，将视为 FAL 编号 N 发生异常（持续运转的异常）。 　　（2）系统引起的运转持续异常的登录：当 N 指定的数据为 1～511，且与特殊辅助继电器 A529 通道（系统异常发生 FAL/FALS 编号）内的值一致时，如果输入条件成立，将通过 S 和 S+1 指定的故障代码及异常内容的系统故障意使运转持续异常发生。 　　（3）用户定义的运转持续异常的解除：当 N 指定的 FAL 编号设置为 0 时，将解除运转持续异常。 　　（4）系统引起的运转持续异常的解除：解除故意引发的系统引起的运转持续异常的方法为，将 PLC 主体的电源 OFF→ON，或者在 PLC 主体的电源保持 ON 的情况下，进行与该异常实际发生时相同的操作。	（1）需要使操作数 N 的内容和特殊辅助继电器 A529 通道（系统异常发生 FAL/FALS 编号）内的值一致。 　　（2）使用区域：块程序区域、工序步进程序区域、子程序区域和中断任务程序区域。 　　（3）执行条件：输入条件为 ON 时，每个周期执行；输入条件为 OFF→ON 时，仅在一个周期内执行。

【应用范例】故障报警指令应用实例

梯形图程序	程　序　说　明
0.00 FAL N　31 S　D100 登录时（设定N：001～511）	当 0.00 为 ON 时，判断为发生了 FAL 编号 31 持续运转的故障（异常），进行以下处理：将特殊辅助继电器 FAL 异常标志 A402.15 设置为 ON；将与 FAL 编号对应的特殊辅助继电器 A361 通道的 bit 15 设置为 ON；在特殊辅助继电器故障代码 A400 通道中设置故障代码 411F（该故障最严重）；在特殊辅助继电器的异常历史保存区域（A100～A199 通道）中保存故障代码及异常发生时刻；使 CPU 模块的 ERR LED 闪烁；将 D100～D107 的 8 通道的数据作为 16 个字母的 ASCII 代码数据，在外围设备上显示。
0.00 FAL N　0 S　#001F 解除时（设定N：0）	若要解除已发生的对象故障/异常（S 为设定解除对象的故障代码），当 0.01 为 ON 时，解除 FAL 编号 31 的故障（异常），A361 通道的 bit 15 变成 OFF，A402.15 变成 OFF。

12.5.2 致命故障报警

指　令	梯　形　图	指　令　描　述	参　数　说　明	指　令　说　明
FALS	FALS N S	（1）登录/解除用户定义的运转停止异常。 　N：FALS 编号，其范围为 1～511，与 FAL 编号共用。 　S：消息保存低位通道编号，无消息时为常数（#0000～#FFFF）。将 S～S+7 的 16 个字符（ASCII 代码）显示在编程工具上。 　（2）登录因系统引起的运转停止异常。 　N：FALS 编号（等于 A529 通道内的值），其范围为 1～511，与 FAL 编号共用。 　S：登录故障编号/异常内容；存储低位通道编号。 　S+1：异常内容设定。	（1）用户定义的运转停止异常的登录：当 FALS 编号 N 与特殊辅助继电器 A529 通道（系统异常发生 FAL/FALS 编号）内的值不一致时，如果输入条件成立，视为 FAL 编号 N 的用户定义的运转停止异常（停止运转的异常）。 　（2）系统引起的运转停止异常的登录：当 FALS 编号 N 与特殊辅助继电器 A529 通道（系统异常发生 FAL/FALS 编号）内的值一致时，如果输入条件成立，将故意引发用 S 指定的故障代码及 S+1 指定的异常内容的因系统引起的运转停止异常。 　（3）因系统引起的运转停止异常的解除：将 PLC 主体的电源再次接通，或者在 PLC 主体的电源保持为 ON 的情况下，与该异常实际发生时采取同样的操作。 　（4）FALS 指令的解除方法：在消除异常原因后，在外围工具中进行"异常读取/解除"操作，或者再次接通电源。	（1）使用区域：块程序区域、工序步进程序区域、子程序区域和中断任务程序区域。 　（2）执行条件：输入条件为 ON 时，每个周期执行。

【应用范例】致命故障报警指令应用实例

梯形图程序	程序说明
0.00 ┤├──　FALS 　　　　N　31 　　　　S　D100 引发用户定义的运转停止异常时	当 0.00 为 ON 时，判断为发生了 FALS 编号 31 停止运转的故障（异常），进行以下处理：将特殊辅助继电器 FALS 异常标志 A401.06 设置为 ON；在特殊辅助继电器故障代码 A400 通道中设置故障代码 C11F（故障最严重）；在特殊辅助继电器的异常历史保存区域（A100～A199 通道）中保存故障代码及异常发生时刻；使 CPU 模块的 ERR LED 闪烁；将 D100～D107 的 8 通道数据作为 16 个字母的 ASCII 代码数据，在外围设备上显示。
0.00 ┤├──　MOV 　　　　#000A 　　　　A529 　　　　　FLAS 　　　　N　10 　　　　S　D200 发生因系统引起的运转停止异常时	当 0.00 为 ON 时，引发 I/O 点数溢出异常（CPM1A 系列扩展单元的连接台数溢出）。在伪程序的 FAL 编号中，使用 10（A529 通道中存储 000A H）。同时进行以下处理：在特殊辅助继电器故障代码 A400 通道中设置故障代码 80E1（故障最严重）；在特殊辅助继电器的异常历史存储区域（A100～A199 通道）中存储故障代码及异常发生时刻；特殊辅助继电器 A401.11（I/O 点数溢出标志）为 1（ON）；使 CPU 模块的 ERR LED 闪烁，运转停止；在外围工具中显示"I/O 点数溢出"。

12.5.3　故障点检测

指　令	梯 形 图	指 令 描 述	参 数 说 明	指 令 说 明
FPD	FPD C S D	对于指定的一个电路，进行时间监视诊断及逻辑诊断。 （1）时间监视诊断：若在检测条件电路为 ON 后，到异常监视对象继电器为 ON 为止的时间内进行监视，即使超过了 S 设定的时间也不变成 ON，判断为故障（运转持续异常）。CY 标志变成 ON。 （2）逻辑诊断：当检测条件电路（输入条件）为 ON 时，找出将每个周期异常监视对象的继电器设置为 OFF 的原因接点，将该接点的信息存储到用 D 指定的区域中。	C：控制数据。 S：异常监视时间设定值，其范围为 0～9999（0000H～270FH，对应 0～999.9s。在指定 0s（0000 H）的情况下，不进行异常监视动作。 D：逻辑诊断结果存储地址通道编号。	（1）异常检测后的电路应使用输出指令。注意，无法使用 LD。 （2）执行条件：输入条件为 ON 时，每个周期执行。 （3）使用区域：工序步进程序区域和子程序区域，不能使用在块程序区域和中断任务程序区域。

【应用范例】故障点检测指令应用实例

梯形图程序	程 序 说 明
300.00　300.01 ├┤├──┤├──────FPD 　　　　　　　　　　　C　#000AH 　　　　　　　　　　　S　&100 　　　　　　　　　　　D　D300 　　　　　　　　2000.00 　　　　　　├┤├──○ 　　　　　　　CY 1000.00　1000.01　　1200.00 ├┤├──┤├────────○ 1000.02　1000.03 ├┤├──┤├	（1）时间监视诊断：若检测条件电路的 300.00 和 300.01 均为 ON，10s 后监视对象继电器 1200.00 没有变成 ON，判断为故障（异常）。 （2）逻辑诊断：在逻辑诊断对象电路中引起异常监视对象继电器 1200.00 变成 OFF 的接点为 1000.00 和 1000.03 的情况下，当接点地址输出且 C 的 bit 12～bit 15 的逻辑诊断结果输出模式为 0H（接点输出）时，1000.00（由于在 1000.03 上段）的 I/O 储存器有效地址将被储存在 D303 和 D302 中。

12.6　任务控制指令

12.6.1　任务启动

指　令	梯 形 图	指 令 描 述	参 数 说 明	指 令 说 明
TKON	TKON N	将由 N 所指定的周期执行任务或追加任务转为执行使能状态。当 N＝0～31（周期执行任务）时，同时将对应的任务标志（TK00～TK31）转为 ON。 在将比自身任务编号小的任务编号转为执行使能状态时，该任务在该周期内不能执行（在下一个周期内执行）。在将比自身的任务编号大的任务编号转为执行使能状态时，该任务在该周期内被执行。 此外，对于任务标志已经为 ON 的任务，执行本指令时为 NOP 处理。将自身的任务转为执行使能状态时，本指令为 NOP 处理。	N：任务编号。其范围为：周期执行任务时，0～31（十进制数，与周期执行任务编号 0～31 对应）；追加任务时，8000～8255（十进制数，与中断任务编号 0～255 对应）。	（1）本指令在周期执行任务和追加任务中可以执行；在中断任务中会出错，不能执行。 （2）在本指令中为执行使能状态的周期执行任务或追加任务，只要 TKOF 指令不为待机状态，在下一个周期之后也为执行使能状态。 （3）能够从任何任务中指定任何任务。 （4）使用区域：块程序区域、工序步进程序区域和子程序区域，不能在中断任务程序区域使用。 （5）执行条件：输入条件为 ON 时，每个周期执行；输入条件为 OFF→ON 时，仅在一个周期内执行。

续表

【应用范例】任务启动指令应用实例	
梯形图程序	程序说明
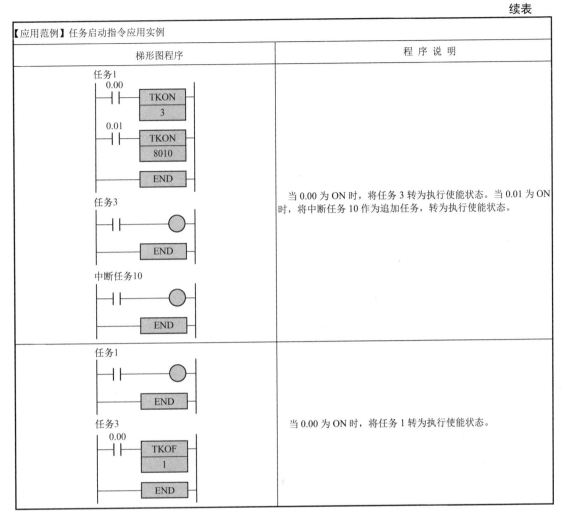	当 0.00 为 ON 时，将任务 3 转为执行使能状态。当 0.01 为 ON 时，将中断任务 10 作为追加任务，转为执行使能状态。
	当 0.00 为 ON 时，将任务 1 转为执行使能状态。

12.6.2 任务待机

指 令	梯 形 图	指 令 描 述	参 数 说 明	指 令 说 明
TKOF	TKOF N	将由 N 所指定的周期执行任务或追加任务转为待机状态。当 N=0～31（周期执行任务）时，同时将对应的任务标志（TK00～TK31）转为 OFF。所谓待机状态是指在该周期内没有转为执行状态（不执行程序）。当指定比自身任务编号小的任务编号时，该任务在下一个周期中为待机状态（在该周期中已经被执行）。当指定比自身任务编号大的任务编号时，该任务在该周期内为待机状态。当指定自身任务时，在执行本指令的同时，转为待机状态。在此之后的指令不被执行。	N：任务编号。其范围为：周期执行任务时，0～31（十进制数，对应周期执行任务编号 0～31）；追加任务时，8000～8255（十进制数，对应中断任务编号 0～255）。	（1）本指令在周期执行任务和追加任务中能执行，但在中断任务中为出错，不能执行。（2）在本指令中成为待机状态的周期执行任务或追加任务，按照 TKON 指令只要为执行使能状态，则在下一周期之后也为待机状态。（3）使用区域：块程序区域、工序步进程序区域和子程序区域，不能在中断任务程序区域使用。（4）执行条件：输入条件为 ON 时，每个周期执行；输入条件为 OFF→ON 时，仅在一个周期内执行。

续表

【应用范例】任务待机指令应用实例

梯形图程序	程序说明

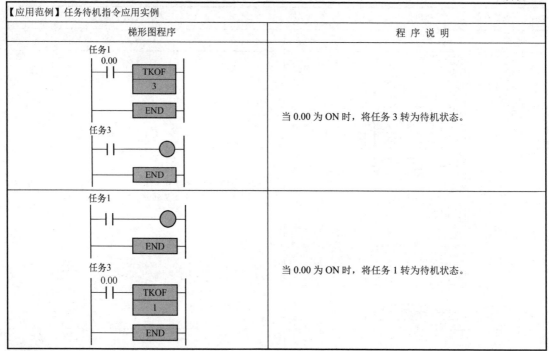

当 0.00 为 ON 时，将任务 3 转为待机状态。

当 0.00 为 ON 时，将任务 1 转为待机状态。

12.7 机种转换用指令

机种转换用指令是将操作数的数据形式变成与 C 系列相同的 BCD 形式的指令（在 CP 系列中为 BIN 形式）。在将 C 系列的程序转换为 CP 系列程序时，如果使用这些指令，可以通过在操作数中设定与以前相同的数据来实现程序。此外，在 CX-Programmer 中将 PC 中从 C 系列变更到 CP 系列时，这些指令的助记符也被自动转换，并且无须手动修正操作数的数据。

12.7.1 块传送

指　令	梯 形 图	指令描述	参数说明	指令说明
XFERC	XFERC W S D	将 W 所指定的数据（BCD），从由 S 所指定的传送源低位通道编号，传送到由 D 所指定的传送目标低位通道编号后面。	W：传送通道数，其范围为#0000～#9999（BCD）。 S：传送源低位通道编号。 D：传送目标低位通道编号。	（1）也可进行类似将传送源和传送目标的数据区域进行重叠的指定（字移位动作）。 （2）传送源、传送目标通道不得超出数据区域。 （3）若 W 的数据内容不为 BCD 数据，ER 标志为 ON。 （4）使用区域：块程序区域、工序步进程序区域、子程序区域和中断任务程序区域。 （5）执行条件：输入条件为 ON 时，每个周期执行；输入条件为 OFF→ON 时，仅在一个周期内执行。

【应用范例】块传送指令应用实例

梯形图程序	程序说明
0.00 ┤├── XFERC #0010 D200 D300	当 0.00 为 ON 时，将 D200～D209 的 10 通道传送给 D300～D309。

12.7.2 数据分配

指 令	梯 形 图	指 令 描 述	参 数 说 明	指 令 说 明
DISTC	DISTC S1 D S2	以传送对象为基准,将传送数据传送到偏移通道。 (1)数据分配动作:将 S1 从 D 指定的传送对象基准通道编号,传送到按由 S2 指定的偏移数据长度进行移位的地址中。 (2)栈 PUSH 动作:在 S2 的 BCD 最高 1 位(bit 12~bit 15)中设定 9(BCD)时,确保 BCD 低 3 位(bit 0~bit 11)指定的通道(字节)长度(m)的栈区域,在传送对象基准通道编号 D 之后。这时 D 为栈指针,D+1 之后为栈数据区域。将 S1 从由 D 所指定的传送对象基准通道,传送到按栈指针(D 的内容:I)+1 通道长度进行移位的地址中。在栈数据区域中,每次 S1 的数据被传送时,D 内容的栈指针(I)自动加 1。	S1:传送数据。 D:传送对象基准通道编号。 S2:偏移数据,其范围如下:数据分配动作时,为#0000~#7999(BCD);栈 PUSH 动作时,为#9000~#9999(BCD)。	(1)D~(D+S2)必须为同一区域类型。 (2)在栈 PUSH 动作中使用 DISTC 指令时,一旦其他 DISTC 指令使用了由 DISTC 指令所确保的栈区域,应将栈区域长度指定为与最初用 DISTC 指令所确保的值相同的长度。如果指定为不同长度,则动作无法得到保证。 (3)偏移数据(S2)的内容不得超过传送对象的区域范围。 (4)若偏移数据(S2)的内容为 BCD 数据,ER 标志为 ON。 (5)若传送数据 S1 的内容为 0000H,=标志为 ON;若为 0000H 之外的值,=标志为 OFF。 (6)使用区域:块程序区域、工序步进程序区域、子程序区域和中断任务程序区域。 (7)执行条件:输入条件为 ON 时,每个周期执行;输入条件为 OFF →ON 时,仅在一个周期内执行。

【应用范例】数据分配指令应用实例

梯形图程序	程 序 说 明
0.00 ┤├ DISTC S1 D200 D D300 S2 D400 数据分配动作	由于 D400 内容的最高 1 位为 0,因此进行数据分配动作。当 0.00 为 ON 时,在 D300 中加上 D400 内容,将 D200 的内容传送给所得的地址(通过改变 D400 的内容,能够将 D200 的内容分配给任意地址)。
0.00 ┤├ DISTC S1 D200 D D300 S2 #9010 栈 PUSH 动作	由于 S2 的数据最高 1 位为 9,因此进行栈 PUSH 动作。当 0.00 为 ON 时,将 D300 作为开始,确保由 S2 的内容#9010 的低 3 位 #010 所指定的通道(字节)长度的栈区域为 D300~D309。同时将 D200 的内容传送给 D300+1 通道,对栈指针的值加 1。

12.7.3　数据提取

指　令	梯 形 图	指 令 描 述	参 数 说 明	指 令 说 明
COLLC	COOLC S1 S2 D	以传送源为基准，将偏移的通道内容传送给指定通道。 （1）数据分配动作：将由 S2 所指定的按偏移数据长度进行移位的地址数据，从由 S1 所指定的传送源基准通道传送到 D。 （2）栈读出动作： 　FIFO（先进先出）方式：在 S2 的 BCD 最高 1 位（bit 12～bit 15）中设定 9（BCD）时，由 BCD 低 3 位（bit 0～bit 11）指定相当于通道（字节）长度（m）的栈区域，从此栈区域中读出数据并传送给 D。 　LIFO（后入先出）方式：在 S2 的 BCD 最高 1 位（bit 12～bit 15）中设定 8（BCD）时，由 BCD 低 3 位（bit 0～bit 11）指定相当于通道（字节）长度（m）的栈区域，从此栈区域中读出数据并传送给 D。	S1：传送源基准通道编号。 S2：偏移数据，其范围如下：数据分配动作时，为#0000～#7999（BCD）；栈 PUSH 动作时，FIFO 方式为#9000～#9999（BCD），LIFO 方式为#8000～#8999（BCD）。 D：传送对象通道编号。	（1）S1～（S1+S2）必须为同一区域类型。 （2）在栈动作的读出动作中使用 COLLC 指令时，一旦通过 COLLC 指令指定由 DISTC 指令所确保的栈区域，应将栈区域长度指定为与最初用 DISTC 指令所确保的值相同的长度。如果指定为不同长度，则动作无法得到保证。 （3）偏移数据（S2）的内容不得超过传送源的区域范围。 （4）若偏移数据（S2）的内容不为 BCD 数据，ER 标志为 ON。 （5）若传送数据的内容为 0000H，=标志为 ON；若为 0000H 之外的值，=标志为 OFF。 （6）使用区域：块程序区域、工序步进程序区域、子程序区域和中断任务程序区域。 （7）执行条件：输入条件为 ON 时，每个周期执行；输入条件为 OFF→ON 时，仅在一个周期内执行。

【应用范例】数据提取指令应用实例

梯形图程序	程 序 说 明
0.00 ┤├　COLLC 　S1　D200 　S2　D300 　D　D400 数据提取动作	由于 D300 内容的最高 1 位为 0，因此进行数据提取动作。当 0.00 为 ON 时，在 D200 中加上 D300 内容，将所得到的地址内容传送给 D400（通过改变 D300 的内容，能够从任意地址中将其提取）。
0.00 ┤├　COLLC 　S1　D200 　S2　#9010 　D　D300 栈读出动作（FIFO 方式）	由于 S2 的数据最高 1 位为 9，因此进行 FIFO 方式的栈读出动作。当 0.00 为 ON 时，确保由 S2 的数据的低 3 位#010 所指定的通道（字节）长度的栈区域为 D200～D209。同时将 S1+1 的 D201 内容传送给 D300，对栈指针的值减 1。
0.00 ┤├　COLLC 　S1　D200 　S2　#8010 　D　D300 栈读出动作（LIFO 方式）	由于 S2 的数据最高 1 位为 8，因此进行 LIFO 方式的栈读出动作。当 0.00 为 ON 时，确保由 S2 的数据的低位 3 位#010 所指定的通道（字节）长度的栈区域为 D200～D209。同时将 S1+1 的 D201 内容传送给 D300，对栈指针的值减 1。

12.7.4　位传送

指　　令	梯　形　图	指 令 描 述	参 数 说 明	指 令 说 明
MOVBC	MOVBC S C D	将 S 的指定位位置（由 C 的后半部分决定）的内容传送给 D 的指定位位置（由 C 的前半部分决定）。	S：传送数据。 C：控制数据。 D：传送对象通道编号。	（1）传送对象通道的数据不会改变到被传送的位之外。 （2）若控制数据 C 的内容在指定范围外（包括不是 BCD 数据），会出错，ER 标志为 ON。 （3）使用区域：块程序区域、工序步进程序区域、子程序区域和中断任务程序区域。 （4）执行条件：输入条件为 ON 时，每个周期执行；输入条件为 OFF→ON 时，仅在一个周期内执行。

【应用范例】位传送指令应用实例

梯形图程序	程 序 说 明
0.00 ┤├─ MOVBC 　　　S　300 　　　C　D300　　D300：1205H 　　　D　400	当 0.00 为 ON 时，根据控制数据（C）的内容，将 300 通道的指定位位置（由 C 的后半部分决定）传送给 400 通道的指定位位置（由 C 的前半部分决定）。

12.7.5　位计数

指　　令	梯　形　图	指 令 描 述	参 数 说 明	指 令 说 明
BCNTC	BCNTC W S D	由 S 指定计数低位通道编号中的指定通道（W）长度的数据，对此数据进行"1"的个数的计数，以 BCD 格式（#0000～#9999）将结果输出到 D。	W：通道数的计数，其范围为#0001～#9999（BCD）。 S：低位通道编号的计数。 D：计数结果输出通道编号。	（1）若 W 的数据不在#0001～#9999（BCD）范围内，为出错，ER 标志为 ON。 （2）若 W 的数据为#0000（BCD），为出错，ER 标志为 ON。 （3）若计数结果 D 的内容超过#9999（BCD），为出错，ER 标志为 ON。 （4）若计数结果 D 的内容为#0000（BCD），=标志为 ON。 （5）计数结束通道的 S+（W-1）不得超出 S 中所指定的区域类型最大范围。 （6）使用区域：块程序区域、工序步进程序区域、子程序区域和中断任务程序区域。 （7）执行条件：输入条件为 ON 时，每个周期执行；输入条件为 OFF→ON 时，仅在一个周期内执行。

【应用范例】位计数指令应用实例

梯形图程序	程 序 说 明
0.00 ┤├─ BCNTC 　　　W　#0010 　　　S　1000 　　　D　D200	当 0.00 为 ON 时，在从 1000 通道开始的 10 通道数据中，对"1"的个数进行计数，并用 BCD 格式将计数结果保存到 D200 中。

反侵权盗版声明

电子工业出版社依法对本作品享有专有出版权。任何未经权利人书面许可，复制、销售或通过信息网络传播本作品的行为；歪曲、篡改、剽窃本作品的行为，均违反《中华人民共和国著作权法》，其行为人应承担相应的民事责任和行政责任，构成犯罪的，将被依法追究刑事责任。

为了维护市场秩序，保护权利人的合法权益，本社将依法查处和打击侵权盗版的单位和个人。欢迎社会各界人士积极举报侵权盗版行为，本社将奖励举报有功人员，并保证举报人的信息不被泄露。

举报电话：（010）88254396；（010）88258888
传　　真：（010）88254397
E-mail：dbqq@phei.com.cn
通信地址：北京市海淀区万寿路 173 信箱
　　　　　电子工业出版社总编办公室
邮　　编：100036